實戰ROS 第二版

機器人作業系統與專案實作

獻給母親與父親，感謝它們的犧牲奉獻並親身示範決心的威力。

獻給循循善誘的妹妹，感謝妳不變的愛與推進力。

獻給摯愛的妻子，感謝妳支持、理解我的熱情，自始自終包容這樣的我。

獻給所有的朋友與同事們，感謝你們都在我身邊、鼓勵並啟發我完成更多事情。

感謝 *Meeta*、*Pratik* 與其他 *Packt* 出版社夥伴們，感謝你們與我密切合作、帶出了最棒的我，並讓本書得以成形。

— *Ramkumar Gandhinathan*

本書獻給雙親 *C. G. Joseph* 與 *Jancy Joseph*，有你們強力的支持，本書才得以誕生。

— *Lentin Joseph*

誌謝

關於作者

Ramkumar Gandhinathan 是位專業的機器人專家與研究者，從小學六年級就動手製作機器人，投身機器人的研究已經超過 15 年了，曾經親手打造了八十台以上形形色色的機器人。如果用 7 年的機器人產業資歷（4 年全職加上 3 年的兼職 / 實習）來看的話，他使用 ROS 的經歷已經超過 5 年，在工作中運用 ROS 完成了超過 15 個企業級機器人解決方案。他著迷於親手打造無人機，也是位厲害的無人機駕駛。他感興趣的研究領域為 SLAM、動態規劃、感測器融合、多機器人通訊與系統整合。

Lentin Joseph 是位印度籍的作家、機器人專家與機器人企業家，在印度喀拉拉邦的高知市經營 Qbotics 這家機器人軟體公司。他在機器人相關領域的工作經驗已經超過八年，專攻 ROS、OpenCV 與 PCL。

他曾出版過多本 ROS 相關著作，包括《Learning Robotics Using Python》（第一版與第二版）；《Mastering ROS for Robotics Programming》（第一版與第二版）；《ROS Robotics Projects》（第一版）還有《Robot Operating System for Absolute Beginners》。

他在印度完成機器人學與自動化的碩士學位，現在任職於美國卡耐基美隆大學的機器人學苑（Robotics Institute），曾在 TEDx 發表演說。

目錄

第三章 建置工業用移動機械手

第五章 建置工業級應用

第六章　多機器人協同運作

第七章　在嵌入式平台上運行 ROS 與控制方法

第十章 使用 ROS 打造自駕車

第十一章 使用 VR 頭盔與 Leap Motion 來遙控機器人

第十二章 使用 ROS、OpenCV 與 Dynamixel 伺服機的人臉偵測及追蹤

前言

機器人作業系統（Robot Operating System, ROS）是一款非常熱門的機器人中介軟體，並廣泛被學界與業界用於各種機器人專門應用。從 ROS 推出以來，多款機器人跟著紛紛上市，使用者在操作這些應用也變得更容易了。ROS 的主要特點之一為開放原始碼。ROS 不需要使用者重新發明輪子；反之，它讓各種機器人作業與應用標準化更加簡便。

本書為上一版的全新升級，並介紹了許多新的 ROS 套件、有趣的專題與一些附加功能。本書鎖定的是 ROS 的最新（本書寫作時）版本—ROS Melodic Morenia 搭配 Ubuntu Bionic version 18.04。

您透過本書就能知道機器人於產業上的應用，還能透過逐步教學來理解各種性質各異的機器人解決方案。除了 ROS 現有的服務呼叫與動作功能，我們會介紹更酷的技巧讓機器人以更聰明的方式來處理各種複雜難搞的任務。這些知識能讓自動機器人奠定更厲害的智能與自我執行功能。再者，我們還會談到 ROS-2，您可了解他與上一版 ROS 之間的差異，也有助於為您的專題挑選特定的中介軟硬體。

產業與研究單位大多主攻電腦視覺與自然語言處理等領域。本書上一版已經談過了物件偵測與臉部追蹤等簡易視覺應用，本書則會向您介紹市面上一款最普遍的智慧音箱平台：Amazon Alexa，以及如何透過它來控制機器人。同時，我們還要介紹新的硬體，例如 Nvidia Jetson、Asus Tinker Board 與 BeagleBone Black，並探索它們在 ROS 中到底能發揮多大的威力。

大家應該都知道如何個別控制單一的機器人，ROS 社群使用者常見的問題之一如何讓多台機器人同步運作，且不論是否為同型號都希望能做到。這就很複雜了，因為機器人會遵循類似的主題名稱，這樣就很有可能在一連串動作中造成混亂。本書會指出這些可能發生的問題與解決方法。

本書也談到了強化學習，包含它如何運用於機器人與 ROS。再者，您會知道更多超酷的專案，包括自駕車、結合 ROS 與深度學習，並透過 VR 頭盔與 Leap Motion 感測器來遙控，這些都是當今熱門的議題，也是眾人長期研究的重點。

目標讀者

本書目標讀者是針對學生、業餘玩家、專業人士，以及對於機器人科技懷抱熱情的所有人。另外，本書也鎖定想要從頭學習與實作各種演算法、動態控制與感知功能的讀者們。這說不定能讓某家新創公司完成一項新產品，或運用現成的資源來做出更創新的事物。本書也希望能幫助到那些有志投身軟體開發領域，或想成為機器人軟體工程師的讀者們。

本書內容

第一章〈ROS 入門〉是針對初學者的基礎入門內容。本章可以幫您奠定 ROS 軟體框架與基本概念的基礎。

第二章〈簡介 ROS-2 及其性能〉談到了最新的升級框架：ROS-2。讓 ROS 也能做到即時應用。本章架構上刻意與第一章雷同，這樣使用者就能理解不同版本的 ROS 之間的差異，並理解它們各自的功能與限制。

第三章〈建置工業用移動機械手〉會告訴您如何製作移動機器人與機器手臂，還要把兩者組合起來用於虛擬環境中，並透過 ROS 來控制它們。

第四章〈使用狀態機處理複雜的機器人任務〉談到了將機器人用於連續性與複雜任務管理時所需的各種 ROS 技術。

第五章〈建置工業級應用〉將結合前兩章所學來完成一個專屬應用。本章會示範如何操作移動機器手在鄰舍之間搬運貨物。

第六章〈多機器人協同運作〉將告訴您如何讓多款相同或不同種類的機器人彼此溝通，還能獨立或以群組方式來控制它們。

第七章〈在嵌入式平台上運行 ROS 與控制方法〉介紹了最新的嵌入式控制器與處理器板，例如以 STM32 為基礎的控制器板、Tinker Board 與 Jetson Nano 等等。另外還會介紹如何透過 ROS 來控制這些板子的 GPIO 腳位，以及透過 Amazon Alexa 發送語音指令來控制它們。

第八章〈強化學習與機器人〉介紹了強化學習這個機器人領域中最熱門的學習技術。本章將告訴您何謂強化學習並透過範例讓您理解其背後的數學原理。再者，我們還會用簡易專題來介紹如何在 ROS 中運用這項技術。

第 9 章〈使用 ROS 與 TensorFlow 的深度學習〉，採用機器人領域的最新技術帶您完成一個專題。透過 TensorFlow 函式庫與 ROS，我們就能做出有趣的深度學習應用。您將可透過深度學習技術來做到影像辨識，本章另外也會說明 SVM 的應用。

第 10 章〈使用 ROS 打造自駕車〉是本書諸多有趣專題之一。本章將透過 ROS 與 Gazebo 模擬環境來完成一台自駕車。

第 11 章〈使用 VR 頭盔與 Leap Motion 來遙控機器人〉，說明如何透過 VR 頭盔與 Leap Motion 感測器來控制機器人的各種動作。您可以好好體驗一下 VR 虛擬實境效果，這正是時下最流行的技術。

第 12 章〈使用 ROS、OpenCV 與 Dynamixel 伺服機的人臉偵測及追蹤〉，運用 ROS 搭配 OpenCV 製作一個臉部追蹤的專題，藉由控制攝影機去對準臉部的方式來追蹤畫面中的人臉。本章將採用 Dynamixel 這類智能伺服機讓系統在特定軸向上轉動。

充分運用本書

- 建議準備一台規格不錯的電腦來執行 Linux 作業系統，最好是 Ubuntu 18.04 LTS。
- 您可使用配備獨立顯卡的筆記型或桌上型電腦，RAM 至少要 4GB，如果有 8GB 最好。這是為了在 Gazebo 中執行高階模擬，以及處理各種點雲與電腦視覺運算。

- 請先取得本書所提到的感測器、致動器與 I/O 開發板，並正確接上您的電腦。另外還需要安裝 Git 套件來取得所需的套件檔。
- 如果您使用 Windows 系統，建議下載 VirtualBox 並在其中設定好 Ubuntu。但請注意，當您在 VirtualBox 中想要透過 ROS 去介接實際硬體時，有可能會發生一些錯誤。

下載範例程式碼

本書程式可透過以下網址取得：

https://github.com/PacktPublishing/ROS-Robotics-Projects-SecondEdition

本書的螢幕截圖與圖表的彩色 PDF 檔請由此取得：*http://www.packtpub.com/sites/default/files/downloads/9781838649326_ColorImages.pdf*。

程式執行影片

程式執行過程影片請參考：*http://bit.ly/34p6hL0*。

慣用標示與圖例

本書運用了不同的字體來代表不同的慣用訊息。

`CodeInText`：文字、資料庫表單名稱、資料夾名稱、檔案名稱、副檔名稱、路徑名稱、假的 URL，使用者輸入和推特用戶名稱都會這樣顯示。例如："移除 `CMakelists.txt` 檔。"

以下是一段程式碼：

```
def talker_main():
   rospy.init_node('ros1_talker_node'(
    pub = rospy.Publisher('/chatter', String)
    msg = String()
    i = 0
```

命令列 / 終端機的輸入輸出訊息會這樣表示：

```
$ sudo apt-get update
$ sudo rosdep init
```

粗體：代表新名詞、重要字詞或在畫面上的文字會以粗體來表示。例如，在選單或對話窗中的文字就會以粗體來表示。例如：" 現在請點選 **Software & Updates** 並把所有 Ubuntu 儲存庫設為啟動。"

警告與重要訊息。

提示與小技巧。

1

ROS 入門

今日足以改變世界的科技之一就是機器人技術。機器人在很多面向都可以取代人類，以至於我們很擔心機器人是否會搶走飯碗。不過有件事是確定的，機器人技術一定是未來極具影響力的科技。當一項新技術問世時，相關領域的機會也大大增加。這代表機器人與自動化在不久的將來會產生數以千計的工作機會。

機器人技術中能提供大量工作機會的主要領域之一，就是機器人的相關軟體開發。咱們都知道，軟體能賦予機器人或任何機器生命。機器人的效能也可透過軟體延伸。機器人的各種能力，像是控制、感測與智能，都是透過軟體來達成的。

機器人的軟體是許多相關科技的組合，像是電腦視覺、人工智慧以及控制理論。簡言之，開發機器人的軟體並非易事，它需要許多領域的專業知識。

如果您想要開發 iOS 或 Android 的手機應用程式，有現成的**軟體開發套件**（**Software Development Kit, SDK**）可讓您在其上來開發應用程式，但機器人怎麼辦呢？有什麼通用性的軟體框架嗎？當然有。諸多熱門機器人軟體框架其中一款就是**機器人作業系統**（**Robot Operating System, ROS**）。

本章要瞧瞧 ROS 的抽象概念和安裝步驟，以及概述模擬器及其在虛擬系統上的使用。然後，涉及 ROS 的基本概念，以及支援 ROS 的不同機器人、感測器及致動器。也瞧瞧產業及研究機構的 ROS。本書完全是為了 ROS 專題而生，所以本章就是您各個專題的入門指南，可幫助您順利設定 ROS。

本章主題如下：

- ROS 入門
- ROS 的基礎
- ROS client 函式庫
- ROS 工具
- ROS 模擬器
- 安裝 ROS
- 在 VirtualBox 上設置 ROS
- 簡介 Docker
- 設置 ROS 工作空間
- ROS 在產業與學術領域的發展機會

讓我們開始使用 ROS 吧！

技術要求

本章技術要求如下：

- 在 Ubuntu 18.04（Bionic）系統上安裝的 ROS Melodic Morenia
- VMware 與 Docker
- 時間軸及測試平台：
    - **估計學習時間**：平均 65 分鐘
    - **專題建置時間（包括編譯及執行時間）**：平均 65 分鐘
    - **專題測試平台**：HP Pavilion 筆記型電腦（Intel® Core ™ i7-4510U CPU @ 2.00 GHz、8 GB 記憶體及 64 位元 OS、GNOME-3.28.2）

ROS 入門

ROS 是一款用於開發機器人程式的開放原始碼軟體框架。ROS 提供了硬體抽象層，開發者不必煩惱底層的硬體就可開發各種機器人應用程式。ROS 也提供了多種軟體工具來視覺化呈現機器人的資料，也能除錯。ROS 框架的核心是一個通訊中介軟體，各程序可以彼此通訊並交換資料，就算執行在不同的機器上也可以。不論是同步與非同步通訊模式，ROS 都支援。

ROS 中的軟體都是以套件（package）的形式來管理，模組化與可再用性都很不錯。透過傳遞 ROS 訊息的中介軟體與硬體抽象層，開發者就能開發千千萬萬種機器人功能，例如建圖與導航（針對移動式機器人）。幾乎所有的 ROS 功能都是獨立於機器人硬體之上，因此各種型號的機器人都能運用它。新款的機器人甚至不需要修改套件內的任何程式碼就能直接使用某一功能套件。

ROS 與許多大學與有貢獻的開發者都有密切合作。甚至可以說 ROS 是個由社群所驅動的專題，並且受到世界上諸多開發者的大力支援。就是這樣活躍的開發者生態系統讓 ROS 與其他機器人框架有所不同。

簡言之，ROS 是通訊機制、工具、功能及生態系的組合。如下圖所示：

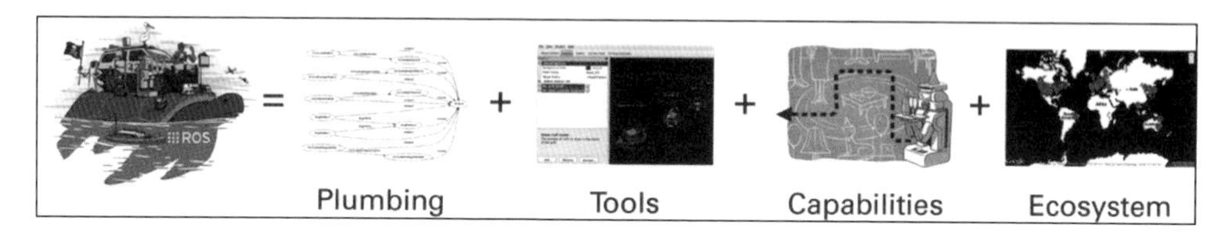

ROS 方程式（來源：ros.org，採用 Creative Commons CC-BY-3.0 授權）

ROS 專題是以 Switchyard 這個名字在 2007 於美國史丹佛大學發起。到了 2008，開發由 Willow Garage 這家機器人研究新創公司所接手。ROS 的主要開發都是 Willow Garage 負責。到了 2013，Willow Garage 的研究員成立了開放原始碼機器人基金會（Open Source Robotics Foundation, OSRF）。ROS 現在由 OSRF 積極維護。現在，讓我們來看看一些 ROS 版本。

這些網址整理如下：
Willow Garage：*http://www.willowgarage.com/*
OSRF：*http://www.osrfoundation.org/*

ROS 的各個版本

ROS 的版本概念與 Linux 很像，就是許多不同版本的 ROS 套件集合。各版本都有一組穩定的核心套件，並會一直維護到產品終止（End of Life, EOL）為止。

ROS 的各版本與 Ubuntu 完全相容，且大多數 ROS 版本的規劃都是跟著各個 Ubuntu 版本走。

以下是 ROS 官方網站推薦使用的一些最新版本 ROS（*http://wiki.ros.org/Distributions*）：

Distro	Release date	Poster	*Tuturtle*, turtle in tutorial	EOL date
ROS Melodic Morenia **(Recommended)**	May 23rd, 2018			May, 2023 (Bionic EOL)
ROS Lunar Loggerhead	May 23rd, 2017			May,2019
ROS Kinetic Kame	May 23rd, 2016			April, 2021 (Xenial EOL)

最新版本的 ROS（來源：ros.org；Creative Commons CC-BY-3.0 授權）

最新版的 ROS 是 Melodic Morenia，軟體支援會到 2023 年 5 月。最新版 ROS 的問題之一在於其上大多數的套件都還沒準備好，因為要花點時間才能把它們從舊版本轉移過來。如果您想用穩定一點的版本，可以選用 ROS Kinetic Kame，它是 2016 年發佈的，大多數的套件在上面都有。ROS Lunar Loggerhead 版本到 2019 年五月就停止支援，因此不推薦使用。

支援的作業系統

可用於 ROS 的主要作業系統是 Ubuntu，因此各 ROS 版本也是根據 Ubuntu 的時程表來規劃。除了 Ubuntu 之外，ROS 也部分適用於 Ubuntu Arm、Debian、Gentoo、macOS、Arch Linux、Android、Windows 以及 Open Embedded。

下表是新的 ROS 版本以及所支援作業系統的特定版本：

ROS 版本	支援作業系統
Melodic Morenia (LTS)	Ubuntu 18.04 (LTS) 及 17.10、Debian 8、macOS (Homebrew)、Gentoo、與 Ubuntu ARM
Kinetic Kame (LTS)	Ubuntu 16.04 (LTS) 及 15.10、Debian 8、macOS (Homebrew) 、Gentoo、與 Ubuntu ARM
Jade Turtle	Ubuntu 15.04、14.10 及 14.04、Ubuntu ARM、macOS (Homebrew)、Gentoo、Arch Linux、Android NDK、與 Debian 8
Indigo Igloo (LTS)	Ubuntu 14.04 (LTS) 及 13.10、Ubuntu ARM、macOS (Homebrew)、Gentoo、Arch Linux、Android NDK、與 Debian 7

ROS Melodic 與 Kinetic 都是長期支援（LongTerm Support, LTS）的版本，也會與 Ubuntu 的 LTS 版一起發佈。LTS 版的好處在於我們可得到的產品壽命與支援是最久的。

下一節要來看看支援 ROS 的一些機器人及感測器。

支援 ROS 的機器人與感測器

ROS 框架算是一個非常成功的機器人框架，全球的大專院校對其都做出了貢獻。由於其活躍的生態系統以及開放原始碼特性，ROS 已用於大多數的機器人中，也相容於主要的機器人軟硬體。以下是一些完全以 ROS 來執行的最知名機器人：

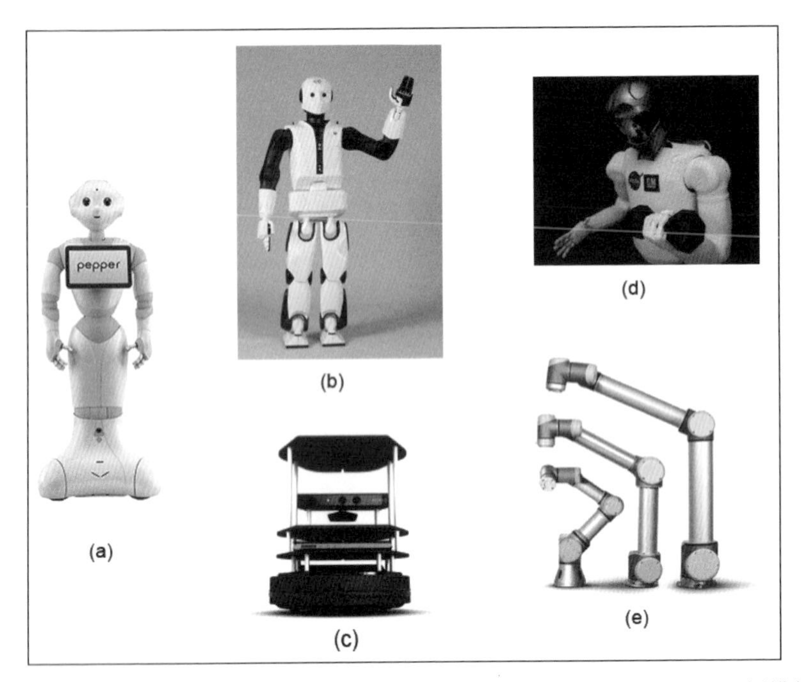

支援 ROS 的知名機器人（來源：ros.org；Creative Commons CC-BY-3.0 授權）

上圖中的機器人名稱分別是 Pepper(a)、REEM-C(b)、Turtlebot(c)、Robonaut (d) 與 Universal Robots(e)。

支援 ROS 的機器人清單請參考：*http://wiki.ros.org/Robots*。

這些機器人的 ROS 套件如下：

- **Pepper**：*http://wiki.ros.org/Robots/Pepper*
- **REEM-C**：*http://wiki.ros.org/Robots/REEM-C*
- **Turtlebot 2**：*http://wiki.ros.org/Robots/TurtleBot*
- **Robonaut**：*http://wiki.ros.org/Robots/Robonaut2*
- **Universal robotic arms**：*http://wiki.ros.org/universal_robot*

下圖是支援 ROS 的常用感測器：

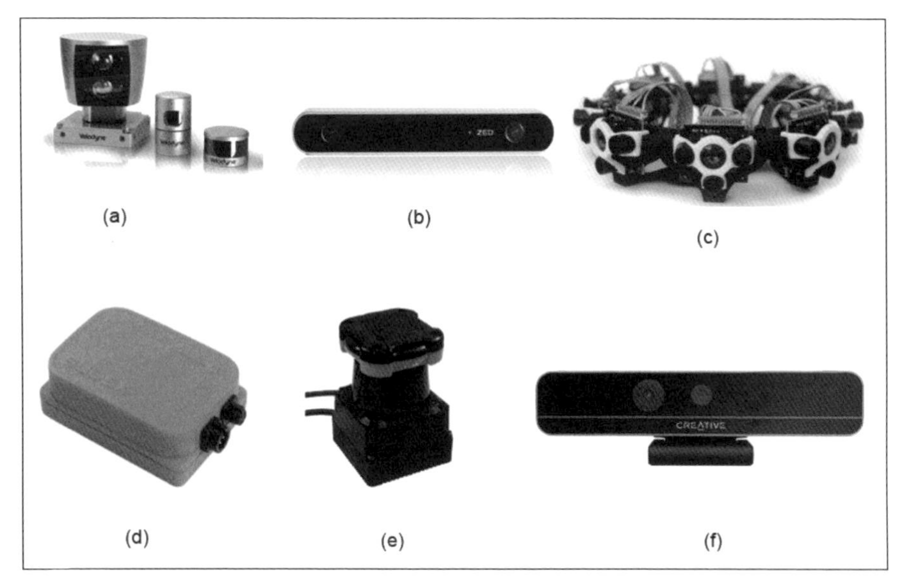

支援 ROS 的常用機器人感測器

上圖中的感測器名稱分別是 Velodyne(a)、ZED Camera(b)、Teraranger(c)、Xsens(d)、Hokuyo 雷射測距儀 (e) 以及 Intel RealSense (f)。

支援 ROS 的感測器清單請參考：*http://wiki.ros.org/Sensors*。

這些感測器的 ROS wiki 頁面如下：

- **Velodyne (a)**：*http://wiki.ros.org/velodyne*
- **ZED Camera (b)**：*http://wiki.ros.org/zed-ros-wrapper*
- **Teraranger (c)** ：*http://wiki.ros.org/teraranger*
- **Xsens (d)**：*http://wiki.ros.org/xsens_driver*
- **Hokuyo 雷射測距儀 (e)**：*http://wiki.ros.org/hokuyo_node*
- **Intel real sense (f)**：*http://wiki.ros.org/realsense_camera*

現在，讓我們來看看使用 ROS 的優點。

為什麼要用 ROS？

打造 ROS 框架的主要動力是要讓它成為適用於所有機器人的軟體框架。即便在 ROS 之前已經有許多的機器人相關研究，但多數軟體都是專屬於自家的機器人。它們的軟體原始碼有可能開放，但是很難再利用。

與現有機器人框架相比，ROS 在以下幾個面向特別厲害：

- **協同開發**（**Collaborative Development**）：如前述，ROS 不但是開放原始碼，且產業或研究都可免費使用。開發者可加入更多套件來延伸 ROS 的功能。多數的 ROS 套件是在硬體抽象層上運作，因此要再利用於其他機器人是相對容易的。因此，如果某所大學專精於移動導航，另一所主攻機械手臂，則它們都可以把研究結果貢獻給 ROS 社群，其他開發者可以再利用這些套件做出新應用。
- **支援多種程式語言**（**Language support**）：ROS 通訊框架容易用任何現代程式語言實作。ROS 已經支援像是 C++、Pytho 與 Lisp 等流行語言，而且也有 Java 與 Lua 的實驗性函式庫。
- **函式庫整合**（**Library integration**）：ROS 有與許多第三方機器人函式庫的介面，例如開放原始碼電腦視覺（Open Computer Vision, OpenCV）、點雲函式庫（Point Cloud Library, PCL）、Open-NI、Open-Rave 與 Orocos。開發者不用花太大工夫就能運用這些函式庫。
- **模擬器整合**（**Simulator integration**）：ROS 也與 Gazebo 這類的開放原始碼模擬器緊密整合，且與 Webots 及 V-REP 這類的專屬模擬器有良好的介接。
- **程式碼測試**（**Code testing**）：ROS 提供了 **rostest** 這套內建的測試框架來檢測程式碼品質及錯誤。
- **擴充性**（**Scalability**）：ROS 框架被設計成為可擴充，使用放在雲端或是異質叢集上的 ROS，就能讓機器人執行繁重的運算作業。
- **客製化**（**Customizability**）：如前述，ROS 不但完全開放原始碼而且免費，因此可以根據機器人的要求來客製化框架。如果只需要用到 ROS 通訊平台，我們可以把其他的東西都拿掉只留下這個就好。您甚至可以針對某一款機器人做一個特別版的 ROS 讓效能更好。

- **社群（Community）**：ROS 是個由社群所驅動的專題，主要是由 OSRF 所主導。社群的強力支援是 ROS 的大加分，代表任何人都可輕易開始開發機器人應用。

可以與 ROS 整合之函式庫與模擬器的連結如下：

- **Open-CV**：*http://wiki.ros.org/vision_opencv*
- **PCL**：*http://wiki.ros.org/pcl_ros*
- **Open-NI**：*http://wiki.ros.org/openni_launch*
- **Open-Rave**：*http://openrave.org/*
- **Orocos**：*http://www.orocos.org/*
- **V-REP**：*http://www.coppeliarobotics.com/*

讓我們介紹一些 ROS 的基本觀念，這些有助於之後進行各種 ROS 專題。

ROS 的基礎

理解 ROS 的運作原理與專有名詞能讓您更快理解現有的 ROS 應用，並且自行開發。本段將告訴您在後續章節中會用到的重要概念。如果本章不小心漏掉什麼主題的話，請放心，後續章節應該都會談到。

以下是 ROS 的三個重要概念，分別是：

檔案系統層（File system level）

檔案系統層解釋 ROS 檔案在硬碟中的組織架構：

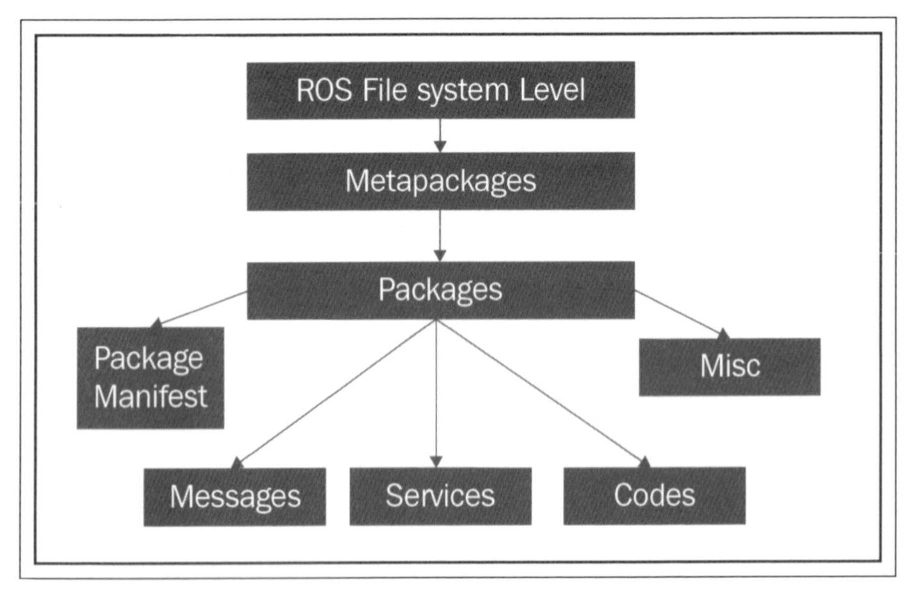

ROS 檔案系統層

如上圖可見，ROS 的檔案系統主要分為元套件（metapackage）、套件（package）、套件清單（manifest）、訊息（message）、服務（service）、程式碼（code）與雜項檔案（misc file）。以下是各項簡述：

- **元套件**：元套件是針對某個特殊應用的一系列套件組合。例如 ROS 中的 navigation 就是針對移動式機器人導航的元套件，它可以儲存相關套件的資訊，並且在安裝這個元套件時也可以一併把這其他相關套件裝好。
- **套件**：ROS 中的軟體主要是以 ROS 套件的形式來管理。我們可以把 ROS 套件看成是 ROS 的最小建置單位。一個套件中會包含 ROS 的節點 / 程序、資料集與設定檔，全部都會以單一模組的形式來管理。
- **套件清單**：每一個套件中都會有一個名為 `manifest.xml` 的清單檔，其中放了像是名稱、版本、作者、授權以及該套件所需之相依套件等資訊。元套件的 `package.xml` 檔包含了相關套件的名稱。
- **訊息**（**Messages, msg**）：ROS 是藉由發送 ROS 訊息的方式來通訊。在副檔名為 `.msg` 的檔案內可定義這種類型的訊息資料，這些檔案就稱為訊息檔。訊息檔的路徑是在 `our_package/msg/message_files.msg`。

- **服務**（**Service, srv**）：計算圖層的重要概念之一就是服務。各項服務的定義路徑是在 `our_package/srv/service_files.srv`。

ROS檔案系統就談到這裡。

計算圖層

ROS 計算圖是一個可以處理所有資訊的 P2P 網路。ROS 計算圖的概念包含節點、主題、訊息、master、參數伺服器、服務與 bag：

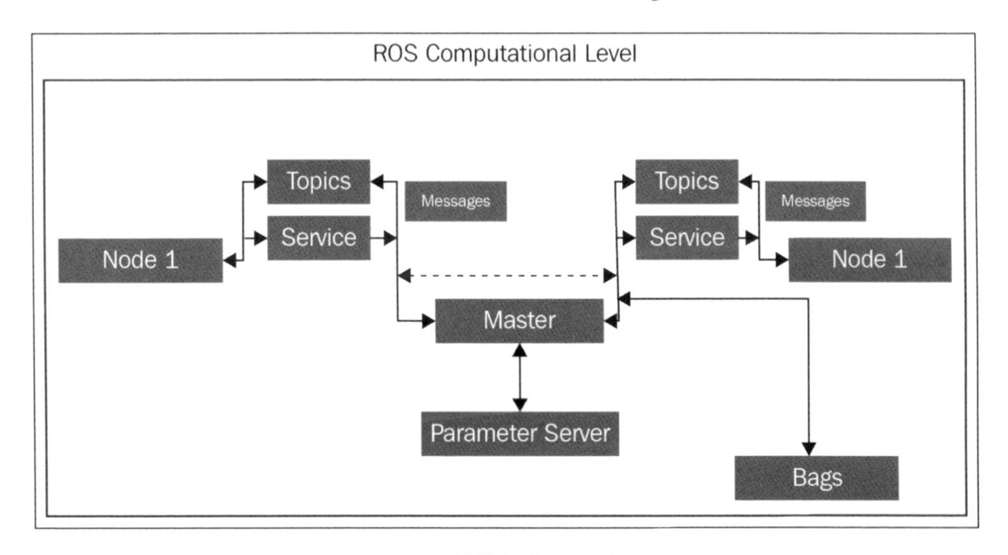

ROS 計算圖之概念圖

上圖說明了 ROS 計算圖中的各種概念，各個概念簡述如下：

- **節點**：ROS 節點是使用 ROS API 來互相通訊的一個程序（process）。機器人可能會用到多個節點以完成它的計算。例如，一台全自動的移動式機器人可能各有一個節點用於硬體介接、讀取雷射掃描、以及定位和建圖。我們可利用後續段落都會談到的 `roscpp` 與 `rospy` 等各種 ROS client 函式庫來建置 ROS 節點。

- **Master**：ROS master 扮演了中介節點的角色，幫助不同 ROS 節點彼此連接。Master 擁有在 ROS 環境中執行之各節點的所有詳細資料。它會把某個節點的詳細資料與其他節點交換來建置兩者之間的連線。交換資訊之後，兩個 ROS 節點就開始通訊了。
- **參數伺服器（parameter server）**：參數伺服器是個相當好用的 ROS 功能。節點可儲存變數於參數伺服器中並設定其隱私權。如果參數有全域範圍（global scope），則其他所有的節點都可存取它。ROS 參數會與 ROS Master 一併執行。
- **訊息（Message）**：ROS 節點可用許多方式互相通訊。在所有的方法中，節點所收發的資料格式皆須為 ROS 訊息格式。ROS 訊息是被 ROS 節點用來交換資料的資料結構。
- **主題（Topic）**：在兩個 ROS 節點之間通訊與交換 ROS 訊息的方法稱為 ROS 主題。主題是有名稱的匯流排，我們可在其中運用 ROS 訊息來交換資料。每個主題都有專屬的名稱，某個節點可以對這個主題發送資料，另一個節點則可藉由訂閱來讀取這個主題。
- **服務（Service）**：服務是 ROS 的另一種通訊方法，機制與主題類似。多個主題之間是藉由發佈或訂閱來互動，但服務則是透過要求（request）與回復（reply）這兩個方法。某個節點可作為服務提供者，它有在執行中的服務常式，而 client 節點則是要求伺服器的服務。伺服器會執行服務常式並發送結果給 client。client 節點應等候直到伺服器以結果回應。
- **包（Bag）**：Bag 是 ROS 中用於記錄與重播 ROS 主題的公用程式。有時候在操作機器人時，我們得在沒有真實硬體的情境下來操作。透過 `rosbag`，我們得以記錄感測器資料，還可以把 bag 檔案複製到另一台電腦來重播，藉此檢查資料是否正確。

以上為計算圖的基本概念。

ROS 社群層

ROS 社群遠比當年剛發表時更加豐富茁壯。您可找到至少 2,000 個由社群支援、更改及使用的套件。社群層包含用於共享軟體及知識的 ROS 資源：

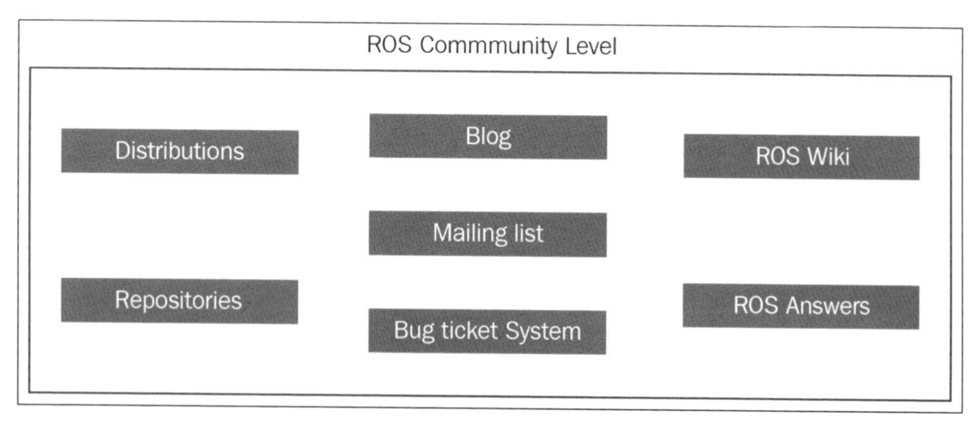

ROS 社群層示意圖

以下為各區塊的簡介：

- **版本（Distributions）**：ROS 版本是已編版本的 ROS 套件集，例如 Linux 版本。
- **儲存庫（Repositories）**：ROS 相關的套件與檔案都是仰賴例如 Git、SVN 及 Mercurial 的版本控制系統（Version Control System, VCS）來管理，這樣一來全世界的開發者都可貢獻心力。
- **ROS Wiki**：ROS 社群的 wiki 網站可說是 ROS 的知識中心，任何人都可以在某個套件上加入說明文件。您可以在 ROS wiki 上找到關於 ROS 的標準說明文件與教學。
- **寄件清單（Mailing list）**：只要訂閱 ROS 的寄件清單就可以取得關於 ROS 套件的更新訊息，也有地方可詢問關於 ROS 的問題（*http://wiki.ros.org/Mailing%20Lists?action=show*）。
- **ROS 答案集**：ROS 網站可說是 ROS 的 stack overflow（譯註：上網找程式的相關答案最後幾乎都會來到這裡）。您可以詢問各種 ROS 及相關領域的問題（*http://answers.ros.org/questions/*）。
- **部落格**：ROS 部落格提供關於 ROS 社群的定期更新，包含照片與視訊（*http://www.ros.org/news*）。

下一節將說明 ROS 之中的通訊是如何進行的。

ROS 之中的通訊

來看看兩個節點是如何透過 ROS 主題來通訊的吧。下圖是 ROS 節點彼此的通訊方式：

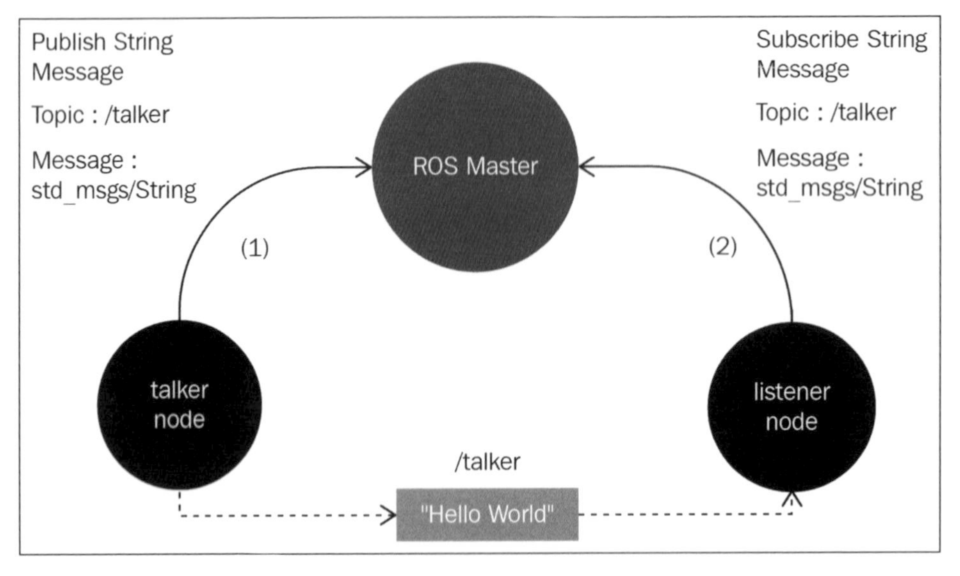

多個 ROS 節點之間使用主題來通訊

上圖中有兩個節點：talker 與 listener。talker 節點會發送一個內容為 "Hello World" 的字串訊息到 /talker 主題上，listener 節點則訂閱了這個主題。現在來看看各階段分別發生了什麼事，如上圖的 (1)、(2)、(3)：

1. 在執行 ROS 的任何節點之前，別忘了先啟動 ROS Master。在 ROS Master 啟動後，它會等候節點。當 talker 節點（發佈者）開始執行時，它會連接至 ROS Master，並與其交換要發佈的主題細節，這包括主題名稱、訊息類型以及發佈節點的 URI。Master 的 URI 為全域值，且所有節點都可連接至它。Master 會維護與其連接之發佈者的表格。每當發佈者的詳細資料改變時，這個表格都會自動更新。

2. 在啟動 listener 節點（訂閱者）時，它會連到 master，且交換節點的詳細資料，例如要訂閱的主題、它的訊息類別以及節點 URI。如同發佈者，master 也會維護一個訂閱者表格。

3. 每當同一個主題有訂閱者與發佈者兩者時，master 節點就會與訂閱者交換發佈者的 URI。這可讓兩個節點彼此連接並交換資料。在兩者連接起來之後，就沒有 master 的事情了。資料不會經過 master，而是這兩個節點互連並交換訊息。

以下連結可找到更多關於節點、名稱空間與用法的資訊：*http://wiki.ros.org/Nodes*。

現在對於 ROS 已經有一點基礎了，來看看一些 ROS client 函式庫。

ROS client 函式庫

ROS 的 client 函式庫用來寫入 ROS 節點。ROS 的所有概念都實作於 client 函式庫中。所以我們只要使用它就好，不必從零做起。使用 client 函式庫，可實作具備發佈者及訂閱者、寫入服務回呼等等的 ROS 節點。

ROS client 函式庫主要是由 C++ 與 Python 寫成。以下為常見 ROS client 函式庫的清單：

- `roscpp`：這是玩家最推薦也最廣泛使用，可用於建置各種 ROS 節點的 ROS client 函式庫。這個 client 函式庫包含了絕大多數的 ROS 觀念實作，可用於需要高執行效能的應用。
- `rospy`：這個 ROS client 函式庫完全是用 Python 打造的。它的好處是易於開發原型，這意謂可以減少開發時間。不過如果很講究高執行效能的話，就不推薦它了，但它可以搞定幾乎所有非關鍵性的任務。
- `roslisp`：包含了 LISP 的 client 函式庫，且常用來建置機器人規劃函式庫。

所有 client 的 ROS 函式庫詳細資料請參考：*http://wiki.ros.org/client%20Libraries*。下一節為不同 ROS 工具的概觀。

ROS 工具

ROS 有用於檢查與偵錯訊息的各種 GUI 和命令列工具。這些工具在您處理涉及許多套件整合的複雜專題時可派上用場。這有助於識別主題及訊息是否以正確的格式發佈，並可讓使用者隨意使用。以下是一些常用的 ROS 工具程式。

ROS 視覺化工具（RViz）

RViz（*http://wiki.ros.org/rviz*）是可用於 ROS 的一個 3D 視覺化工具，可將來自 ROS 主題及參數的 2D 與 3D 數值視覺化。Rviz 有助於視覺化各種資料，例如機器人模型、機器人 3D 變換資料（TF）、點雲、雷射及影像資料與各種不同感測器資料：

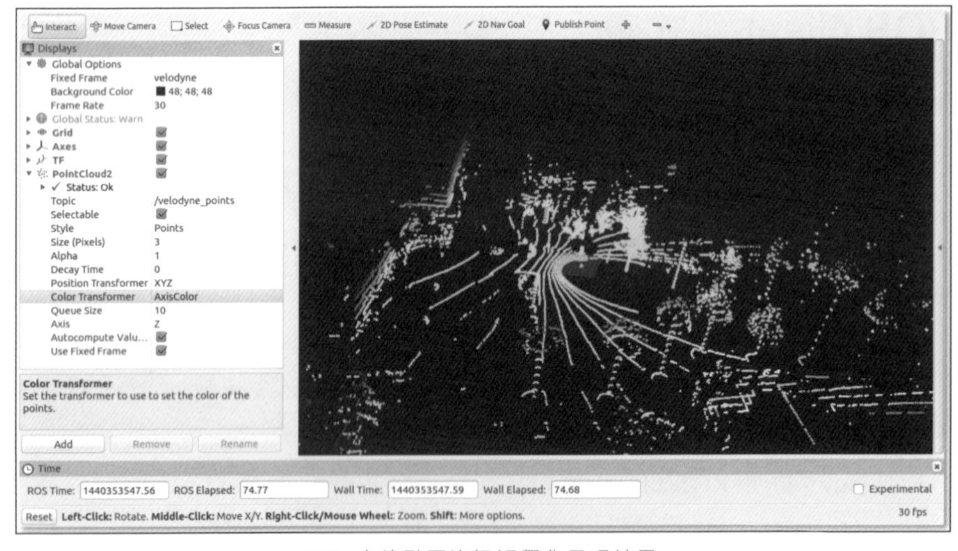

RViz 中的點雲資訊視覺化呈現結果

上圖為安裝在自動駕駛車上之 Velodyne 感測器的 3D 點雲掃瞄。

rqt_plot

rqt_plot（*http://wiki.ros.org/rqt_plot*）可用於描繪形式為 ROS 主題之純量值的工具。在 Topic 框中可輸入主題名稱：

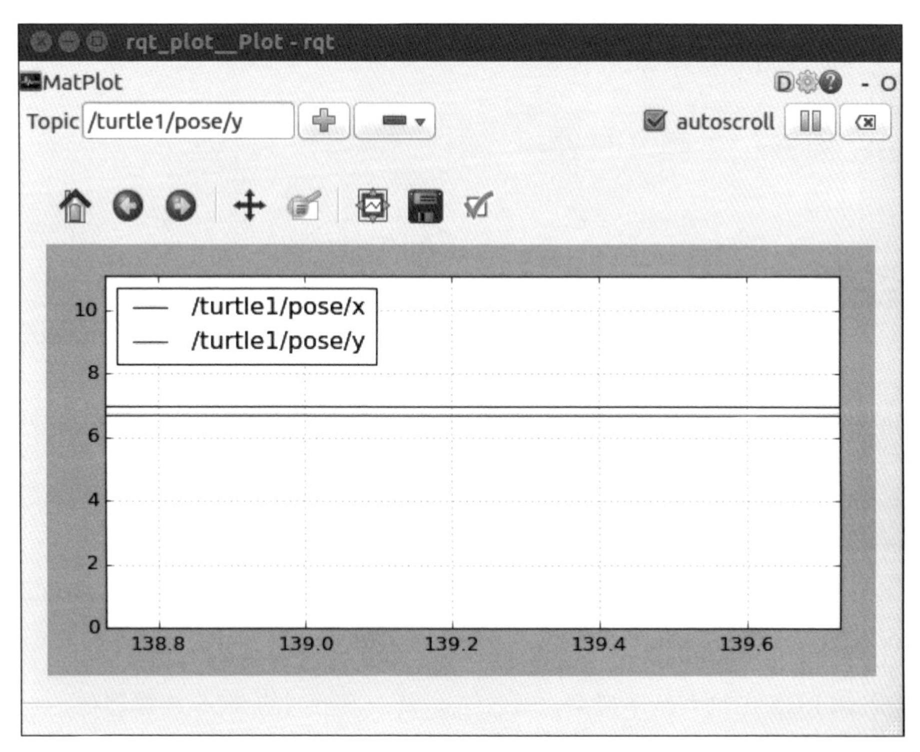

rqt_plot 畫面

上圖畫面為來自 `turtle_sim` 節點的姿勢圖。

rqt_graph

rqt_graph（*http://wiki.ros.org/rqt_graph*）為一款 ROS 的 GUI 工具，可將 ROS 節點的互連圖視覺化呈現出來：

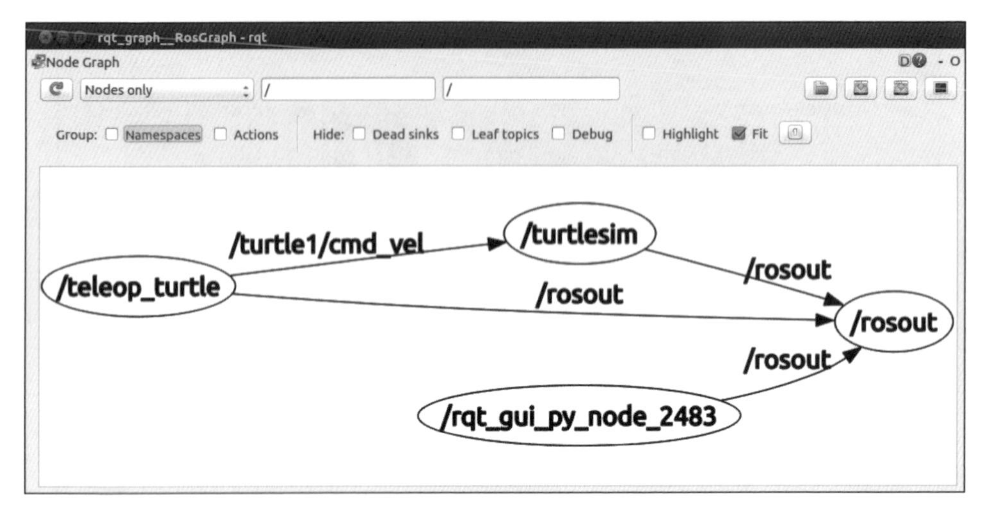

rqt_graph 畫面

ROS 工具的完整清單請參考：*http://wiki.ros.org/Tools*。

對於各個 ROS 工具有基本概念之後，來認識一下不同的 ROS 模擬器吧。

ROS 模擬器

與 ROS 緊密整合的一款開放原始碼機器人模擬器為 Gazebo（*http://gazebosim.org*）。Gazebo 為一款支援各種機器人型號與感測器的機器人動態模擬器，還能透過外掛來加入更多功能。ROS 通過主題、參數與服務即可存取感測器數值。在模擬需要與 ROS 完全相容時，可使用 Gazebo。大部份的機器人模擬器都是綁定專門硬體且非常昂貴；如果負擔不起，您可考慮直接使用 Gazebo 而不會有任何問題：

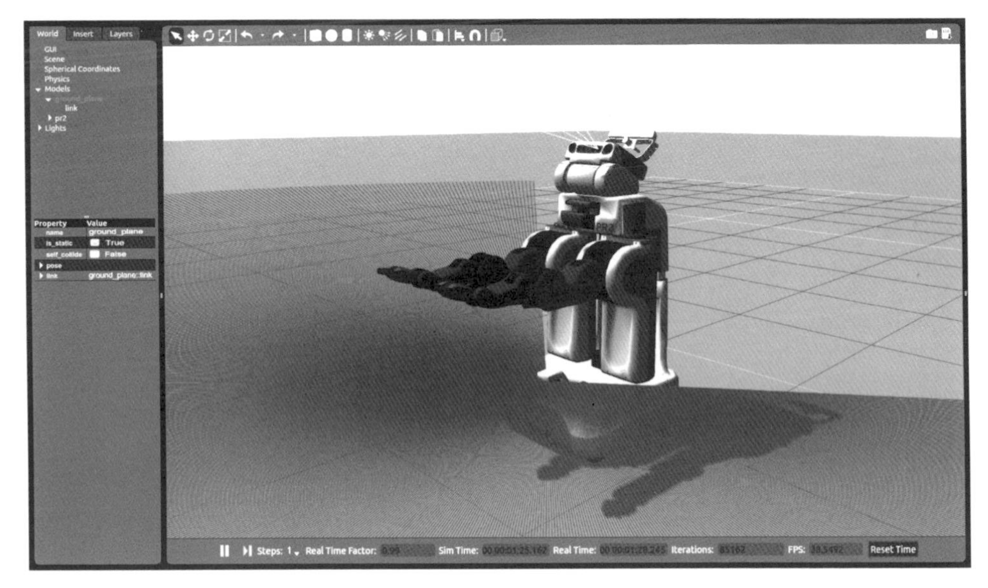

Gazebo 模擬器

前者為來自 OSRF 的 PR2 機器人模型。在本書 github 中的 `github.com/pr2/pr2_common` 可找到該模型。

Gazebo 的 ROS 介面請由以下連結取得：*http://wiki.ros.org/gazebo*。

對於 ROS 模擬器有基本概念之後，接著就要在 Ubuntu 系統上安裝 ROS Medolic 了。

在 Ubuntu 18.04 LTS 上安裝 ROS Melodic LTS

如前所述，可下載及安裝的 ROS 版本還真不少，所以如何選擇真的符合我們需求的版本就很頭痛了。以下是在挑選版本時經常會被詢問的一些問題及其答案：

- 哪一個版本的支援性最好？

  答案：如果需要最大程度支援的話，請選用 LTS 版本。但選擇最新版的前一版比較保險。

- 我需要 ROS 的最新功能，該選哪一個？

  答案：直接選最新版 ROS 的話，您可能無法在發行後立即取得最新的完整套件。您可能需要在發行後等幾個月才行。因為版本移植需要一點時間。

本書會使用兩種 LTS 版本：ROS Kinetic 是穩定版，ROS Melodic 是最新版。本書使用 ROS Melodic Morenia。

開始安裝

請到 ROS安裝網站（*http://wiki.ros.org/ROS/Installation*），您會看到列出最新 ROS 版本的畫面：

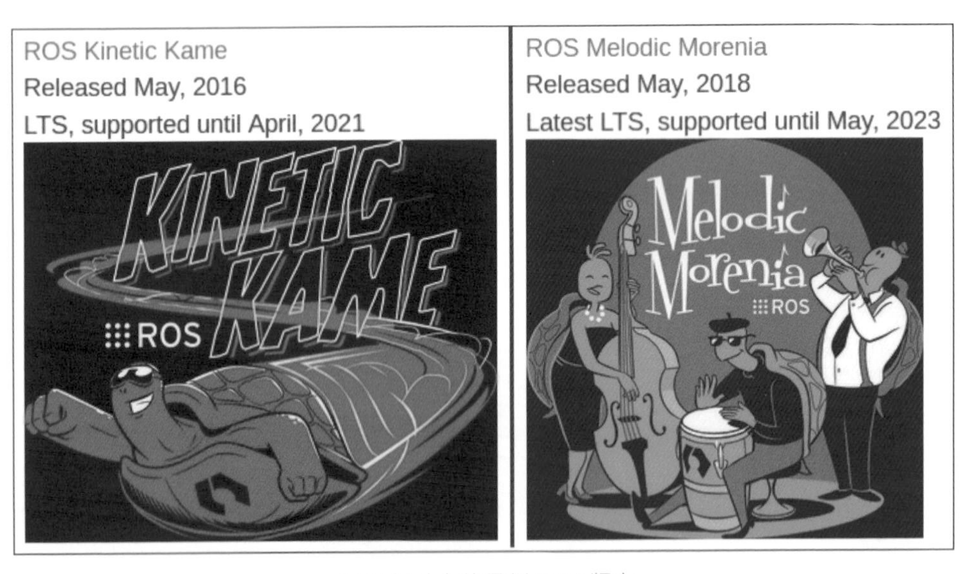

ROS 網站上的最新 ROS 版本

點選 ROS Kinetic Kame 或 ROS Melodic Morenia 按鈕會看到各版本的完整安裝說明。

以下是最新 ROS 版本的安裝說明。

設定 Ubuntu 儲存庫

我們要從 ROS 的套件儲存庫（repository）在 Ubuntu 18.04 系統上安裝 ROS Melodic。這套儲存庫會有格式為 `.deb` 的預先建置之 ROS 二元檔。為了能夠使用來自 ROS 儲存庫的套件，必需先在 Ubuntu 上設定好各個儲存庫選項才行。

Ubuntu 的各種儲存庫詳細資料請參考：*https://help.ubuntu.com/community/Repositories/Ubuntu*。

請根據下列步驟來設定儲存庫：

1. 首先，請在 Ubuntu 的搜尋列搜尋 "**Software & Updates**"：

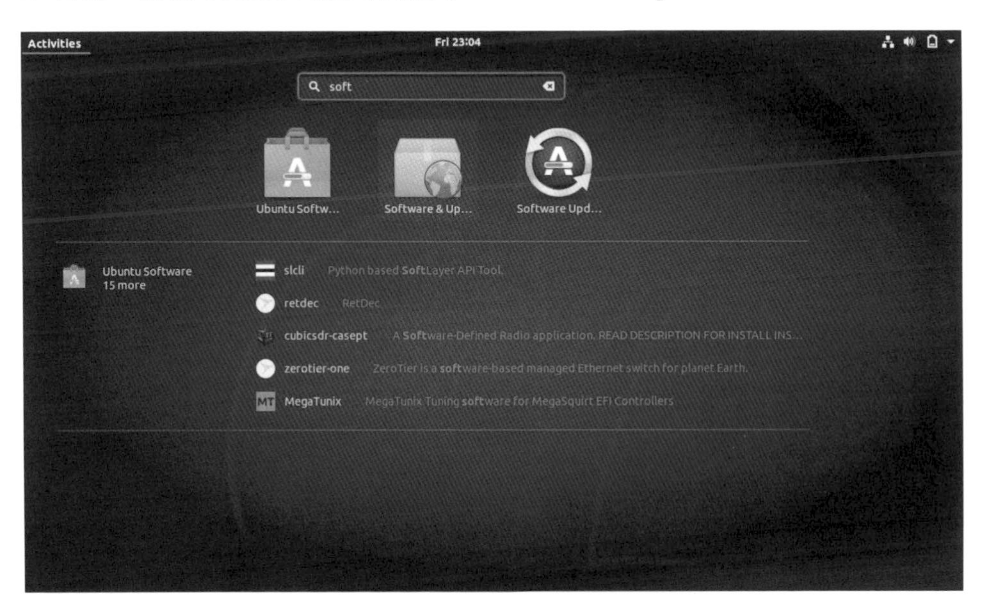

Ubuntu 的 Software & Updates 畫面

2. 點選 **Software & Updates** 並啟動 Ubuntu 的所有儲存庫，如下圖所示：

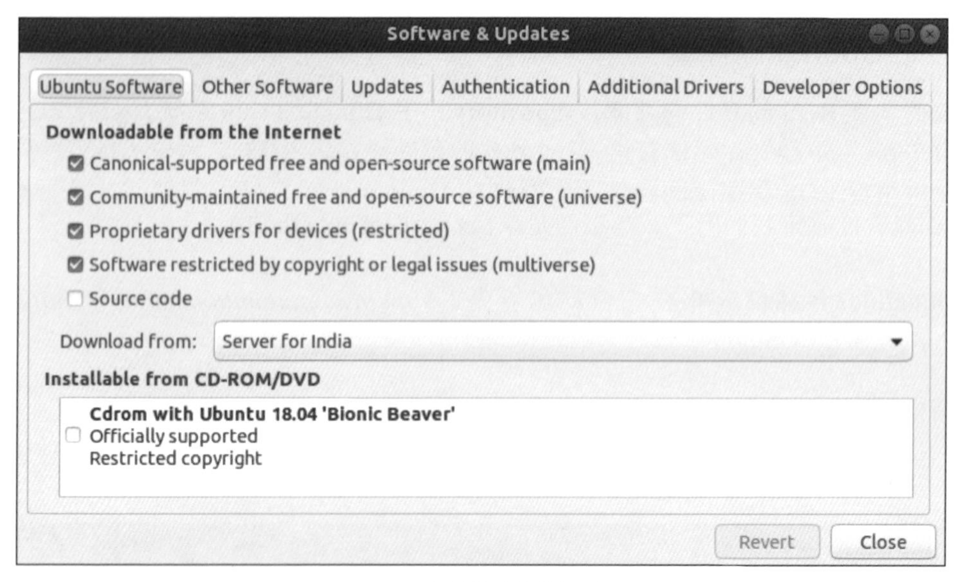

Ubuntu 的軟體與更新中心

現在前置作業都差不多完成，可以進行下一步了。

設置 source.list

下一步是要允許取得 ROS 儲存庫伺服器（`package.ros.org`）的各個 ROS 套件。ROS 儲存庫伺服器的詳細資料必需填入在 `/etc/apt/` 中的 `source.list`。

以下指令可在 ROS Melodic 做到這件事：

```
$ sudo sh -c 'echo "deb http://packages.ros.org/ros/ubuntu $(lsb_release -
sc) main" > /etc/apt/sources.list.d/ros-latest.list'
```

再來是設置金鑰。

設置金鑰

在 Ubuntu 加入新的儲存庫時，還需要加入金鑰代表這是受信任的來源，這些金鑰還能驗證套件來源。請在安裝之前加入以下金鑰：

```
$ sudo apt-key adv --keyserver hkp://ha.pool.sks-keyservers.net:80 --recv
key 421C365BD9FF1F717815A3895523BAEEB01FA116
```

如此就能確定我們所下載的東西是來自經過授權的伺服器了。

安裝 ROS Melodic

現在已經準備好在 Ubuntu 上安裝 ROS 套件了，請根據以下步驟來操作：

1. 第一步要更新 Ubuntu 的套件清單。可使用以下指令更新清單：

   ```
   $ sudo apt-get update
   ```

   這會從伺服器取得在 `source.list` 中的所有套件。

2. 在取得套件清單之後，請用以下指令安裝完整的 ROS 套件包：

   ```
   $ sudo apt-get install ros-melodic-desktop-full
   ```

   這會安裝好 ROS 的大部分重要套件。您的 Ubuntu root 磁區至少要有 15 GB 的空間才能裝好並執行 ROS。

初始化 rosdep

ROS 的 `rosdep` 工具能讓我們更方便安裝指定套件的相依套件，並進一步編譯完成。ROS 的一些核心元件也會用到此工具。

請用以下指令初始化 rosdep：

```
$ sudo rosdep init
$ rosdep update
```

在此，在呼叫第一個指令時，會在 `/etc/ros/rosdep/sources.list.d/` 中產生名為 `20-default.list` 的檔案，以及連接至各個 `ros-distros` 的連結清單。

設置 ROS 環境

恭喜，ROS安裝好了，接著要做什麼呢？

ROS 安裝檔中大多數是腳本檔與執行檔，它們大部分裝在 /opt/ros/<ros_version> 資料夾中。

我們得在 Ubuntu 終端機中加入 ROS 的環境變數才能存取這些指令與腳本檔，別擔心，這不難做。在此只要 source 這個 bash 檔就可以了：/opt/ros/<ros_version>/setup.bash，之後就能從終端機中輸入 ROS 指令了。

請用以下指令來 source 這個 bash 檔：

```
$ source/opt/ros/melodic/setup.bash
```

如果要在多個終端機中都能使用 ROS 環境的話，需要把上述指令加到在 home 資料夾中的 .bashrc 腳本裡。.bashrc 腳本只要在開啟新終端機時就會再 source 一次：

```
$ echo "source /opt/ros/melodic/setup.bash" >> ~/.bashrc
$ source ~/.bashrc
```

Ubuntu 上可以安裝多個 ROS 版本。如果您已經安裝了多個版本，請在上述指令中修改版本名稱即可切換到不同的 ROS 版本。

取得 rosinstall

到了最後一步囉，需要用到名為 rosinstall 的 ROS 命令列工具來安裝特定 ROS 套件的原始碼樹（source tree）。這個工具是基於 Python，且可使用以下指令來安裝：

```
$ sudo apt-get install python-rosinstall
```

ROS 安裝搞定了，請用以下指令檢查是否真的都裝好了：

- 打開終端機視窗並執行 roscore 指令：

```
$ roscore
```

- 在另一個終端機中執行 `turtlesim` 節點：

```
$ rosrun turtlesim turtlesim_node
```

一切順利的話，會看到以下輸出：

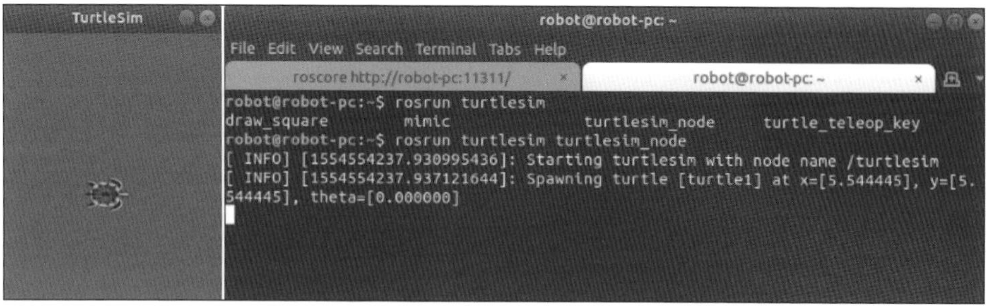

turtlesim 節點之圖形化介面，與輸出姿勢資訊的終端機畫面

如果您重新啟動 `turtlesim` 節點 好幾次，應該會看到小烏龜在變化。現在，我們已在 Ubuntu 上成功安裝好了 ROS，接著要看看如何在 VirtualBox 上設置 ROS。

在虛擬機器上設置 ROS

之前講過囉，ROS 得在 Ubuntu 上才能享有完整的支援。那 Windows 與 macOS 的玩家怎麼辦？他們難道沒辦法使用 ROS 嗎？當然可以啦！使用 Virtual box（*https://www.virtualbox.org/*）這套軟體就可以了。Virtual box 可在不影響主機原本的作業系統之下，安裝另一個作業系統。指定好處理器數量、RAM 與硬碟空間等規格之後，虛擬作業系統就可與原本主機上的作業系統一同運作了。

請由此下載適用於不同作業系統的 Virtual box：*https://www.virtualbox.org/wiki/Downloads*。

在 Virtual box 上安裝 Ubuntu 的 YouTube 影片教學在這邊：*https://www.youtube.com/watch?v=QbmRXJJKsvs*。

以下為 VirtualBox GUI 的畫面。您可看見左側的虛擬 OS 清單以及右側的虛擬 PC 組態。建置新的虛擬 OS 和啟動現有 VirtualBox 的按鈕在頂部面板上。最佳虛擬 PC 組態如以下畫面：

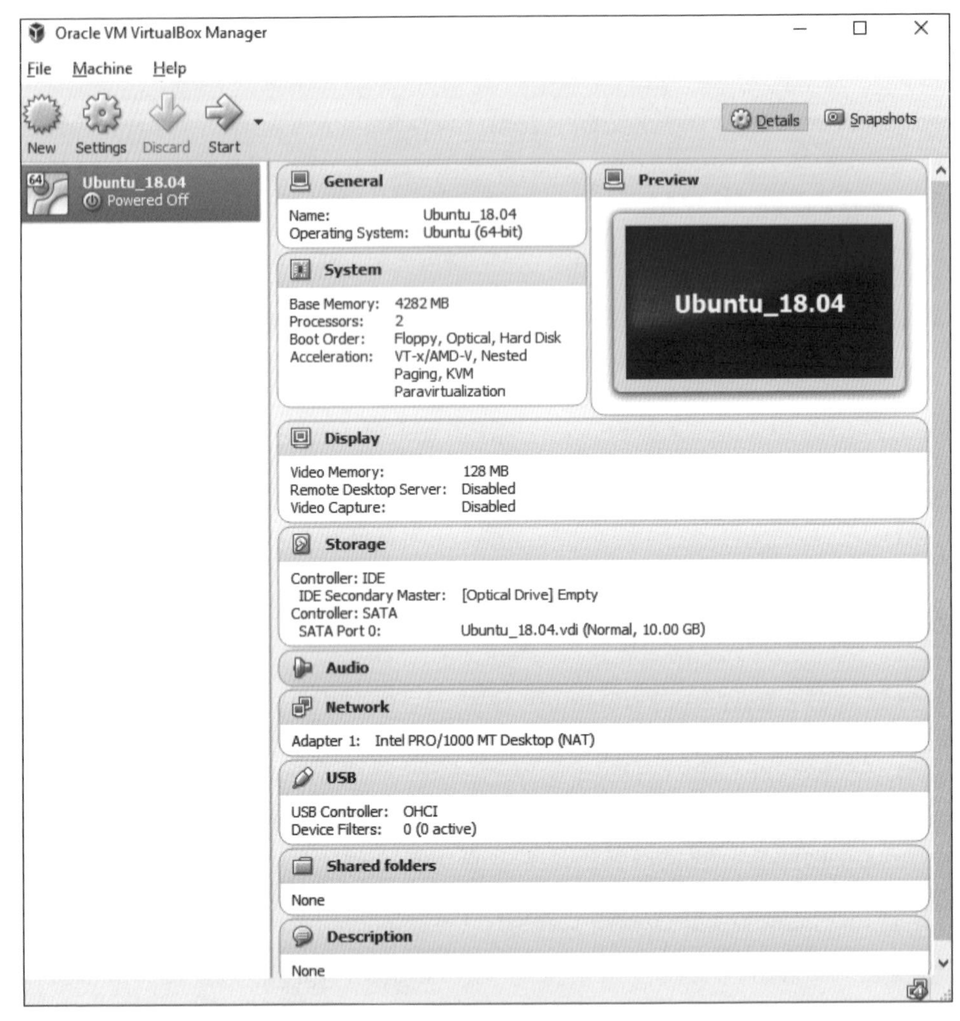

Virtual box 設定畫面

以下為虛擬電腦的主要規格：

- CPU 數量：1
- RAM：4 GB
- 顯示器 | 視訊記憶體：128 MB
- 加速度：3D
- 儲存容量：20 ~ 30 GB
- 網卡：NAT

如果需要硬體加速的話，請使用 Virtual box Guest 擴充光碟來安裝相關驅動程式。開機進入 Ubuntu 桌面之後，請找到 **Devices| Insert Guest Addition CD Image** 選項。這會把 CD 映像檔載入 Ubuntu，並要求您執行腳本來安裝驅動程式。同意之後就會自動裝好所有的驅動程式。重開機之後就可以在 Ubuntu guest 帳號中取得完整的加速功能。

在 Virtual box 上安裝 ROS 的做法完全一樣。如果虛擬網卡處於 NAT（網路位址轉換，Network Address Translation）模式，則主機作業系統的網際網路連接就可以分享給 guest 作業系統，如此一來 guest 就能像一般的作業系統一樣運作了。現在，我們已在 VirtualBox 上設置好 ROS。

下一節要簡介 Docker。

簡介 Docker

Docker 是一款自由軟體，也是引進它給開放原始碼社群的公司名稱。您可能在 Python 聽說過虛擬環境，在此您可建置專題的獨立環境以及安裝專用相依性而不會干擾其他環境中的其他專題。Docker 也是類似的概念，我們可用針對各專題建置稱為容器（container）的獨立環境。容器的作用類似虛擬機器但是實際上又有點不太一樣。虛擬機器在硬體層上面需要獨立的作業系統，容器則不需要。容器可在硬體層之上獨立運作並共享主機的資源。

這可避免佔用太多的記憶體，且速度一般來說常比虛擬機器更快。最佳的例子顯示兩者的差異如下：

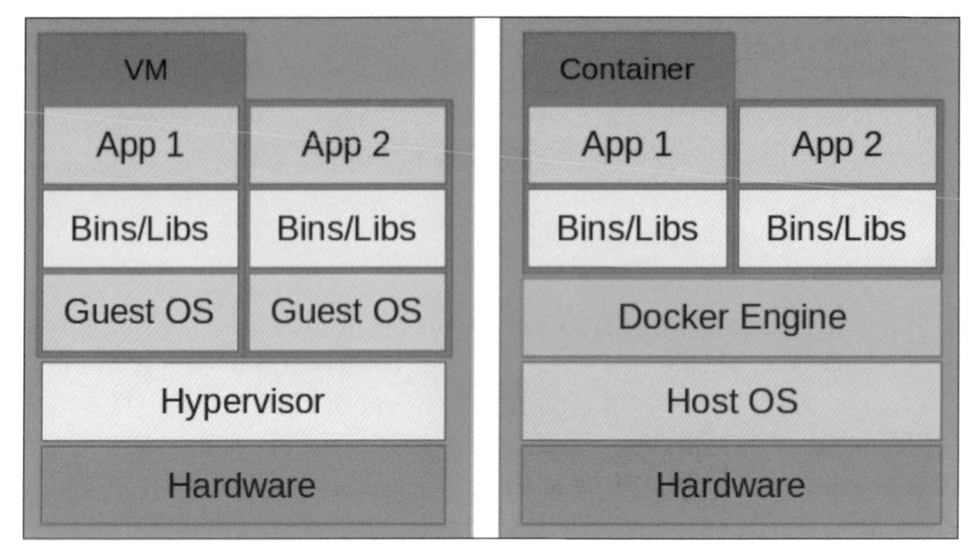

虛擬機器與 Docker 的差異

明白了虛擬機器與 Docker的差異之後，讓我們了解為何要使用 Docker。

為何使用 Docker？

在 ROS 中，專題可能由含有子套件的數個元套件組成，而且需要相依套件才能繼續工作。常見的狀況是不同的套件可能會用到不同的相依套件，或同一個相依套件的不同版本，以上會導致各種編譯問題。這讓開發者在設定 ROS 套件時相當困擾。最佳的例子是，當我們想要使用帶有 ROS Indigo 的 OpenCV3，同時與有不同外掛版本的視覺演算法或 `gazebo_ros_controller` 一起工作時，會導致著名的重力錯誤（*https://github.com/ros-simulation/gazebo_ros_pkgs/issues/612*）。當時的開發者有試著去改掉這個問題，但可能因為用來替換的套件或相依套件版本修改去影響到其他運作中的專題，最後無疾而終。儘管處理此問題有不同的方式，然而在 ROS 中解決此問題的務實辦法是使用 Docker 容器。相較於作業系統中的任何程序，容器可以快速啟動或停止，只需幾秒鐘。再者，作業系統或套件的任何升級或更新都不會對容器內容或其他容器造成影響。

安裝 Docker

Docker 的安裝有兩種方式：使用 Ubuntu 儲存庫或使用官方 Docker 儲存庫：

- 如果您想要通過命令列安裝並節省幾分鐘，則可用 Ubuntu 儲存庫來安裝。
- 除本書所談到的做法以外，如果您想要探索更多 Docker 選項，建議使用官方的 Docker 儲存庫來安裝，因為它有最穩定、錯誤已修復且帶有附加功能的套件。

在繼續下列中之任一種的安裝之前，確認您已使用 `$ sudo apt-get update` 來更新 `apt` 套件。

用 Ubuntu 儲存庫來安裝

為了從 Ubuntu 儲存庫來安裝 Docker，請使用下列指令：

```
$ sudo apt-get install docker.io
```

如果改變主意而想嘗試用 Docker 儲存庫來安裝，或者您想要解安裝經由前面步驟已裝好的 Docker 版本，請做下一步。

解安裝 Docker

如果您不喜歡舊版 Docker 而想要安裝最新的穩定版，請使用以下指令解安裝 Docker 再用 Docker 儲存庫來安裝：

```
$ sudo apt-get remove docker docker-engine docker.io containerd runc
```

以上是用來解除安裝 Docker、`docker-engine`、`docker.io`（這些是較舊的版本名稱）與容器執行階段的一般指令。如果您已下載或手動建立以上任一者的話，就會用到這些指令。

用 Docker 儲存庫來安裝

請根據以下步驟來安裝官方儲存庫的 Docker：

1. 首先，使用以下指令：

```
$ sudo apt-get install apt-transport-https ca-certificates curl
gnupg-agent software-properties-common
```

2. 然後，加入來自 Docker 的官方 GPG key：

```
$ curl -fsSL https://download.docker.com/linux/ubuntu/gpg | sudo
apt-key add -
```

3. 使用以下指令設置 Docker 儲存庫：

```
$ sudo add-apt-repository "deb [arch=amd64]
https://download.docker.com/linux/ubuntu bionic stable"
```

有三種更新通道：穩定（stable）、每日最新（nightly）與測試（test）通道。測試通道是在公開之前用於測試的發行前版本；每日最新通道是指尚在開發中或 beta 版本，穩定版則是已修正各種錯誤的最終版本。Docker 團隊的最佳建議是穩定版通道；不過，您當然可以把 stable 換成 nightly 或是 test 來玩玩看各通道版本。

4. 再一次更新 apt 套件索引：

```
$ sudo apt-get update
```

5. 安裝 Docker 套件：

```
$ sudo apt install docker-ce
```

6. 在用任一方法來安裝後，可使用以下指令檢查這兩種安裝的 Docker 版本：

```
$ docker --version
```

Ubuntu 儲存庫中的版本是 17.12，但本書寫作時的最新發布版本是 18.09（穩定版）。

在預設情況下，Docker 只能由 root 使用者來執行。因此，請用以下指令把您的使用者名稱加到 Docker 群組：

```
$ sudo usermod -aG docker ${USER}
```

記得系統重開機以使上述指令生效，否則會產生拒絕存取的錯誤，如下：

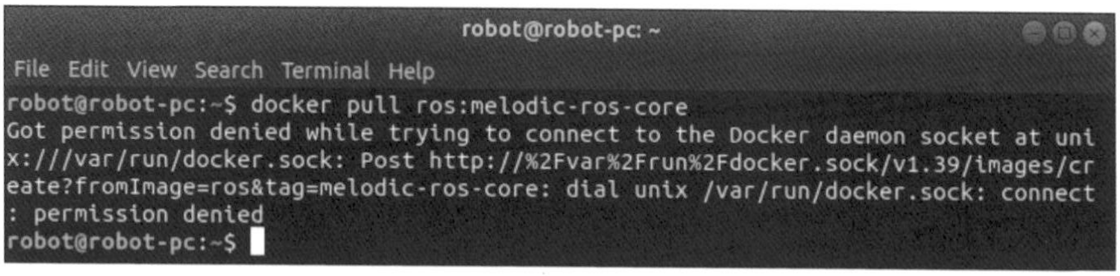

```
robot@robot-pc: ~
File Edit View Search Terminal Help
robot@robot-pc:~$ docker pull ros:melodic-ros-core
Got permission denied while trying to connect to the Docker daemon socket at uni
x:///var/run/docker.sock: Post http://%2Fvar%2Frun%2Fdocker.sock/v1.39/images/cr
eate?fromImage=ros&tag=melodic-ros-core: dial unix /var/run/docker.sock: connect
: permission denied
robot@robot-pc:~$
```

拒絕存取的錯誤

在任何 Docker 指令之前，使用 sudo 可快速修正上述錯誤。

使用 Docker

容器用 Docker 映像檔建置，從 Docker Hub（*https://hub.docker.com/*）可取得這些映像檔。請用以下指令可從 `ros` 儲存庫取得 ROS 容器：

```
$ sudo docker pull ros:melodic-ros-core
```

一切順利的話，可看到以下輸出畫面：

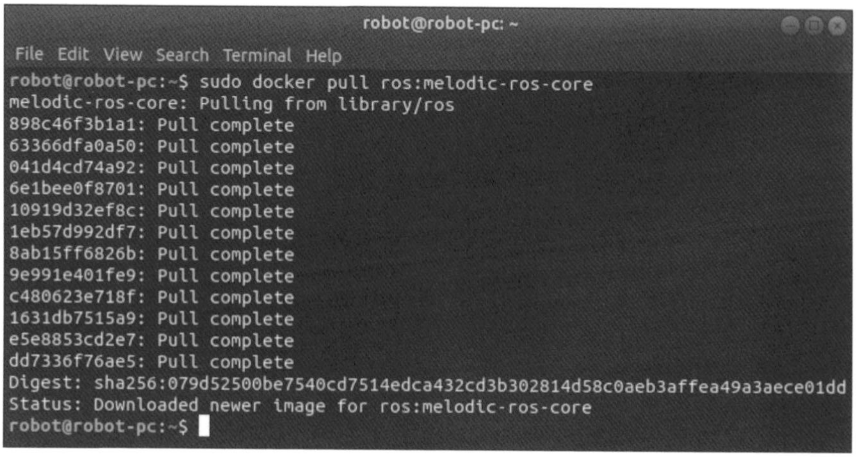

```
robot@robot-pc: ~
File Edit View Search Terminal Help
robot@robot-pc:~$ sudo docker pull ros:melodic-ros-core
melodic-ros-core: Pulling from library/ros
898c46f3b1a1: Pull complete
63366dfa0a50: Pull complete
041d4cd74a92: Pull complete
6e1bee0f8701: Pull complete
10919d32ef8c: Pull complete
1eb57d992df7: Pull complete
8ab15ff6826b: Pull complete
9e991e401fe9: Pull complete
c480623e718f: Pull complete
1631db7515a9: Pull complete
e5e8853cd2e7: Pull complete
dd7336f76ae5: Pull complete
Digest: sha256:079d52500be7540cd7514edca432cd3b302814d58c0aeb3affea49a3aece01dd
Status: Downloaded newer image for ros:melodic-ros-core
robot@robot-pc:~$
```

成功取得 Docker

您可選擇喜歡的 ROS 版本。建議任何應用都最好從 melodic-core 開始，這樣您可繼續處理並更新與專題有關的容器，而不需安裝其他不必要的東西。使用以下指令可檢查 Docker 映像檔：

```
$ sudo docker images
```

預設下，所有的容器儲存在 /var/lib/docker 中。使用以上指令，可識別儲存庫名稱及標籤。以我的 ros 儲存庫名稱來說，標籤名稱為 melodic-ros-core；因此，使用以下指令來執行 ros 容器：

```
$ sudo docker run -it ros:melodic-ros-core
```

$ docker images 指令給出的其他資訊為容器 ID，我的是 7c5d1e1e5096。如果要移除容器時就需要指定這個資訊。進入 Docker 後，可用以下指令來檢視取得的 ROS 套件：

```
$ rospack list
```

當您運行且退出 Docker 時，會建置另一個容器，因此就初學者而言，常常會不知不覺地建置一大堆的容器。可使用 $ docker ps -a 或 $ docker ps -l 指令來看看啟動中、非啟動中或最新的容器，也可使用 $ docker rm <docker_name> 指令來移除容器。您可使用以下指令繼續處理同一個容器：

```
$ sudo docker start -a -i silly_volhard
```

在此，silly_volhard 是 Docker 所建置的預設名稱。

現在已打開同一個容器，接著要安裝 ROS 套件以及向 Docker 提交變更。請用以下指令來安裝 actionlib_tutorials 套件：

```
$ apt-get update
$ apt-get install ros-melodic-actionlib-tutorials
```

現在，可再度檢查 ROS 套件清單，您應能夠看到一些額外的套件。由於您已修改容器，因此需要提交它以在重新打開 Docker 映像檔時來完成這些修改。使用以下指令退出容器並提交：

```
$ sudo docker commit 7c5d1e1e5096 ros:melodic-ros-core
```

現在已把 ROS 裝在 Ubuntu 及 VirtualBox 上，讓我們學習如何設置 ROS 工作空間。

設置 ROS 工作空間

不論在設置 ROS 於實體電腦、Virtual box 或 Docker 上之後，下一步都是要在 ROS 中建置一個工作空間。ROS 的工作空間是用來保存 ROS 套件的地方。在最新的 ROS 版本中，我們使用基於 catkin 的工作空間來建置並安裝 ROS 套件。catkin 系統（*http://wiki.ros.org/catkin*）是 ROS 原廠的建置系統，它可讓我們在 ROS 工作空間內把原始碼建置成目標執行檔或函式庫。

建置 ROS 工作空間相當簡單，只要開啟終端機並遵循以下說明操作：

1. 第一步是建置一個空的工作空間資料夾，並建置另一個名為 `src` 的資料夾來存放 ROS 套件。這一步可用以下指令達成。在此將工作空間資料夾取名為 `catkin_ws`：

```
$ mkdir -p catkin_ws/src
```

2. 切換到 `src` 資料夾並執行 `catkin_init_workspace` 指令。此指令會在當前 `src` 資料夾中初始化一個 catkin 工作空間。現在可開始在 `src` 資料夾內建置套件：

```
$ cd ~/catkin_ws/src
$ catkin_init_workspace
```

3. 在初始化 catkin 工作空間後，使用 `catkin_make` 指令可在工作空間內建置套件，也可以建置不具備任何套件的工作空間：

```
$ cd ~/catkin_ws/
$ catkin_make
```

4. 這會在 ROS 工作空間內建置額外的資料夾，例如 `build` 與 `devel`：

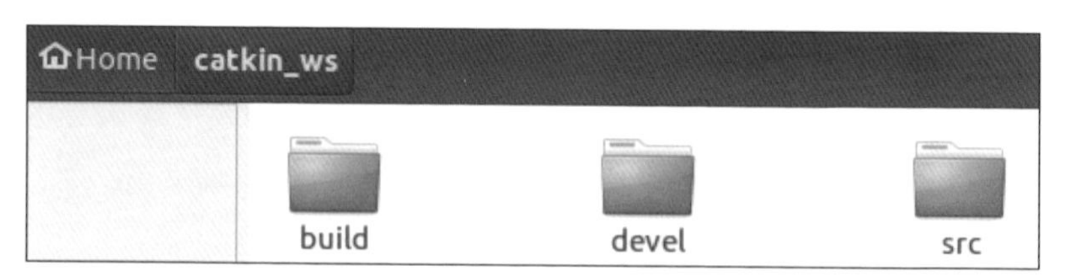

catkin 工作空間資料夾

5. 工作空間建置完成之後，為了存取工作空間內的套件，請用以下指令把工作空間環境加到 .bashrc 檔中：

```
$ echo "source ~/catkin_ws/devel/setup.bash" >> ~/.bashrc
$ source ~/.bashrc
```

6. 如果做完了，請用以下指令來檢查一切是否正確：

```
$ echo $ROS_PACKAGE_PATH
```

此指令列出完整的 ROS 套件路徑。如果在輸出畫面看到您的工作空間路徑的話，那麼就完工啦：

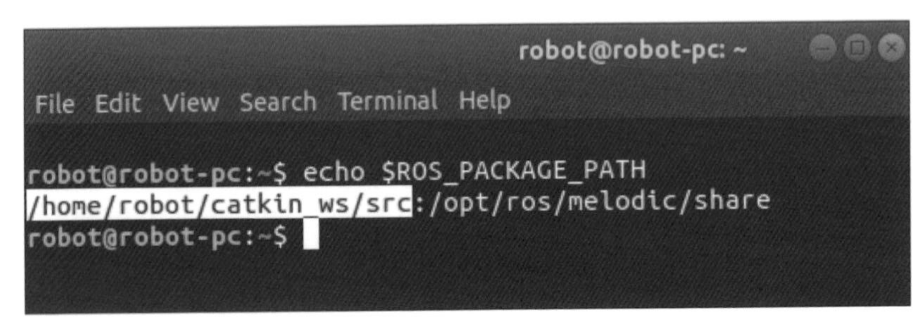

ROS 套件路徑

您會看到兩個位置的來源皆為 ros_package_path。前者為步驟 5 的最新版，而後者為實際 ROS 安裝套件的資料夾。看到這裡代表 ROS 工作空間已順利設定完成。接著來看看 ROS 在產業與學術領域的不同發展機會。

ROS 在產業與學術領域的發展機會

安裝並設定好 ROS 工作空間之後，可以來聊聊使用 ROS 有哪些好處了。為什麼學習 ROS 對於機器人研究者來說如此重要？原因在於 ROS 已經漸漸成為編寫各種機器人程式的通用框架了。因此，不論是產業界或是學術界的機器人主要都是使用 ROS。

以下是幾家有名的機器人公司，它們都用 ROS 來開發機器人：

- **Fetch Robotics**：*http://fetchrobotics.com/*
- **Clearpath Robotics**：*https://www.clearpathrobotics.com/*
- **PAL Robotics**：*http://www.pal-robotics.com/en/home/*
- **Yujin Robot**：*http://yujinrobot.com/*
- **DJI**：*http://www.dji.com/*
- **ROBOTIS**：*http://www.robotis.com/html/en.php*

具備 ROS 的知識能讓您輕鬆找到機器人應用工程師的相關職缺。如果您把機器相關職缺的要求技能看一遍的話，應該都會看到 ROS。

各地的大專院校與公司都提供了教導 ROS 機器人開發的獨立課程及工作坊。關於 ROS 的知識甚至可讓您取得知名機器人機構的實習生、碩博士與博士後等寶貴機會，例如美國卡內基美隆大學的機器人學苑（*http://www.ri.cmu.edu/*）與美國賓州費城大學的 GRASP 實驗室（*https://www.grasp.upenn.edu/*）。

後續章節會帶您逐步打好 ROS 的基礎，並學會 ROS 所需的關鍵技能。

總結

本章是為了讓您開始使用 ROS 來開發機器人應用的序曲，主要目標是為了讓您透過安裝來認識並理解 ROS。本章可用來作為開發 ROS 應用的入門指南，且有助於您理解後續章節中所呈現的各種 ROS 應用。本章最後則介紹與 ROS 有關的工作與研究職缺，也列出了許許多多想要開發各種機器人應用的公司與大專院校，他們都急著招聘 ROS 開發者。

下一章將討論 ROS-2 及其各種功能。

2

簡介 ROS-2 及其性能

ROS，或更具體言之，ROS-1，在開放原始碼社群中已幫助機器人技術達到了相當有意義的里程碑。儘管連接硬體與軟體並使兩者同步還是有困難，ROS-1 確實已為簡單的通訊策略做好了準備，這有助於社群將任何精密感測器連接至各種微電腦或微控制器。過去十年來，ROS-1 穩定成長並具備了豐富的套件，每個套件都可解決部份或整個問題，且撇棄 " 重新發明輪子 " 的回頭路。這些套件已產生一種看待機器人技術的全新方式，並對現行的各種系統賦予智能。只要連接多個小型套件就能創造出全新的複雜自主系統。

儘管 ROS-1 已讓我們能自由又簡單地溝通各種軟硬體元件，但要走到產品這一步還是相當有挑戰性。例如在製造業中就需要整合一大群的異質機器人（不同類型的機器人，比如移動機器人、機器人手臂等）。ROS-1 的架構方式使得它們之間很難建立通訊。因為 ROS-1 不支援多重主端（multi master concept）的概念。

雖然有其他方式（這會在第 6 章提到）讓網路中的不同節點進行通訊，但是並沒有安全的通訊方式。連接至主節點的任何人很容易就能取得可用主題的清單，並進一步操作或修改它們。ROS-1 常被用於概念驗證或作為研究興趣的快速變通辦法。

使用 ROS-1 進行原型設計與建置最終產品已經看到了極限，而且這個鴻溝不太可能跨越。這主要是因為 ROS-1 不具備即時性。在無線網路（Wi-Fi）搭配有線網路（乙太網路）的情況下，各個系統元件的網路連線程度也各有不同，這可能導致資料接收延遲，甚至資料遺失。

切記，OSRF 已著手改善並打造稱為 ROS-2 的下一代 ROS，其目標當然是要解決所有 ROS-1 所面對的問題。本章將簡介 ROS-2 與 ROS-1 的差異及其功能。本章架構與前一章相同，好讓您易於了解及比較：

- ROS-2 入門
- ROS-2 的基礎
- ROS-2 client 函式庫
- ROS-2 工具
- 安裝 ROS-2
- 設置 ROS-2 工作空間
- 寫入 ROS-2 節點
- 橋接 ROS-1 與 ROS-2

技術要求

本章技術要求如下：

- 在 Ubuntu 18.04（Bionic）系統上安裝的 ROS 2（原始碼安裝）
- 時間軸及測試平台：
  - **估計學習時間**：平均 90 分鐘
  - **專題建置時間（包括編譯及執行時間）**：平均 60 分鐘
  - **專題測試平台**：HP Pavilion 筆記型電腦（Intel® Core ™ i7-4510U CPU @ 2.00 GHz、8 GB 記憶體及 64 位元 OS、GNOME-3.28.2）

本章程式碼請由此取得：*https://github.com/PacktPubiishing/ROs-Robotics-Projects-SecondEdition/tree/master/chapter_2_ws/src/ros2_talker*。

現在，讓我們開始使用 ROS-2 吧。

開始使用 ROS-2

如果談到用於即時系統和生產就緒之解決方案的通訊網路框架，ROS-2 可說是決定性的改良關鍵。ROS-2 希望能做到以下幾點：

- 提供元件之間的安全通訊
- 即時通訊
- 易於連接多個機器人
- 不論那種通訊媒體，都可改善通訊品質
- 直接裝設 ROS 層於硬體上，例如感測器及嵌入式板
- 使用最新的改良軟體

記得前一章的 ROS 方程式示意圖嗎？ ROS-2 也遵循相同的方程式但是方式稍微不一樣：

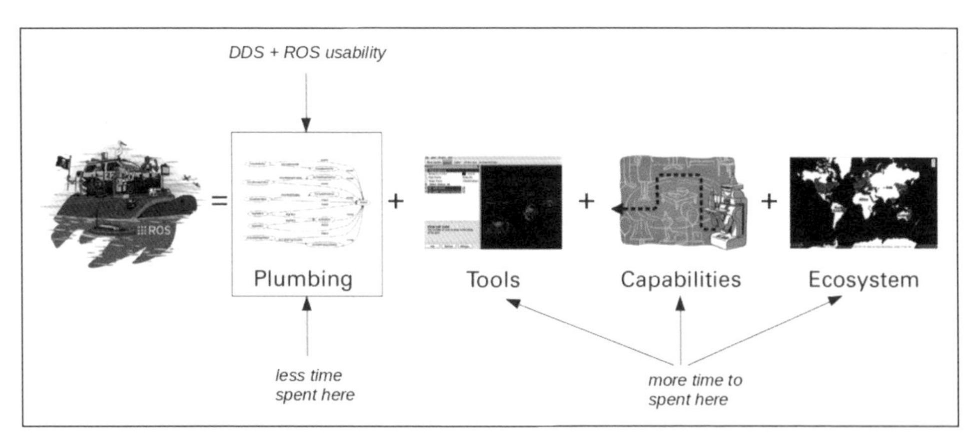

有 DDS 實作的 ROS 方程式（來源：ros.org。Creative Commons CC-BY-3.0 授權：*https://creativecommons.org/licenses/by/3.0/us/legalcode*）

ROS-2 遵循工業標準且通過稱為 DDS 實作的概念來實作即時通訊。資料分佈服務（Data Distributed Services，簡稱 DDS）為由對向管理組織協會（Object Management Groups, OMGs）認證的工業標準且被許多廠商採用，例如 RTI 的 Connext（*https://www.rti.com/products/*）、ADLink 的 OpenSplice RTPS（*https://github.com/ADLiNK-IST/openspiice*）、以及 eProsima 的 Fast RTPS（*http://www.eprosima.com/index.php/products-all/eprosima-fast-rtps*）。

這些標準廣泛用於對時間精度高度要求的情境，例如航空系統、醫院、金融服務、及太空探索系統。此實作旨在簡化發佈 - 訂閱這樣的基礎架構，並讓不同的軟硬體元件之間具備一定程度的確定性，讓使用者可更加專注於性能表現和生態系統。

ROS-2 發行版

在釋出 alpha 及 beta 版後又過了幾年，ROS-2 的第一個官方穩定版在 2017 年發布了，發行套件版稱為 Ardent Apalone，這是 OSRF 命名 ROS 發行版的典型字母順序做法。2018 年 6 月的第二版稱為 Bouncy Bolson，此版的功能更豐富，修正了不少錯誤，還支援 Ubuntu 18.04 以及具備 Visual Studio 2017 的 Windows 10。2018 年 12 月釋出稱為 Crystal Clemmys 的第三版。所有 ROS 發行版都有代號，例如，此版的代號為 crystal，而前兩個版的代號分別為 bouncy 與 ardent。

在寫作本書時，ROS 最新版為 2019 年 5 月 31 日釋出的 Dashing Diademata，代號為 dashing。

ardent 和 bouncy 已經到達結束服務（EOL）期限而不再支援。第三個穩定版 crystal 的 EOL 期限為 2019 年 12 月的 EOL，因此唯一的長期穩定版為 dashing，EOL 期限為 2021 年 5 月。

支援的作業系統

ROS-2 支援 Linux、Windows、macOS 與即時作業系統（Real-Time Operating Systems, RTOS）等作業系統，而 ROS-1 只支援 Linux 及 macOS。雖然 Windows 的 ROS 社群也有一定的支援，然而它沒有 OSRF 的官方支援。以下表格列出 ROS-2 發行版以及所支援作業系統之版本：

ROS 發行版	支援的作業系統
Dashing Diademata	Ubuntu 18.04(Bionic—arm64 及 amd64)、Ubuntu 18.04(Bionic-arm32)、macOS 10.12(Sierra)、有 Visual Studio 2019 的 Windows 10、Debian Stretch(9)—arm64、amd64 及 arm32 與 OpenEmbedded Thud(2.6)
Crystal Clemmys	Ubuntu 18.04(Bionic)、Ubuntu 16.04(Xenial)—source build available, not Debian package、macOS 10.12(Sierra) 與 Windows 10
Bouncy Bolson	Ubuntu 18.04(Bionic)、Ubuntu 16.04(Xenial)— 可由原始碼建置，非 Debian 套件、macOS 10.12 (Sierra) 與有 Visual Studio 2017 的 Windows 10
Ardent Apalone	Ubuntu 16.04 (Xenial)、macOS 10.12(Sierra) 與 Windows 10

本書將使用 ROS-2 第三版的 Dashing Diademata

ROS-2 支援的機器人及感測器

ROS-2 被廣泛使用且由研究機構及產業支援，特別是機器人製造工業。以下連結為 ROS-2 支援的機器人及感測器：

- Turtlebot 2 (a): *https://github.com/ros2/turtlebot2_demo*
- Turtlebot 3 (b): *https://github.com/ROBOTIS-GIT/turtlebot3/tree/ros2*
- Mara robot arm (c): *https://github.com/AcutronicRobotics/MARA*
- Dr. Robot's Jaguar 4x4 (d): *https://github.com/TRI-jaguar4x4/jaguar4x4*
- Intel Realsense camera (e): *https://github.com/intel/ros2_intel_realsense*
- Ydlidar (f): *https://github.com/Adlink-ROS/ydlidar_ros2*

到目前為止，ROS-2 網頁尚未提供 ROS-2 平台支援的機器人及感測器專屬網頁。前述機器人及感測器套件為製造商及研究人員使用 ROS-2 及其硬體且提供給社群的成果。

為何使用 ROS-2？

ROS-2 的設計理念是使其運作方式類似於機器人社群還沒忘記的 ROS-1。它是獨立的，而非 ROS-1 的一部份。不過，它還是可與 ROS-1 套件並肩工作。

ROS-2 經開發成利用最新的相依套件及工具來克服 ROS-1 所面對的挑戰。不像功能堆疊用 C++ 寫成以及 client 函式庫用 C++ 及 Python（在此 Python 用從頭開始法建造且基於 C++ 函式庫寫成）寫成的 ROS-1，ROS-2 的元件都用 C 語言寫成。有用 C 寫成連接至例如 `rclcpp`、`rclpy` 及 `rcljava` 之 ROS-2 client 函式庫的獨立層。

ROS-2 對於各種網路組態的支援性更好，且提供可靠的通訊。ROS-2 也排除 nodelet 的概念（*http://wiki.ros.org/nodelet*）且支援多節點初始化。不像 ROS-1，ROS-2 有幾個非常有趣的功能，例如節點通過狀態機周期的心跳檢測以及在新增 / 移除節點及主題時的通知，這都有助於設計容錯系統。預料 ROS-2 很快也支援不同的平台及架構。

了解 ROS-2 與 ROS-1 的差異之後，接著深入介紹 ROS-2 的基本觀念吧。

ROS-2 的基礎

在 ROS-1 中，使用者程式碼會連接至 ROS client 函式庫（例如，`rospy` 或 `roscpp`）且它們會與網路中的其他節點直接通訊，然而在 ROS-2 中，各種 ROS client 函式庫的功能就如同抽象層，且連接至通過 DDS 實作使用其他節點來與網路通訊的另一層。下圖為兩者比較：

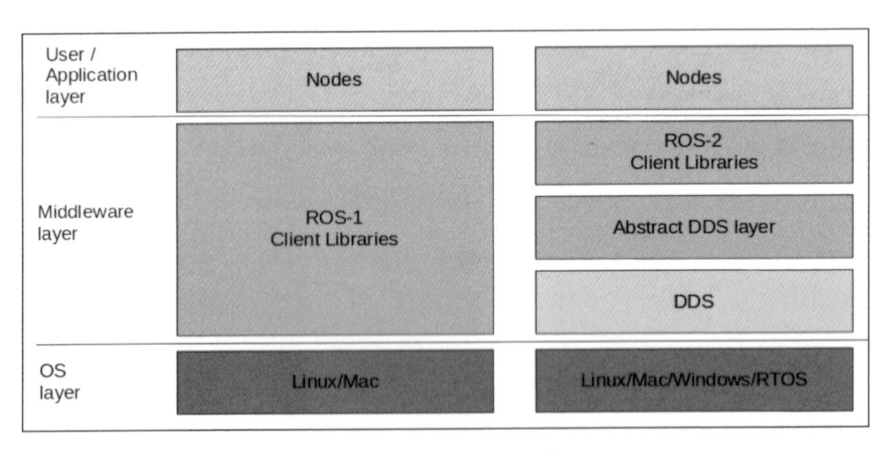

ROS-1 與 ROS-2 的比較

可見，在 ROS-2 中，與 OS 層以及進一步向下到硬體層的通訊是通過 DDS 實作來完成。上圖中的 DDS 元件是廠商特定的，且由廠商各自實作。

抽象 DDS 層元件經由 ROS-2 連接且有助於使用者通過 DDS 實作來連接其程式碼。這樣，使用者在操作 ROS-2 時不需要特別去注意 DDS API。再者，ROS-1 使用自定義的傳輸協定，以及自定義的中央探索機制，後者需要用到主節點。ROS-2 一方面有抽象 DDS 層，藉此可提供序列化、傳送及探索。

什麼是 DDS ？

如前述，DDS 是由 OMG 界定的標準，它是一種發佈 – 訂閱傳送技術，與 ROS-1 的類似。DDS 實作分散式發現技術，其有助於兩個或多個 DDS 程式互相通訊而不必像 ROS-1 那樣使用 ROS master。探索系統因此不需要為動態，而實作 DDS 的廠商也提供了靜態探索的選項。

如何實作 DDS ？

ROS-2 支援多種 DDS 實作，因為有不同的廠商提供不同的功能。例如，RTI 的 Connext 可特別實作可用於微控制器或者是需要安全證明的應用。在所有情形下，通過稱為 ROS 中介軟體介面層（或 `rmw`）的特殊層來實作 DDS，如下圖所示：

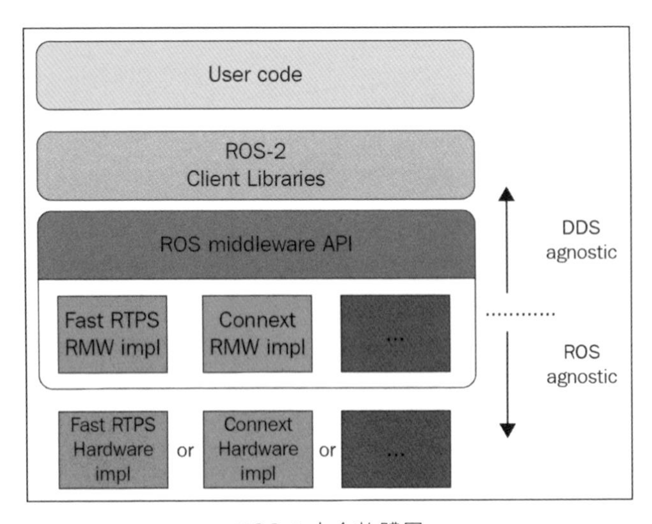

ROS-2 中介軟體層

最上面為使用者程式碼區塊，包含了使用者邏輯或演算法。在 ROS-1 中，使用者程式碼實作於 ROS client 函式庫（例如，roscpp 或 rospy）上，並運用這些函式庫協助使用者將其程式連接至與 ROS 的其他元件（例如，節點、主題或服務）。但不同於 ROS-1 的 ROS-client 函式庫，ROS-2 的 ROS-client 函式庫被拆成兩層：

- 一層指定給程式語言（例如，`roscpp`、`rclpy` 或 `rcljava`）使得它可處理例如 rosspin 的執行緒行程與例如記憶體管理的行程內通訊
- 一層是用 C 實作稱為 `rcl` 的公用層，它處理名稱、服務、參數、時間及主控台日誌

ROS 中介軟體層（`rmw`）也是用 C 實作且與在硬體層上面的 DDS 實作連接。此層負責有服務品質（QoS）的服務呼叫、發現節點、圖形事件以及發佈 / 訂閱呼叫。ROS-2 的 QoS 為節點在網路中的效能評量。預設情況下，ROS-2 遵循 eProsima 的 Fast RTPS 實作，因為它是開放原始碼。

計算圖

ROS-2 遵循與 ROS-1 相同的計算圖概念，但是其中有些改變：

- **節點（Node）**：節點在 ROS-2 中被稱為參與者（participant）。除了在 ROS-1 計算圖中如何定義節點以外，在行程中有可能初始化一個以上的節點。它們可能位在同一個行程、不同的行程或不同的機器中。
- **發現（Discovery）**：儘管 ROS-1 有協助節點通訊的 master 概念，但 ROS-2 沒有 master 的概念。別慌！預設情況下，DDS 標準實作提供分散式發現方法，讓節點能自動在網路中發現自己。這有助於不同類型的多個機器人之間的通訊。

除此之外，我們在前一章看到的其餘概念與 ROS-2 的相同，例如訊息、主題、參數伺服器、服務與 bag。

ROS-2 社群層

比 ROS-1 社群更厲害，ROS-2 社群已經凝聚一些想法了。有來自數個研究機構和產業也作出了很棒的貢獻。由於 ROS-2 早在 2014 年就著手開發，已經有

非常多關於 ROS-2 研究及工具的資訊。原因無他，因為實作出一個即時系統 — 特別是在開放原始碼社群中 — 真的是一座有待征服的高山啊。

OSRF 已與提供 DDS 實作的廠商有良好的溝通，且都回饋給了社群。ROS-1 的儲存庫約有 2,000 款以上的套件，但 ROS-2 只有 100 款左右的套件。最新的 ROS-2 網頁是 *https://index.rosorg/doc/ros2/*。

ROS-2 之中的通訊

如果前一章的內容都有作的話，您必定熟悉 ROS-1 如何使用簡單的發佈－訂閱模型，在此主節點用來建立節點之間的連線以及傳達資料。如前述，ROS-2 的工作方式稍有不同。由於 ROS-2 使用 DDS 實作，因此會使用 DDS Interoperability Real-Time Publish-Subscribe Protocol（DDSI-RTPS）。此想法是要在節點之間建立安全又高效率的通訊，甚至是在異質平台中的節點之間也可以。

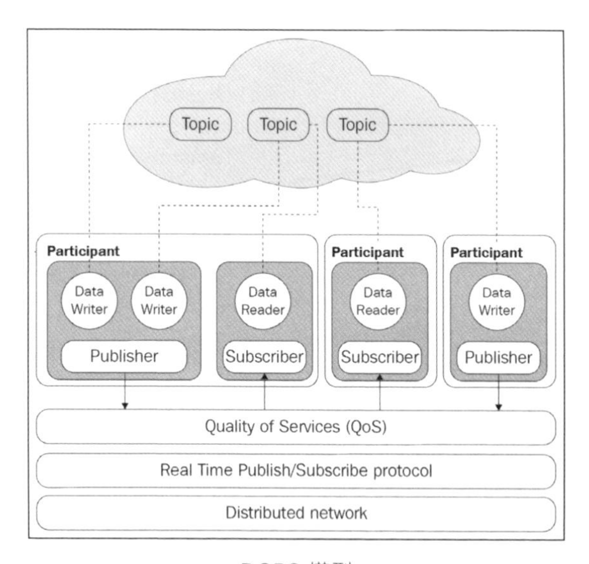

DCPS 模型

如您所看到的，此一通訊方法還多了一些元件。如前述，節點在 ROS-2 中又稱為參與者。每個參與者可具有單一或多個 DDS 主題，且這些主題即不是發佈者也不是訂閱者（如同 ROS-1），ROS-2 將其稱為程式碼物件（code object）。

這些 DDS 主題可在全域資料空間中取得。從這些主題產生 DDS 發佈者及訂閱者，但是不直接發佈給主題或訂閱主題。這些是稱為資料寫入器及資料讀取器之元件的責任。資料寫入器及資料讀取器以特殊的訊息類型來寫入或讀取資料，而且這是 ROS-2 達成通訊的方式。需要這些抽象層級以確保安全高效的資料傳輸，使用者可設定各層級的 QoS 設定值來做到最細緻的設定。

ROS-1 與 ROS-2 之間的變化

本段詳述了 ROS-1 與 ROS-2 之間的差異，您可了解 ROS-2 的升級目標。為了便於了解，請見下表：

	ROS-1	ROS-2
平台	持續整合 Ubuntu 16.04 社群支援：macOS。	持續整合 Ubuntu 16.04 及 18.04、OS X EL Capitan 與 Windows 10。
OS 層	Linux 與 macOS。	Linux、macOS、Windows 與 RTOS.
語言	C++ 03 Python 2。	C++ 11、14 及 17 Python 3.5。
建置系統	catkin。	ament 與 colcon。
環境設置	在此，建置工具產生需要被讀入環境的腳本以使用建置於工作空間中的套件。	在此，建置工具產生套件特定腳本及工作空間特定腳本使得只有這些特定套件被讀入環境供使用。
建置多個套件	多個套件可在單一 CMake 中來建置，因此目標名稱有可能相撞。	支援獨立建置，其中各套件可分別建置。
節點初始化	每個行程只有一個節點。	每個行程允許多個節點。

除了上述修改外，其他完整的修改內容請參考：*http://design.ros2.org/articles/changes.html*。

現在已介紹了 ROS-2 的基礎，讓我們來看看 ROS-2 client 函式庫。

ROS-2 client 函式庫（RCL）

由前一章可見，ROS client 函式庫單純只是實作 ROS 概念的 API。因此，我們可直接將它們用於程式碼中以存取各種 ROS 概念，例如節點、服務及主題。ROS client 函式庫容易與多種程式語言連接。

由於各個程式語言有其優點及缺點，如何取捨就留給使用者來決定。例如，如果關心系統的效率以及較快的反應速率，可選擇 `rclcpp`，而若是相對於開發時間，系統要求以原型設計為優先，則選擇 `rclpy`。

ROS client 函式庫在 ROS-2 中分成兩個部份：一個為語言特定（例如，`rclcpp`、`rclpy`、與 `rcljava`）以及另一個包含以 C 語言實作的常用功能。這使得 client 函式庫相對輕量化且易於開發。

開發者在編寫 ROS 程式碼時，程式碼很有可能會多次遞迴，並根據它與網路中其他節點或參與者的連接方式來修改。可能需要改變 ROS 概念實作於程式碼中的邏輯。因此，開發者應該只要專注於程式碼中的行程內通訊及執行緒行程，因為它們是語言特定實作，例如，`ros::spin()` 在 C++ 及 Python 中可能有不同的實作方法。

在特定程式語言層中所做的改變不會直接影響 ROS 概念層，這使得後續在除錯時更容易維護多個 client 函式庫：

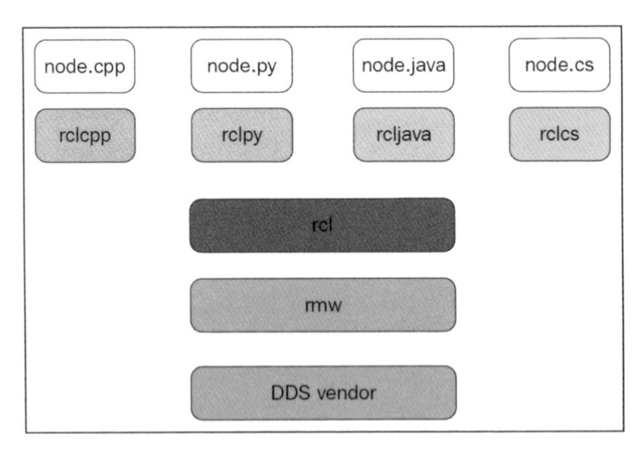

RCL

上圖說明了 RCL 結構，其中所有的特定程式語言層 ROS 元件都在位於使用者程式碼以下的層上（`rclcpp`、`rclpy`、`rcljava`、與 `rclcs`），下一個公用層 `rcl` 為 C 語言實作且由 ROS 特定函式組成，例如名稱、名稱空間、服務、主題、時間、參數及日誌等資訊。這允許任何特定程式語言層都能與 `rcl` 層連接，且便於建立不同節點或參與者之間的通訊。

本段簡單說明了 ROS-2 的基礎，現在，來看看 ROS-2 工具。

ROS-2 工具

相較於 ROS-1，ROS-2 也提供用於除錯訊息日誌及主題資訊的工具。ROS-2 支援視覺及命令列的工具。不過，由於 ROS-2 還在加緊趕工，並非所有的工具都已移植完成。只要使用 ROS-1 對 ROS-2 的橋接套件（下一段會介紹）來開發，您仍可使用 ROS-1 的各種工具。

Rviz2

Rviz 的定義與 ROS-1 中的一樣。下表列出目前已從 `ros-visualization/rviz` 移植到 `ros2/rviz` 的功能：

顯示器	工具	視圖控制器	面板
Camera	Move Camera	Orbit	Displays
Fluid Pressure	Focus Camera	XY Orbit	Help
Grid	Measure	First Person	Selections
Grid Cells	Select	Third Person Follower	Tool Properties
Illuminance	2D Nav Goal	Top-Down Orthographic	Views
Image	Publish Point		
Laser Scan	Initial Pose		
Map			
Marker			
Marker Array			
Odometry			
Point Cloud (1 and 2)			
Point			
Polygon			
Pose			

Pose Array			
Range			
Relative Humidity			
Robot Model			
Temperature			
TF			

尚未移植的其他功能包括影像傳送過濾器、用主題類型過濾主題清單、訊息過濾器與列於以下清單的功能：

顯示器	工具	面板
Axes	Interact	Time
DepthCloud		
Effort		
Interactive Marker		
Oculus		
Pose With Covariance		
Wrench		

關於這些功能的更多資訊請參考：*http://wiki.ros.org/rviz/DisplayTypes*。Rviz2 的預設視圖如下：

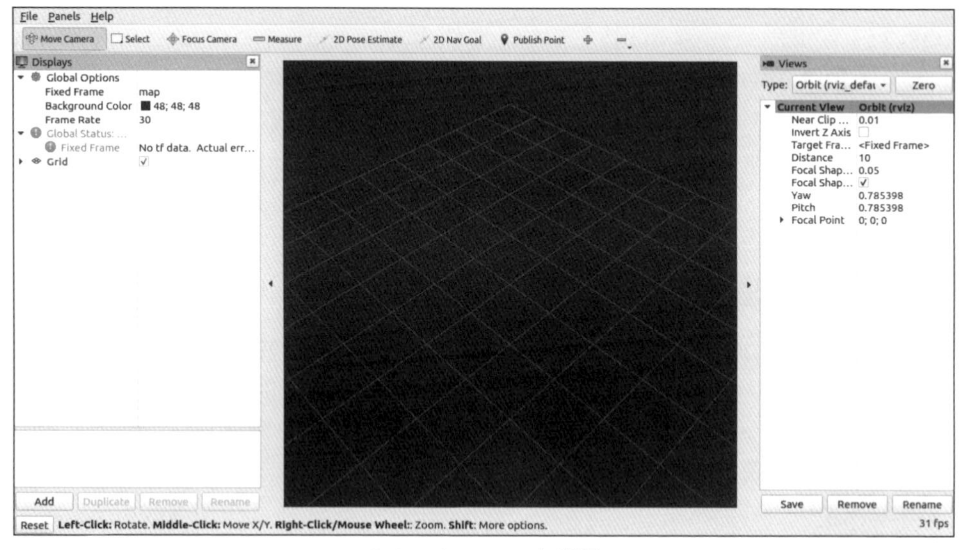

Rviz2 visualizer 主畫面

現在，來介紹下一個工具 Rqt。

Rqt

如同在 ROS-1 中，rqt 主控台在 ROS-2 中也可取得。來自 ROS-1 rqt 的大部份外掛已移植及重用於 ROS-2 rqt。以下連結可找到可用外掛清單：*http://wiki.ros.org/rqt/Plugins*。以下是 rqt 一些好用的地方：

- 互動式的 GUI 主控台，可用來行程啟動及關機狀態。
- 在一個視圖中可放置一個以上的小工具（widget）。
- 可使用現成的 Qt 外掛且將它們轉換為自定義 `rqt` 外掛。
- 支援多種語言（例如，Python 與 C++）及多個平台（當然要能在其上運行 ROS）。

在有了 ROS-2 client 函式庫及工具的基本知識以及讀完 ROS-2 的基礎之後，現在讓我們學習如何安裝 ROS-2。

安裝 ROS-2

前一章使用了套件管理器來設置 ROS-1 環境、桌面、拉取金鑰並開始安裝。ROS-2 沒有不同且可遵循相同方法（當然會用不同的安裝金鑰及指令）。然而，不同於 ROS-1 是根據 Debian 套件作法來安裝，本章會嘗試從原始碼來安裝 ROS-2，當然您想用 Debian 套件也是可以的。最好在 Linux 上建置 ROS-2（亦即經由原始碼安裝），這樣就能直接在套件中加入任何新的變更或發布並進一步編譯它們。讓我們開始用原始碼安裝吧。

開始安裝

我們想要安裝的 ROS 版本是名為 dashing 的 Dashing Diademata，而且它會裝在 Ubuntu 18.04（我們的設置）中。更多關於如何安裝 ROS-2 的資訊請參考：*https://index.ros.org/doc/ros2/Installation/*。為了從原始碼來開始安裝，先讓我們來設置環境。

設置系統區域語言

您需要確保您的環境支援 UTF-8 格式。如果是在 Docker 中，環境會設定為 POSIX。使用以下指令將區域語言設定為指定格式：

```
$ sudo locale-gen en_US en_ÜS.ÜTF-8
$ sudo update-locale LC_ALL=en_ÜS.ÜTF-8 LANG=en_ÜS.ÜTF-8
$ export LANG=en_ÜS.ÜTF-8
```

如果順利，可看到以下輸出：

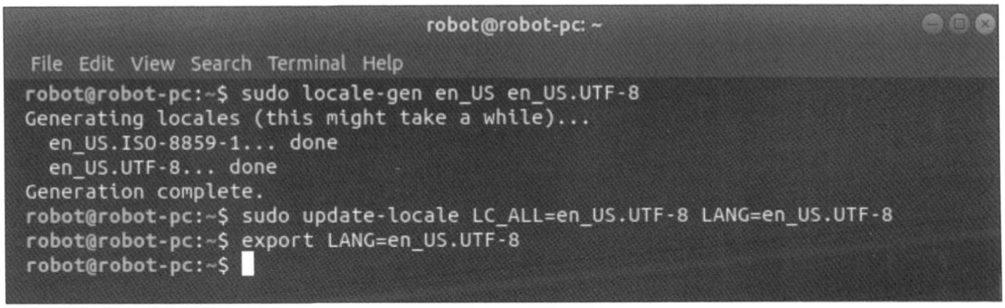

```
robot@robot-pc: ~
File Edit View Search Terminal Help
robot@robot-pc:~$ sudo locale-gen en_US en_US.UTF-8
Generating locales (this might take a while)...
  en_US.ISO-8859-1... done
  en_US.UTF-8... done
Generation complete.
robot@robot-pc:~$ sudo update-locale LC_ALL=en_US.UTF-8 LANG=en_US.UTF-8
robot@robot-pc:~$ export LANG=en_US.UTF-8
robot@robot-pc:~$
```

設置系統區域語言

如果您使用支援 UTF-8 的區域語言也 OK。

加入 ROS-2 儲存庫

請根據以下步驟來加入 ROS-2 儲存庫：

1. 確定系統已添加 ROS-2 apt 儲存庫，請用以下指令透過套件管理器來認證其密鑰：

```
$ sudo apt update && sudo apt install curl gnupg2 lsb-release

$ curl -s
https://raw.githubusercontent.com/ros/rosdistro/master/ros.asc |
sudo apt-key add -
```

2. 然後，使用以下指令將儲存庫加到您的來源清單：

```
$ sudo sh -c 'echo "deb [arch=amd64,arm64]
http://packages.ros.org/ros2/ubuntu 'lsb_release -cs' main" >
/etc/apt/sources.list.d/ros2-latest.list'
```

現在您添加儲存庫，讓我們安裝其他必需品。

安裝開發及 ROS 工具

請根據以下步驟以安裝 ROS 工具：

1. 您需要用套件管理器安裝下列相依套件及工具，如以下指令：

```
$ sudo apt update && sudo apt install -y build-essential cmake git
python3-colcon-common-extensions python3-lark-parser python3-pip
python-rosdep python3-vcstool wget
```

2. 使用 pip3 安裝以下測試套件：

```
$ python3 -m pip install -U argcomplete flake8 flake8-blind-except
flake8-builtins flake8-class-newline flake8-comprehensions flake8-
deprecated flake8-docstrings flake8-import-order flake8-quotes
pytest-repeat pytest-rerunfailures pytest pytest-cov pytest-runner
setuptools
```

3. 使用以下指令安裝 FAST-RTPS 相依套件：

```
$ sudo apt install —no-install-recommends -y libasio-dev libtinyxml2-dev
```

現在所有的相依套件及工具都裝好了，接著要建立及建置我們的工作空間。

取得 ROS-2 原始碼

同樣需要建立工作空間，並將 ROS-2 儲存庫複製於其中，如以下指令：

```
$ mkdir -p ~/ros2_ws/src
$ cd ~/ros2_ws
$ wget
https://raw.githubusercontent.com/ros2/ros2/release-latest/ros2.repos
```

輸出為存檔的 ros2.repos，如下圖所示：

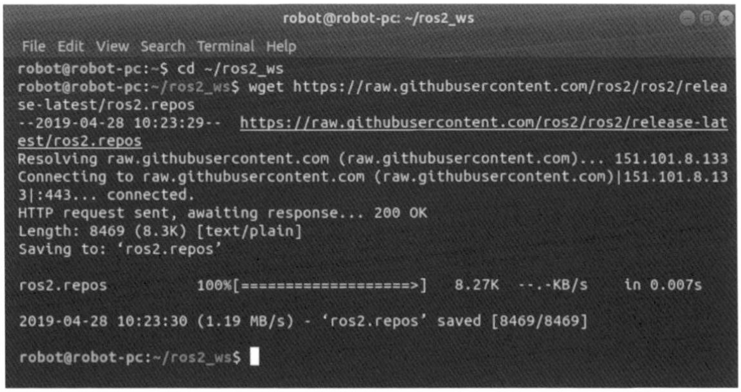

```
robot@robot-pc: ~/ros2_ws
File Edit View Search Terminal Help
robot@robot-pc:~$ cd ~/ros2_ws
robot@robot-pc:~/ros2_ws$ wget https://raw.githubusercontent.com/ros2/ros2/relea
se-latest/ros2.repos
--2019-04-28 10:23:29--  https://raw.githubusercontent.com/ros2/ros2/release-lat
est/ros2.repos
Resolving raw.githubusercontent.com (raw.githubusercontent.com)... 151.101.8.133
Connecting to raw.githubusercontent.com (raw.githubusercontent.com)|151.101.8.13
3|:443... connected.
HTTP request sent, awaiting response... 200 OK
Length: 8469 (8.3K) [text/plain]
Saving to: 'ros2.repos'

ros2.repos          100%[===================>]   8.27K  --.-KB/s    in 0.007s

2019-04-28 10:23:30 (1.19 MB/s) - 'ros2.repos' saved [8469/8469]

robot@robot-pc:~/ros2_ws$
```

取得最新的儲存庫

如果您為老手且想要使用開發版，上述指令只要把 release-latest 換成 master。如果您想要繼續做實驗，最佳建議是使用上述指令，因為其內容在發行前已經歷密集的測試。最後一步是使用以下指令輸入儲存庫資訊：

```
$ vcs import src < ros2.repos
```

現在工作空間設定完成了，讓我們來安裝相依套件。

使用 rosdep 安裝相依套件

如同在 ROS-1 所做的，我們使用 rosdep 來安裝相依套件。在前一章您已初始化 rosdep list。如果還沒，使用以下指令來做，或直接跳到下一個指令：

```
$ sudo rosdep init
```

現在，更新 rosdep：

```
$ rosdep update
```

然後，安裝以下的相依套件：

```
$ rosdep install --from-paths src --ignore-src --rosdistro dashing -y --
skip-keys "console_bridge fastcdr fastrtps libopensplice67 libopensplice69
rti-connext-dds-5.3.1 urdfdom_headers"
```

如果成功，應可看到以下視窗：

```
robot@robot-pc: ~/ros2_ws
File Edit View Search Terminal Help
Unpacking python3-snowballstemmer (1.2.1-1) ...
Selecting previously unselected package python3-pydocstyle.
Preparing to unpack .../python3-pydocstyle_2.0.0-1_all.deb ...
Unpacking python3-pydocstyle (2.0.0-1) ...
Selecting previously unselected package pydocstyle.
Preparing to unpack .../pydocstyle_2.0.0-1_all.deb ...
Unpacking pydocstyle (2.0.0-1) ...
Setting up python3-snowballstemmer (1.2.1-1) ...
Processing triggers for man-db (2.8.3-2ubuntu0.1) ...
Setting up python3-pydocstyle (2.0.0-1) ...
Setting up pydocstyle (2.0.0-1) ...
executing command [sudo -H apt-get install -y python3-numpy]
Reading package lists... Done
Building dependency tree
Reading state information... Done
python3-numpy is already the newest version (1:1.13.3-2ubuntu1).
python3-numpy set to manually installed.
0 upgraded, 0 newly installed, 0 to remove and 184 not upgraded.
#All required rosdeps installed successfully
robot@robot-pc:~/ros2_ws$
```

成功安裝 ros 相依套件

如果想要安裝額外的 DDS 實作，則進入下一個章節，否則跳過。

安裝 DDS 實作（視需要）

本段並非必須，若是想要安裝 DDS 實作的話，請根據以下步驟來安裝它們：

1. 現在應該知道，ROS-2 是運行在 DDS 之上，且有多個 DDS 廠商。FAST RTPS 是與 ROS-2 一同發布的預設 DDS 實作中介軟體。您可使用以下指令來安裝其他廠商的 DDS 實作，例如 OpenSplice 或 Connext：

   - Openslice 使用本指令：

     ```
     $ sudo apt install libopensplice69
     ```

   - Connext 使用本指令：

     ```
     $ sudo apt install -q -y rti-connext-dds-5.3.1
     ```

請注意，Connext 需要來自 RTI 的授權。如果需要測試 RTI 的 Connext 實作，可試用 30 天的授權。請由此取得：*https://www.rti.com/free-trial*。

2. 取得試用或者是官方授權之後，接著要指定授權路徑。可使用 $rti_license_file 環境變數來指定授權路徑。可使用 export 指令指向授權檔如下：

```
$ export RTI_LICENSE_FILE=path/to/rti_license.dat
```

3. 在下載授權後，確定您對 $.run 檔使用 $chmod +x 授權給檔案並執行它。另外，您也需要 source 設定檔以設定 $ NDDSHOME 環境變數。進入以下目錄，如下指令：

```
$ cd /opt/rti.com/rti_connext_dds-5.3.1/resource/scripts
```

然後，source 以下檔案：

```
$ source ./rtisetenv_x64Linux3gcc5.4.0.bash
```

現在，可開始建置程式碼。RTI 支援也會一併建置完成。

建置程式碼

在 ROS-1 中，您需要使用 catkin 工具來建置套件。在 ROS-2 中，我們使用升級工具，它是稱為 colcon 由 catkin_make、catkin_make_isolated、catkin_tools 及 ament_tools（使用於第一個 ROS-2 distro ardent 的建置系統）組成的遞迴。這意指 colcon 也可建置不與 ROS-2 套件併存的 ROS-1 套件。

我們將在以下章節研究如何使用 colcon 來建置套件。現在來建置 ROS-2 吧，請先用以下指令來安裝 colcon：

```
$ sudo apt install python3-colcon-common-extensions
```

裝好 colcon 後，回到工作空間來建置 ROS-2：

```
$ cd ~/ros2_ws/
```

現在，使用以下指令來建置套件：

```
$ colcon build —symlink-install
```

建置通常要花 40 分鐘到一個小時以上。我的大約花了 1 小時 14 分鐘。如果順利，可看到與以下類似的畫面：

```
robot@robot-pc: ~/ros2_ws
File Edit View Search Terminal Help
[Processing: rviz_default_plugins]
[Processing: rviz_default_plugins]
[Processing: rviz_default_plugins]
[Processing: rviz_default_plugins]
[Processing: rviz_default_plugins]
[Processing: rviz_default_plugins]
[Processing: rviz_default_plugins]
[Processing: rviz_default_plugins]
[Processing: rviz_default_plugins]
[Processing: rviz_default_plugins]
[Processing: rviz_default_plugins]
Finished <<< rviz_default_plugins [15min 6s]
Starting >>> rviz2
Finished <<< rviz2 [10.9s]

Summary: 232 packages finished [1h 13min 50s]
  9 packages had stderr output: qt_gui_cpp rmw_connext_cpp rmw_connext_shared_cp
p rmw_opensplice_cpp rosidl_typesupport_connext_c rosidl_typesupport_connext_cpp
 rosidl_typesupport_opensplice_c rosidl_typesupport_opensplice_cpp rqt_gui_cpp
robot@robot-pc:~/ros2_ws$
```

編譯成功畫面

如上圖，9 個套件沒有被建置且跳過，這是因為我剛剛沒有安裝 DDS 實作。現在，讓我們試用所建置套件的一些 ROS-2 例子。

設置 ROS-1、ROS-2 或兩者的環境

現在手邊有 ROS-1 和 ROS-2，來學習如何個別與共同使用它們吧。

若是經由 Debian 套件安裝來安裝 ROS-2，嘗試執行 `roscore` 且看看各項 ROS-1 設定是否正確。如果收到錯誤的話，這是因為您的 bash 被 ROS-1 及 ROS-2 的環境搞混了。最佳的做法是在操作 ROS-1 套件才去 source ROS-1 環境，而 ROS-2 也是如此。

我們會使用 `alias` 指令且使用以下步驟加入 bash 腳本，而不是每次都打 source 指令：

1. 使用以下指令呼叫 bash 腳本：

```
$ sudo gedit ~/.bashrc
```

2. 加入以下兩行：

```
$ alias initros1='source /opt/ros/melodic/setup.bash'
$ alias initros2='source ~/ros2_ws/install/local_setup.bash'
```

3. 將 bash 腳本的以下數行（在前一章加入）刪除或標註：

```
$ source /opt/ros/melodic/setup.bash
$ source ~/catkin_ws/devel/setup.bash
```

您的 bash 檔看起來會像這樣：

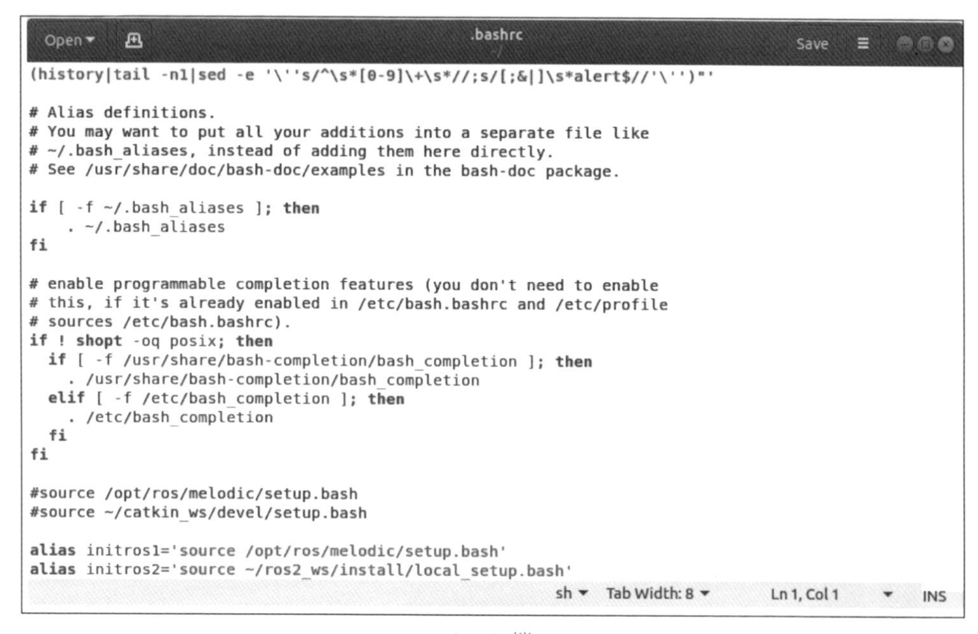


```
(history|tail -n1|sed -e '\''s/^\s*[0-9]\+\s*//;s/[;&|]\s*alert$//'\'')"'

# Alias definitions.
# You may want to put all your additions into a separate file like
# ~/.bash_aliases, instead of adding them here directly.
# See /usr/share/doc/bash-doc/examples in the bash-doc package.

if [ -f ~/.bash_aliases ]; then
    . ~/.bash_aliases
fi

# enable programmable completion features (you don't need to enable
# this, if it's already enabled in /etc/bash.bashrc and /etc/profile
# sources /etc/bash.bashrc).
if ! shopt -oq posix; then
  if [ -f /usr/share/bash-completion/bash_completion ]; then
    . /usr/share/bash-completion/bash_completion
  elif [ -f /etc/bash_completion ]; then
    . /etc/bash_completion
  fi
fi

#source /opt/ros/melodic/setup.bash
#source ~/catkin_ws/devel/setup.bash

alias initros1='source /opt/ros/melodic/setup.bash'
alias initros2='source ~/ros2_ws/install/local_setup.bash'
```

bash 檔

現在，儲存及關閉 bash 腳本。可確保在終端機打開時，ROS-1 或 ROS-2 的工作空間都不會被呼叫。現在已改好 bash 檔了，再一次 source bash 腳本以確定能夠使用 alias 指令：

```
$ source ~/.bashrc
```

現在，您可正確在終端機中使用 `initros1` 或 `initros2` 指令來呼叫 ROS-1 或 ROS-2 環境，以分別用 ROS-1 或 ROS-2 套件工作。

運行測試節點

現在，您的 ROS 環境都正確設定好了，來測試 ROS-2 節點，測試步驟如下：

1. 打開終端機，使用以下指令 source ROS-2 環境工作空間：

   ```
   $ initros2
   ```

   應可看到以下訊息：

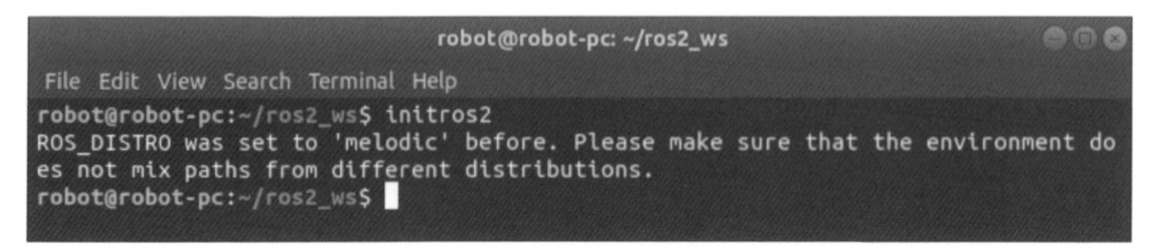

Distro 系統警告訊息

2. 使用以下指令運行圖中與 ROS-1 類似的傳統 talker 節點：

   ```
   $ ros2 run demo_nodes_cpp talker
   ```

   您可能已經注意到，ROS-1 與 ROS-2 運行節點的方式都差不多。您可能會說上述指令中套件名稱為 demo_nodes_cpp 以及節點名稱為 talker。在 ROS-2 中它是 ros2 run，而不是 ROS-1 的 rosrun。

請注意，ros2 與 run 之間有一空格。

3. 在另一終端機中，讓我們使用以下指令來再次初始化 ROS-2：

   ```
   $ initros2
   ```

4. 讓我們使用以下指令執行圖中與 ROS-1 類似的傳統 listener 節點：

   ```
   $ ros2 run demo_nodes_py listener
   ```

您應可看到 talker 一直說它在 Publishing: 'Hello World: 1,2...'，以及 listener 說 I heard: [Hello World:].。輸出如下：

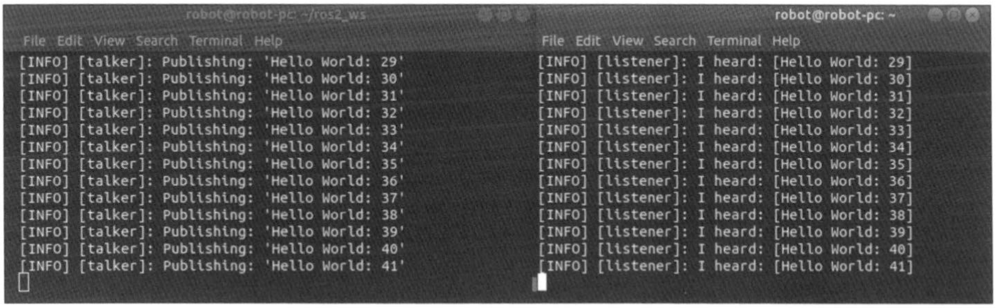

```
[INFO] [talker]: Publishing: 'Hello World: 29'
[INFO] [talker]: Publishing: 'Hello World: 30'
[INFO] [talker]: Publishing: 'Hello World: 31'
[INFO] [talker]: Publishing: 'Hello World: 32'
[INFO] [talker]: Publishing: 'Hello World: 33'
[INFO] [talker]: Publishing: 'Hello World: 34'
[INFO] [talker]: Publishing: 'Hello World: 35'
[INFO] [talker]: Publishing: 'Hello World: 36'
[INFO] [talker]: Publishing: 'Hello World: 37'
[INFO] [talker]: Publishing: 'Hello World: 38'
[INFO] [talker]: Publishing: 'Hello World: 39'
[INFO] [talker]: Publishing: 'Hello World: 40'
[INFO] [talker]: Publishing: 'Hello World: 41'
```

```
[INFO] [listener]: I heard: [Hello World: 29]
[INFO] [listener]: I heard: [Hello World: 30]
[INFO] [listener]: I heard: [Hello World: 31]
[INFO] [listener]: I heard: [Hello World: 32]
[INFO] [listener]: I heard: [Hello World: 33]
[INFO] [listener]: I heard: [Hello World: 34]
[INFO] [listener]: I heard: [Hello World: 35]
[INFO] [listener]: I heard: [Hello World: 36]
[INFO] [listener]: I heard: [Hello World: 37]
[INFO] [listener]: I heard: [Hello World: 38]
[INFO] [listener]: I heard: [Hello World: 39]
[INFO] [listener]: I heard: [Hello World: 40]
[INFO] [listener]: I heard: [Hello World: 41]
```

ROS-2 publisher 和 subscriber 的輸出結果

您也可使用 `ros2 topic list` 指令來看看可用的主題清單，如下圖：

```
robot@robot-pc:~$ ros2 topic list
/chatter
/parameter_events
/rosout
robot@robot-pc:~$
```

ROS-2 主題清單

ROS-2 的安裝完成了，現在來設置 ROS-2 工作空間。

設置 ROS-2 工作空間

ROS 工作空間為存放各 ROS 套件的目錄。如在先前設定步驟所述，您已知道 ROS-2 的建置技術是 `colcon`，而非 ROS-1 的 `catkin`。ROS-2 的工作空間配置也略有不同。Colcon 透過原始碼建置並產生以下資料夾：

- `build` 資料夾：儲存中介檔。
- `install` 資料夾：安裝各個套件。
- `log` 資料夾：取得所有日誌資訊。
- `src` 資料夾：原始碼在這裡。

注意，沒有 devel 資料夾，這在 ROS-1 才有。

建置步驟在先前建置 ROS-2 套件時已介紹也操作過了，讓我們快速看一下建置任何 ROS-2 工作空間所需的指令。

在此以示範性質的 ros2_examples_ws 套件來說明：

```
$ initros2
$ mkdir ~/ros2_workspace_ws && cd ~/ros2_workspace_ws
$ git clone https://github.com/ros2/examples src/examples
$ cd ~/ros2_workspace_ws/src/examples
```

現在，檢查相容於我們 ROS distro 版本（dashing）的分支：

```
$ git checkout dashing
$ cd ..
$ colcon build --symlink-install
```

使用以下指令來測試我們所建置之套件：

```
$ colcon test
```

在 source 套件環境後，您可運行套件程式碼：

```
$ . install/setup.bash
$ ros2 run examples_rclcpp_minimal_subscriber subscriber_member_function
```

在另一終端機中運行以下指令：

```
$ initros2
$ cd ~/ros2_workspace_ws
$ . install/setup.bash
$ ros2 run examples_rclcpp_minimal_publisher publisher_member_function
```

您應可看到類似於先前在發佈及訂閱時的輸出畫面。

現在，讓我們學習如何使用前幾個章節的概念來寫入 ROS-2 節點。

寫入 ROS-2 節點

由於加入了額外的軟體層，ROS-2 的節點寫入方式已不同於 ROS-1，這在先前 ROS-2 的基礎這一段已經介紹過了。然而，為了節省時間及精力，OSRF 已確保這件事在 ROS-2 中不會差太多。本段將比較 ROS-1 與 ROS-2 程式碼，以及使用上的差異。

請注意，本段只是示範性質，如果需要可用於專題中的特定 ROS-2 套件，建議您到以下 ROS-2 教學網頁看看，一些必要資訊都在這裡：（*https://index.ros.org/doc/ros2/Tutorials/*）。

ROS-1 範例程式碼

回想一下傳統的發佈訂閱程式碼，也就是用 Python 寫成的 talker-listener 程式碼。假設您現在已熟悉使用 `catkin_create_pkg` 指令來建置 ROS-1 套件。

現在，建置一個小套件且用它運行 ROS-1 節點：

1. 打開新的終端機，輸入以下指令：

```
$ initros1
$ mkdir -p ros1_example_ws/src
$ cd ~/ros1_example_ws/src
$ catkin_init_workspace
$ catkin_create_pkg ros1_talker rospy
$ cd ros1_talker/src/
$ gedit talker.py
```

2. 現在，複製以下程式碼到文字編輯器中，完成存檔：

```
#!/usr/bin/env python

import rospy
from std_msgs.msg import String
from time import sleep

def talker_main():
    rospy.init_node('ros1_talker_node')
```

```
        pub = rospy.Publisher('/chatter', String)
        msg = String()
        i = 0
        while not rospy.is_shutdown():
            msg.data = "Hello World: %d" % i
            i+=1
            rospy.loginfo(msg.data)
            pub.publish(msg)
           sleep(0.5)

if __name__ == '__main__':
        talker_main()
```

3. 存檔後，關閉檔案且授權給檔案：

```
$ chmod +x talker.py
```

4. 現在，回到工作空間以及編譯套件：

```
$ cd ~/ros1_example_ws
$ catkin_make
```

5. 為了運行程式碼，使用以下指令來 source 工作空間再運行程式碼：

```
$ source devel/setup.bash
$ rosrun ros1_talker talker.py
```

請確定在另一終端機中，`roscore` 已在執行中了。做法是先輸入 `$ initros1` 然後是 `$ roscore`。

現在應可看到節點開始發佈資訊，接著介紹如何在 ROS-2 中做到這件事。

ROS-2 範例程式碼

如您所知，ROS-2 使用 `colcon` 建置技術，且套件的產生方式有點不同。

一樣，建立一個小套件，並用它運行 ROS-2 節點：

1. 打開新的終端機且使用以下指令：

```
$ initros2
$ mkdir -p ros2_example_ws/src
$ cd ~/ros2_example_ws/src
$ ros2 pkg create ros2_talker
$ cd ros2_talker/
```

2. 現在，移除 CMakelists.txt 檔：

```
$ rm CMakelists.txt
```

3. 使用 `$ gedit package.xml` 指令修改 `package.xml` 檔：

```
<?xml version="1.0"?>
<?xml-model
href="http:ZZdownload.ros.org/schemaZpackage_format2.xsd"
schematypens="http:ZZwww.w3.orgZ2001/XMLSchema"?>
<package format="2">
  <name>ros2_talker</name>
  <version>0.0.0<Zversion>
  <description>Examples of minimal publishers using
rclpy.<Zdescription>

  <maintainer email="ram651991@gmail.com">Ramkumar
Gandhinathan<Zmaintainer>
  <license>Apache License 2.0<Zlicense>

  <exec_depend>rclpy</exec_depend>
  <exec_depend>std_msgs</exec_depend>

  <!-- These test dependencies are optional
  Their purpose is to make sure that the code passes the linters -
->
  <test_depend>ament_copyright</test_depend>
  <test_depend>ament_flake8</test_depend>
  <test_depend>ament_pep257</test_depend>
  <test_depend>python3-pytest</test_depend>

  <export>
    <build_type>ament_python</build_type>
```

```
  <Zexport>
<Zpackage>
```

4. 現在，使用 `$ gedit setup.py` 建置另一檔案 `setup.py`，並加入以下程式碼：

```
from setuptools import setup
setup(
    name='ros2_talker',
    version='0.0.0',
    packages=[],
    py_modules=['talker'],
    install_requires=['setuptools'],
    zip_safe=True,
    author='Ramkumar Gandhinathan',
    author_email='ram651991@gmail.com',
    maintainer='Ramkumar Gandhinathan',
    maintainer_email='ram651991@gmail.com',
    keywords=['ROS'],
    classifiers=[
        'Intended Audience :: Developers',
        'License :: OSI Approved :: Apache Software License',
        'Programming Language :: Python',
        'Topic :: Software Development',
    ],
    description='Example to explain ROS-2',
    license='Apache License, Version 2.0',
    entry_points={
        'console_scripts': [
            'talker = talker:talker_main'
        ],
    },
)
```

5. 現在，建置另一個檔案且使用 `$ gedit talker.py` 命名為 `talker.py`，且貼入以下程式碼：

```
#!/usr/bin/env python3

import rclpy
```

```
from std_msgs.msg import String
from time import sleep

def talker_main():
    rclpy.init(args=None)
    node = rclpy.create_node('ros2_talker_node')
    pub = node.create_publisher(String, '/chatter')
    msg = String()
    i = 0
    while rclpy.ok():
        msg.data = 'Hello World: %d' % i
        i += 1
        node.get_logger().info('Publishing: "%s"' % msg.data)
        pub.publish(msg)
        sleep(0.5)
if __name__ == '__main__':
    talker_main()
```

如果正確遵循上述步驟，您的資料夾內容應該長這樣：

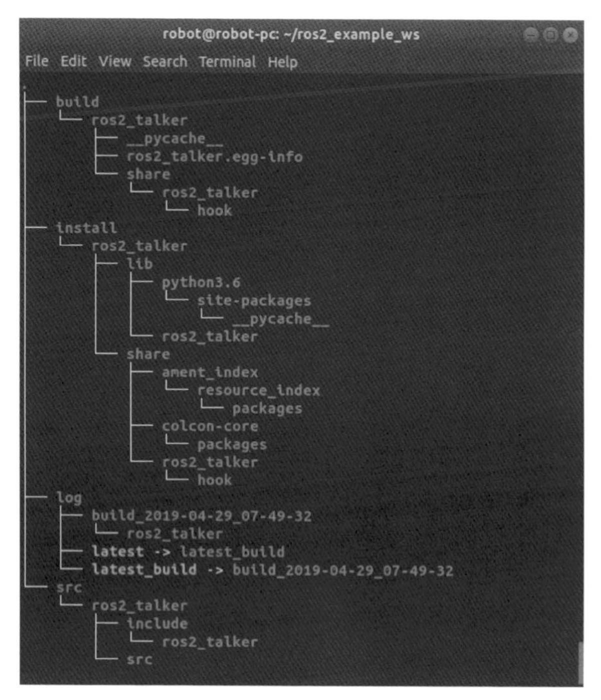

ROS-2 資料夾結構

6. 回到工作空間資料夾且使用 colcon 指令來建置套件：

```
$ cd ~/ros2_example_ws
$ colcon build —symlink-install
```

7. 現在，使用以下指令來執行程式碼：

```
$ ros2 run ros2_talker talker
```

您應可看到所發佈的資訊與 ROS-1 所發佈的一樣，讓我們來看看兩者之間的主要差異。

ROS-1 及 ROS-2之 talker 節點的差異

為了讓您更快了解，下表整理了 ROS-1 與 ROS 各節點的差異：

ROS-1 talker	ROS-2 talker
`!/usr/bin/env python` ROS-1 遵循 Python 2，因此有這行。	`!/usr/bin/env python3` ROS-2 遵循 Python 3 從而前面的 shebang line。

`import rospy`
ROS-1 client 函式庫為 `rospy`。以下的 import 句沒有改變：
`from std_msgs.msg import String from time import sleep`
	`import rclpy`
	ROS-2 client 函式庫為 `rclpy`。以下的 import 句沒有改變：
	`from std_msgs.msg import String from time import sleep`

`def talker():` 函式呼叫沒有改變。	`def talker():` 函式呼叫沒有改變。

`rospy.init_node('ros1_talker_node')`
這是 ROS-1 初始化程式碼的方式。在檔案中只可初始化該程式碼。如果 ROS-1 需要初始化一個以上的節點，則應使用 `nodelet` 概念。
	`rclpy.init(args=None)`
	`node = rclpy.create_node('ros2_talker_node')`
	這是 ROS-2 初始化程式碼的方式。在此方法中，單一檔案可初始化一個以上的節點。

`pub = rospy.Publisher('/chatter', String)` 描述 ROS-1 如何發佈主題。	`pub = node.create_publisher(String, '/chatter')` 描述 ROS-2 如何發佈主題。

msg = String()
    i = 0
    while not rospy.is_shutdown():
        msg.data = "Hello World:
%d" % i
        i+=1
訊息宣告及計數邏輯。
	msg = String()
	    i = 0
	    while rclpy.ok():
	        msg.data = 'Hello World: %d'
	% i
	i += 1
	訊息宣告及計數邏輯。不像 is_shutdown()，在 rclpy 中有 shutdown()，但是不能使用以 Python 的休眠函式來發佈資料的前述方法，這是使用 ok() 的原因。

rospy.loginfo(msg.data) 描述 ROS-1 如何顯示 log 資訊。	node.get_logger().info('Publishing: "%s"' % msg.data) 描述 ROS-2 如何顯示 log 資訊。

pub.publish(msg)
        sleep(0.5)
 	
if __name__ == '__main__':
        talker_main()
沒有改變。
	pub.publish(msg)
	        sleep(0.5)
	
	if __name__ == '__main__':
	    talker_main()
	沒有改變。

上表整理了 ROS-1 與 ROS-2 節點之間的差異。

請注意，上述 ROS-2 節點表示方式，只是相較於 ROS-1 節點的象徵性作法。它們在 ROS-2 中有不同的表示方式。實際上，之前已談過現有的基於 QoS 量測的發佈訂閱機制，可確保各節點即便在有干擾的網路中也能有效地通訊；但礙於篇幅，本書不會討論這些。如果想要學習更多關於 ROS-2 的資訊，請參考 ROS-2 教學網頁（*https://index.ros.org/doc/ros2/Tutorials/*）。

現在，讓我們學習如何橋接 ROS-1 與 ROS-2。

橋接 ROS-1 與 ROS-2

如您所知，ROS-2 仍在大刀闊斧開發，並且沒有合適的長期版本。因此，直接編寫 ROS-2 程式或將既有專案馬上移植到 ROS-2 會非常艱苦。一個可行的辦法是在 ROS-2 套件下使用 ROS-1 套件來開發專題，這是通過稱為 `ros1_bridge` 的套件來達成。

`ros1_bridge` 實際上是個 ROS-2 套件，可建立各訊息、主題及服務的自動或手動映射關係，並讓 ROS-1 與 ROS-2 節點彼此得以溝通。它可訂閱 ROS 版本的訊息，然後以另一版的 ROS 來發佈。在您想要使用例如有 ROS-2 之 Gazebo 的模擬器來測試專題時，此套件很好用。本書編寫時，`ros1_bridge` 套件所支援的訊息數量還相當有限。希望其他套件也能盡快被移植到 ROS-2 中，或先前介紹的套件也可支援其訊息，這樣就能讓它們平行運作了。

測試 ros1_bridge 套件

`ros1_bridge` 套件已預先包在 `distro-crystal` 版本中了。讓我們在 ROS-1 中運行一個節點、啟動橋接程式，並測試 ROS-2 的發佈主題。本範例一共要開啟四個獨立的終端機視窗：

1. 在第一個終端機中，讓我們同時 source ROS-1 與 ROS-2 工作空間，並啟動 `ros1_bridge` 套件：

```
$ initros1
$ initros2
$ ros2 run ros1_bridge simple_bridge_1_to_2
```

應該會看到 `Trying to connect to the ROS master` 這個錯誤。

2. 在第二個終端機中，初始化 ROS-1 工作空間並運行 `roscore`：

```
$ initros1
$ roscore
```

此時應看到連接至 ROS master 的資訊。

3. 在第三個終端機中，啟動 ROS-1 talker 節點：

```
$ initros1
$ rosrun rospy_tutorials talker.py
```

此時在終端機 1 及 3 中，應可看到發佈後的資訊。

4. 在第四個終端機中，source ROS-2 工作空間並啟動 ROS-2 listener 節點。

```
$ initros2
$ ros2 run demo_nodes_py listener
```

此時在終端機 1、3 與 4 中，應都可看到發佈後的資訊。

輸出應如下所示：

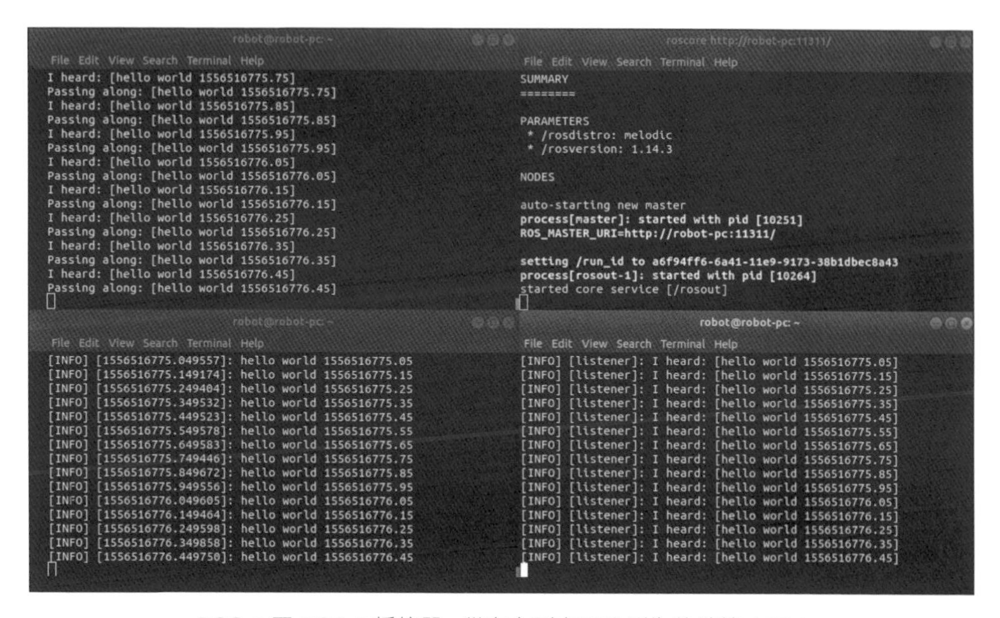

ROS-1 至 ROS-2 橋接器 - 從左上到右下分別為終端機 1 至 4

這樣就能輕易讓 ROS-1 及 ROS-2 套件彼此溝通了。使用 `simple_bridge_2_to_1` 節點可透過相同的方式讓 ROS-2 與 ROS-1 進行通訊。

試試看 `dynamic_bridge` 節點。它應可自動建立 ROS-1 與（或）ROS-2 節點的通訊。

總結

本章簡介了 ROS-2，並介紹與 ROS-1 相異的功能。我們已經了解建置系統以及節點的寫入方式有何不同，也自定義了節點並與 ROS-1 的做法進行比較。由於 ROS-2 正在開發中，我們也學習如何利用 `ros1_bridge` 套件，好將 ROS-2 與 ROS-1 的各套件及工具並行使用。從下一章開始，將開始使用 ROS-1 來進行有趣的機器人專題。

下一章，我們將學習如何建置工業移動式機械手臂。

3 建置工業用移動機械手

機器人技術為當今廣泛應用的跨學科工程領域。不像移動及固定機器人的標準分類，它們也會以移動機器人、空中機器人、海上及太空機器人的應用來分類。最常見的機器人是在環境中企圖了解及學習其變化而四處移動的移動機器人。它們可以共用環境，並執行應用程式所要求的必要動作。在工業有巨大需求的另一類常用固定式機器人是機械手臂。它們起初用來實行舉起笨重負載，這些通常都是高度重複的機械性任務。但是機械手的智慧已成長足以了解環境及其中的感興趣物件且與人類一起執行任務。這類型的機械手臂現在被稱為 cobot。想像把機械手臂和有足夠負載能力的移動機器人組裝在一起，此類機器人通稱為移動機械手（mobile manipulators）。

移動機械手在工業很有用，因為它們可帶著物體四處走動且按需要輸送到各個工作單元或工作站。不像機械手臂的工作容積多有受限，這讓機器人幾乎可自由觸及空間中的所有定點。這對大部份產業為了工廠自動化而遵循的彈性管理系統是極佳的附加功能。除了工業之外也可用在其他領域，例如太空探索、採礦、零售業和軍事應用。基於應用需要，它們可為自主控制型、半自主控制型或手動控制型。

這是開始使用 ROS 來建置機器人的第一章。會介紹市售移動機械手的清單，好讓您更了解如何使用它們。然後，查看建置移動機械手專題的先決條件及辦法。此外，可個別建模及模擬機器人基座及機械手臂，然後把它們組裝起來並觀察它們的動作。

本章主題如下：

- 了解市售移動機械手
- 移動機械手的應用
- 開始建置移動機械手
- 單位與座標系統
- 建置機器人基座
- 建置機械手臂
- 組裝起來

技術要求

本章技術要求如下：

- 具備 ROS Melodic Morenia 的 Ubuntu 18.04 作業系統，另外也要 Gazebo 9
- ROS 套件：`ros_control`、`ros_controllers` 及 `gazebo_ros_control`
- 時間軸及測試平台：
    - **估計學習時間**：平均 120 分鐘
    - **專題建置時間（包括編譯及執行時間）**：平均 90 分鐘
    - **專題測試平台**：HP Pavilion 筆記型電腦 (Intel® Core ™ i7-4510U CPU @ 2.00 GHz、8 GB 記憶體及 64 位元 OS、GNOME-3.28.2)

本章程式碼請由此取得：*https://github.com/PacktPublishing/ROS-Robotics-Projects-SecondEdition/tree/master/chapter_3_ws/src/robot_description*

開始認識移動機械手吧！

了解市售移動機械手

移動機械手上市已有一陣子了，大學及研究機械最初開始重用它們的移動機器人及機械手臂以改善靈巧性。當 ROS 在 2007 年開始普及時，來自 Willow Garage 公司的 PR2 移動機械手（*http://www.willowgarage.com/pages/pr2/overview*）成為用於測試各種 ROS 套件的測試平台如下圖：

OSRF 的 PR2 機器人（來源：*https://www.flickr.com/photos/jiuguangw/5136649984*；
圖片來源：Jiuguang Wang；Creative Commons CC-BY-SA 2.0 授權）

PR2 在環境中可做到和人類一樣理性地找路的移動性，以及操縱物件的靈巧性。但由於一台要價 $40 萬美金，一開始並非產業首選。不久，移動機器人製造商開始將機械手臂與其市售移動機器人基座整合起來，而且成本比 PR2 低而漸漸普及。知名的製造商有 Fetch Robotics、Pal Robotics、Kuka 等等。

Fetch Robotics 公司有一款 Fetch 的同名移動機械手產品（*https://fetchrobotics.com/robotics-platforms/fetch-mobile-manipulator/*）。Fetch 為 7 個自由度機械手臂與一個附加自由度的組合，為一款裝在移動機器人基座上，希望可承載 100 kg 的軀幹升降機（torso lift）。Fetch 的高度有 5 英尺，並可根據各種感測器來偵測環境，例如深度攝影機及雷射掃描器。它很堅固且成本低。Fetch 使用平行顎型夾爪作為端效器，且加裝了可平移 / 傾斜的頭部（加裝深度感測器），本手臂的負載為 6 kg。

Pal robotics 公司引進稱為 Tiago 的移動機械手（*http://tiago.pal-robotics.com/*），設計上與 Fetch 類似。它的功能也相當不錯，然而相較於 Fetch，它已被遍及歐洲及世界的各種研究機構採用。它也有 7 個自由度的機械手臂，而且在手腕上也搭載了扭力感測器來監控操縱狀況。不過，它的負載能力略低於 Fetch，因為手臂的負載只有 3 kg 左右，且基座只能負重大約 50 kg。Tiago 有許多內建的軟體功能，例如 NLP 系統與臉部偵測套件，後續可以直接部署使用：

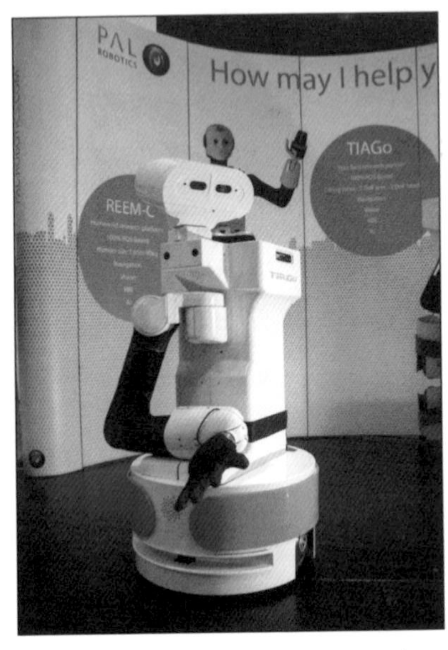

Pal Robotics 公司的 Tiage（來源：*https://commons.wikimedia.org/wiki/File:RoboCup_2016_Leipzig_-_TIAGo.jpg*。圖片來源：ubahnverleih。公用領域授權：*https://creativecommons.org/publicdomain/zero/1.0/legalcode*）

Kinova Robotics 公司也有一款名為 MOVO 的移動機械手（*https://www.kinovarobotics.com/en/knowledge-hub/movo-mobile-manipulator*），如同 PR2，它有兩支機械手臂。但與前述兩種移動機械手不同之處在於，這款機器人操作起來比較複雜，但動作相對緩慢與滑順。

其他的移動機械手則是混搭了市售現成的移動機器人及機械手臂。例如，Clearpath robotics 公司有各式各樣的移動機械手，利用了 husky 及 ridgebacks 的移動基座，各自結合 Universal robot 的 UR5 機械手臂以及 Baxter 平台。

另一方面，Robotnik 公司有一款移動機械手，它結合了自家的移動基座 RB-Kairos 與 Universal robot 的 UR5。

理解了移動機械手的基本技術之後，讓我們來看看它的應用。

移動機械手的應用

產業過去常利用關節式機械手來做呆板危險的重複性任務。隨著時間推移，這些機器人已越來越現代化，並能夠在工作單元中與人類操作員並肩工作而非單獨工作。因此，此類機器人與工業級陸上車輛的組合有助於某些工業應用。最常見的應用之一是機器保養。它是目前最熱門的應用之一，且已在此領域部署了相當大量的機器人。保養用途的機器人是用機器人來實現「保養」機器的任務之一。其他保養任務還包含了機器零件拆裝、組裝作業和氣象偵測等等。

移動機械手也常出現在倉庫中。這些是用於材料處理任務，例如裝卸材料。機器人也協助庫存監視及分析，基於消費量或者是市場需求，它可協助識別庫存量的突然減少。在此區域有許多不同種類的機器人實行多項合作。空中作業機器人，例如無人機，在倉庫中就很普遍，且能與移動機械手搭配來記錄庫存狀況及其他檢驗活動。

在太空探索及危險環境中，由於移動機械手可自主或半自主運作，這些機器人可使用於人類無法存活的地方。這些機器人使用於太空及核子反應爐以在無人的情形下來做到人類等級的作業。它們使用特製的端效器來模擬人類手部的功能，並配合實際環境來裝配，好保護機器人的內部系統不會被破壞或受損。專業人員可以控制這類機器人、運用某些感測器來視覺化機器人與其周遭的環境，且借助精密的介面裝置來進行操縱作業。

軍事領域也大力進行移動機械手研發，而且資金相當充足。移動機械手可裝備在小型的偵察型機器人，好利於偵查作業。它們可以攜載相當重的負載，甚至是把受傷人員拉到安全的位置，或者結合人為控制來進行作業，例如士兵操控機器人來拆除炸彈或者是打開無人地區的一扇門。現在，讓我們學習如何建置一台移動機械手。

開始建置移動機械手

現在您已經了解何謂移動機械手、其構成元件以及應用場域。現在，在模擬環境中做一隻出來吧。如您現在所知，移動機械手需要一個負載能力不錯的移動機器人基座，和一隻機械手臂。因此讓我們開始建置移動機械手的零件，然後組合起來。我們也會討論用於建置及模擬的一些參數及限制條件。為了避免機器人類型過多讓事情愈來愈複雜，還要讓模擬保持簡潔有效，我們作了以下假設：

以下是移動機器人基座的假設：

- 機器人可在平面或傾斜平面上移動，但不可為不規則表面。
- 機器人需為差速驅動式機器人，具備固定的舵向輪，其他輪都須有動力。
- 移動機器人的目標負載為 50 kg。

以下是機械手臂的假設：

- 5 個自由度
- 機械手臂的目標負載達 5 kg
- 現在，讓我們來看看 ROS 的單位及座標系統慣例。

單位及座標系統

在開始用 Gazebo 及 ROS 建置移動機械手之前，您需要牢記 ROS 遵循的測量單位及座標慣例。此類資訊定義於稱為 ROS 增強建議書（REPs）的設計文獻中。它們用於在建置專題時給 ROS 社群成員的標準參考。當引進或計畫引進至 ROS 的任何新功能時，會作為社群的建議文獻提供。標準測量單位及座標慣例定義於 REP-0103（*http://www.ros.org/reps/rep-0103.html*）。在 REP 索引中可找到 REPS 的所有市售清單：*http://www.ros.org/reps/rep-0000.html*。

就我們而言，下列資訊已足以開始著手建置移動機械手了。

關於測量單位的資訊如下：

- 基本單位：長度單位為米，質量為千克，時間為秒

- 衍生單位：角度單位為弧度，頻率為赫茲，力為牛頓
- 運動學衍生單位：線性速度單位為米 / 秒，角速度為弧度 / 秒

關於座標系統慣例的資訊如下：

- 遵循右手姆指法則，在此姆指為 z 軸，中指為為 y 軸，且食指為 x 軸。再者，z 軸的正轉為逆時鐘，而 z 的反轉為順時鐘。

我們來看看下一節的 Gazebo 和 ROS 的相關假設。

Gazebo 和 ROS 假設

據我們所知，Gazebo 為有 ROS 支援的物理模擬引擎，但它也可以在沒有 ROS 的情況下獨立運作。以 Gazebo 建立的大部份模型都是遵照稱為 Simulation Description Format（SDF）的 XML 格式。ROS 有許多方法來呈現機器人模型，它們根據稱為 Universal Robotic Description Format（URDF）的 XML 格式界定。因此，不用擔心，因為，如果模型用帶有一些額外 XML 標籤的 URDF 建立，則它們在被自動轉換成 SDF 時，Gazebo 也能輕易了解它們（正是因為這些額外的 XML 標籤才能做到）。但是如果用 SDF 來定義模型的話，要移植某些以 ROS 為基礎的機器人的某些功能就會變得很麻煩。

確實有支援處理或提供訊息資訊給 ROS 的各種以 SDF 為基礎的外掛，但是它們受限於少數感測器及控制器。ROS-1 Melodic Morenia 已經預先裝好了 Gazebo-9。儘管本書寫作實已經有更新的 Gazebo 及 ROS 版本，但大部份 `ros_controllers` 仍未支援 SDF，且需要另外刻一個控制器才能讓它們動起來。因此，應該以 URDF 格式來建立機器人模型，並在 Gazebo 中生成，還要允許 Gazebo 的內建 API（*URDF2SDF:http://osrf-distributions.s3.amazonaws.com/sdformat/api/6.0.0/classsdf_1_1URDF2SDF.html*）才能幫我們搞定各種轉換作業。

為了順利整合 ROS 與 Gazebo，需要某些相依套件來建立兩者之間的連線，好將 ROS 訊息轉換成 Gazebo 可理解的資訊。另外還需要一個能夠實作類似即時機器人控制器的框架，好讓機器人能以運動學架構來移動。前者已構成了 `gazebo_ros_pkgs` 套件，它是讓 Gazebo 了解各種 ROS 訊息和服務的一堆 ROS 包裝器；而後者則是構成 `ros_control` 及 `ros_controller` 套件，提供了機器人

關節和致動器的空間轉換，好讓現有的控制器可以控制位置、速度或做功（施力）。請用以下指令安裝它們：

```
$ sudo apt-get install ros-melodic-ros-control
$ sudo apt-get install ros-melodic-ros-controllers
$ sudo apt-get install ros-melodic-Gazebo-ros-control
```

在此將使用來自 ros_control 的 hardware_interface::RobotHW 類別，因為它已具備定義好的抽象層。機械手臂與移動基座則分別使用來自 ros_controllers 的 joint_trajectory_controller 和 diff_drive_controller。

更多關於 ros_control 及 ros_controllers 的資訊請參考：*http://www.theoj.org/joss-papers/joss.00456/10.21105.joss.00456.pdf*。

了解建置移動機械手的基礎之後，開始動手打造機器人基座吧。

建置機器人基座

開始為機器人基座建模吧。如前所述，ROS 根據 URDF 來了解機器人。URDF 是一種具備機器人之所有必要資訊的 XML 標籤。一旦機器人基座的 URDF 建立之後，就要在程式碼中帶入必要的連接器與包裝器，這樣就能與像是 Gazebo 這樣的獨立實體模擬器來互動及通訊。來看看如何逐步建置機器人基座。

機器人基座前置作業

為了建置機器人基座，需要下列事物：

- 一組堅固的底盤，並裝有磨擦力良好的輪子
- 可帶動所需負載的強力驅動器
- 驅動控制器

如果想要實體的機器人基座，那麼就有更多要考量的地方啦。例如電源管理系統，能讓機器人有效率地運作到我們所要的時間、必要的電氣及嵌入特性，

以及機械動力傳動系統。實際達標的方法當然是用 ROS 來製作這樣的機器人。但到底為什麼 ROS 做得到？您將能夠仿真 (實際還是模擬啦，但是如果參數微調得宜並加入即時性限制的話，就一定能做到仿真) 出一台實際能運作的機器人，如以下範例：

- 用 URDF 來定義底盤及輪子，並加入物理性質。
- 用 `Gazebo-ros` 外掛來定義驅動器。
- 用 `ros-controllers` 來定義驅動控制。

因此，為了建置客製機器人，讓我們考慮規格。

機器人基座規格

機器人基座需要裝載機械手臂以及手臂所需的負載。再者，機器人基座應確保一定程度的機電穩定性，使得它有足夠的扭力來拉動自己以及額定負載，還要盡量降低抖動和姿勢誤差來平滑地運動。

姿勢構成了機器人相對於世界 / 地球 / 環境在空間中的平移及旋轉座標。

機器人的基座規格如下：

- 尺寸：大約在 600 x 450 x 200（L x B x H，單位 mm）內
- 類型：四輪差速驅動機器人
- 速度：達 1 m/s
- 負載：50 kg（不含機械手臂）

機器人基座運動學

我們的機器人基座只有兩個自由度：沿著 x 軸的平移與以 z 軸為中心的旋轉。由於舵向輪是固定的，因此我們的機器人無法同時做到 y 軸軸向移動。由於我們的機器人只需要在地面上運動，而且它也無法沿著 z 軸移動啦（飛天鑽地？）。大家應該都知道，以 x 或 y 軸為中心來旋轉，代表機器人翻筋斗或者是絆倒。因此，這也不可能。

以瑞典輪或麥克納姆這類全向輪來說，機器人基座會具備三個自由度，能夠同時沿著 x 及 y 軸移動，還能以 z 軸為中心來旋轉。

因此，機器人的方程式如下：

$$\begin{matrix} x' \\ y' \\ \theta' \end{matrix} = \begin{matrix} \cos(\omega\delta t) & -\sin(\omega\delta t) & 0 \\ \sin(\omega\delta t) & \cos(\omega\delta t) & 0 \\ 0 & 0 & 1 \end{matrix} * \begin{matrix} x - ICCx \\ y - ICCy \\ \theta \end{matrix} + \begin{matrix} ICCx \\ ICCy \\ \omega\delta t \end{matrix}$$

在此，x'、y' 及 θ' 構成了機器人的最終姿勢，ω 為機器人的角速度，以及 δt 為時間區間。這被稱為正向運動方程式，因為我們用機器人的尺寸及速度來判定機器人的姿勢。

以下為未知變數：

$$R = l/2 * (nl + nr)/(nr - nl)$$

在此，nl 及 nr 為左右輪的編碼器計數，以及 l 為輪軸的長度：

$$ICC = [x - Rsin\theta, y + Rcos\theta]$$

另一個方程式如下：

$$\omega\delta t = (nr - nl)step/l$$

在此，$step$ 為每轉動一個編碼器刻度，輪子行進的距離。

軟體參數

機器人規格確定之後，現在來學習在建置機械手臂時所需的 ROS 相關資訊。現在把移動機器人基座當成一個黑盒子：如果對它指定某個速度，機器人基座就會移動，接著給出它移到的位置。用 ROS 術語來說，移動機器人通過稱為 `/cmd_vel`（command velocity）的主題取得資訊，並給出 `/odom`（odometry），示意如下：

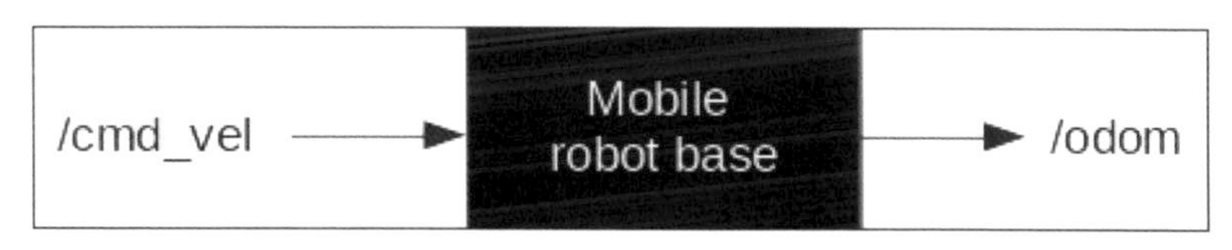

作為黑盒子的移動機器人基座

接著，來看看訊息格式吧！

ROS 訊息格式

`/cmd-vel` 具備 `geometry_msgs/Twist` 訊息格式，訊息結構請參考：

http://docs.ros.org/melodic/api/geometry_msgs/html/msg/Twist.html

`/odom` 具備 `nav_msgs/Odometry` 訊息格式，訊息結構請參考：

http://docs.ros.org/melodic/api/nav_msgs/html/msg/Odometry.html

由於我們的機器人只有兩個自由度，因此機器人基座不會用到所有的欄位。

ROS 控制器

在此會用 `diff_drive_controller` 外掛來定義機器人基座的差速運動學模型。這個外掛定義了先前介紹的機器人方程式，它有助於機器人在空間中運動。更多關於此控制器的資訊請參考：*http://wiki.ros.org/diff_drive_controller*。

建立機器人基座的模型

機器人的所有必要資訊都準備好了，可以來建立機器人的模型了。本範例要建置的機器人模型如下：

本範例的移動機器手模型

在使用 URDF 來對機器人建模之前，有些事情需要先讓您知道。您可利用一些幾何標籤來定義像是圓柱、圓球及方塊等標準形狀，但是您無法建立有複雜幾何或樣式的模型。但，這可用第三方軟體達成，例如 Creo 或 Solidworks 等優秀電腦輔助設計（CAD）軟體，或使用 Blender、FreeCAD 或 Meshlab 這類的開放原始碼建模軟體。建模完成之後，就能將其匯入為網格。本書中的模型是用開放原始碼建模軟體建模且輸入成 URDF 網格。再者，寫入許多 XML 標籤有時很麻煩，使得在建置複雜機器人時容易搞混。因此，應使用稱為 xacro 的 URDF 巨集（*http://wiki.ros.org/xacro*），它有助於精簡程式碼還能避免標籤重複。

我們的機器人基座模型需要下列標籤：

- `<xacro>`：定義可重複使用之巨集
- `<links>`：包含機器人幾何呈現與視覺資訊
- `<inertial>`：包含了連結的質量與慣性
- `<joints>`：包含連結之間的連接狀況，並加入限制條件定義
- `<Gazebo>`：包含建立 Gazebo 與 ROS 之連結，以及模擬屬性的外掛

我們的機器人基座建模成具備底盤及四個輪子，下圖呈現各連結的資訊：

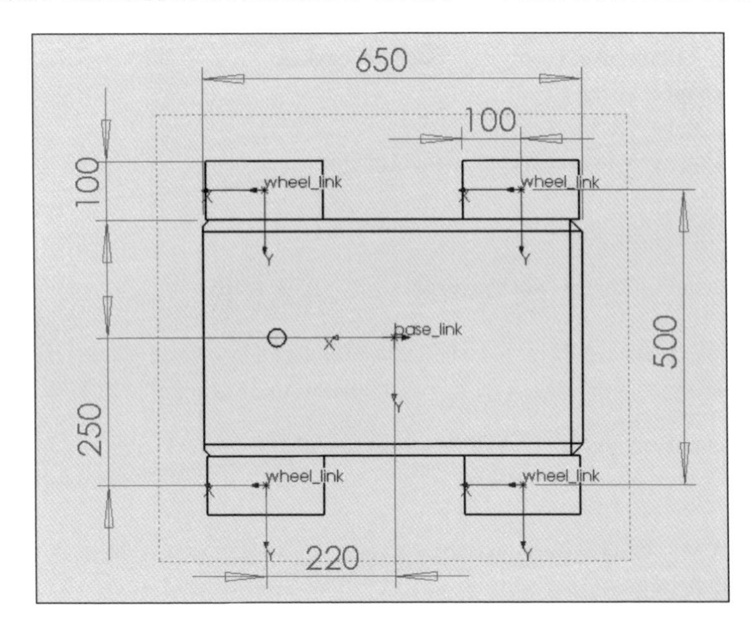

標示出連結 / 座標系統資訊的機器人

底盤取名為 `base_link` 且在其中心可看到座標系統。輪子（或 `wheel_frames`）則是相對於 `base_link` 框架來安放。您可看見，按照 REP，模型的座標系統遵循右手法則。您現在可明白，機器人的正向永遠朝向 x 軸，而機器人的旋轉是以 z 軸為中心。另外也請注意，輪子是相對於參考框架來以 y 軸為中心旋轉（下一節會在程式碼中看到這個參考）。

初始化工作空間

現在需要定義用於機器人的網格為 `<link>` 及 `<joint>` 標籤。網格檔請由此取得：*https://github.com/PacktPublishing/ROS-Robotics-Projects-SecondEdition/tree/master/chapter_3_ws/src/robot_description/meshes*。請根據以下步驟來初始化工作空間：

1. 建立 ROS 套件並加入檔案。在新終端機中使用以下指令建立套件：

```
$ initros1
$ mkdir -p ~/chapter3_ws/src
```

```
$ catkin_init_workspace
$ cd ~/chapter3_ws/src
$ catkin_create_pkg robot_description catkin
$ cd ~/chapter3_ws/
$ catkin_make
$ cd ~/chapter3_ws/src/robot_description/
```

2. 現在，建立以下資料夾：

```
$ mkdir config launch meshes urdf
```

3. 複製從前述連結下載的網格檔且貼到網格資料夾中。現在，進入 urdf 資料夾且使用以下指令建立稱為 robot_base.urdf.xacro 的檔案：

```
$ cd ~/chapter3_ws/src/robot_description/urdf/
$ gedit robot_base.urdf.xacro
```

4. 初始化 XML 版號標籤及 <robot> 標籤，如此處所示，且開始逐步複製指定的 XML 程式碼至其中：

```
<?xml version="1.0"?>
<robot xmlns:xacro="http://ros.org/wiki/xacro" name="robot_base"
>
</robot>
```

現在工作空間已初始化完成，下一步要來定義各個連結。

定義連結

由於我們是逐個零件來定義機器人模型，請將以下所有程式碼複製到 <robot> 標籤中（也就是 <robot> 標籤之間的空間中）。底盤連結如下：

```
<link name="base_link">
  <visual>
    <origin
      xyz="0 0 0"
      rpy="1.5707963267949 0 3.14" />
    <geometry>
      <mesh filename="package://robot_description/meshes/robot_base.stl"/>
    </geometry>
```

```
      <material
        name="">
        <color
          rgba="0.79216 0.81961 0.93333 1" />
      </material>
    </visual>
  </link>
```

本連結用幾何方式定義機器人且有助於視覺化。以上是稱為 base_link 的機器人底盤。

這類標籤相當直覺，更多資訊請參考：*http://wiki.ros.org/urdf/XML/link*。

四個輪子都需要連接至 base_link。幸好有 xacro，我們可重複使用不同名稱的相同模型還有必要的座標資訊。因此，現在要建立一個名為 robot_essentials.xacro 的另一個檔案，且定義標準巨集以便重複使用：

```
<?xml version="1.0"?>
<robot xmlns:xacro="http://ros.org/wiki/xacro" name="robot_essentials" >
<xacro:macro name="robot_wheel" params="prefix">
<link name="${prefix}_wheel">
<visual>
<origin
xyz="0 0 0"
rpy="1.5707963267949 0 0" />
<geometry>
<mesh filename="package://robot_description/meshes/wheel.stl" />
</geometry>
<material
name="">
<color
rgba="0.79216 0.81961 0.93333 1" />
</material>
</visual>
</link>
</xacro:macro>
</robot>
```

我們已在此檔案中建立輪子的共用巨集。因此，現在要做的是在實際的機器人檔中呼叫此巨集 robot_base.urdf.xacro，如以下所示：

```
<xacro:robot_wheel prefix="front_left"/>
<xacro:robot_wheel prefix="front_right"/>
<xacro:robot_wheel prefix="rear_left"/>
<xacro:robot_wheel prefix="rear_right"/>
```

完成了！您已看到了把用於單一連結的諸多程式碼轉換成每個連結只有一行程式碼，真的很快。現在，來學習如何定義關節。

更多關於 xacros 的資訊請參考 *http://wiki.ros.org/xacro*。

定義關節

如先前的示意圖，只在輪子與底盤之間有連接。輪子連接至 base_link 且在自己的參考框架上以 y 軸為中心來旋轉。因此，我們可使用連續關節型。由於它們對於所有輪子都一樣，因此請在 robot_essentials.xacro 檔中將其定義為 xacro：

```
<xacro:macro name="wheel_joint" params="prefix origin">
  <joint name="${prefix}_wheel_joint" type="continuous">
    <axis xyz="0 1 0"/>
    <parent link ="base_link"/>
    <child link ="${prefix}_wheel"/>
    <origin rpy ="0 0 0" xyz= "${origin}"/>
  </joint>
</xacro:macro>
```

可見，前述程式碼區塊中只有原點及名稱需要修改。因此，在 robot_base.urdf.xacro 檔中，輪子關節的定義如下：

```
<xacro:wheel_joint prefix="front_left" origin="0.220 0.250 0"/>
<xacro:wheel_joint prefix="front_right" origin="0.220 -0.250 0"/> <xacro:wheel_
joint prefix="rear_left" origin="-0.220 0.250 0"/> <xacro:wheel_joint
prefix="rear_right" origin="-0.220 -0.250 0"/>
```

現在檔案都齊備了，接下來要在 rviz 中將它視覺化呈現，且看看它是否與我們的示意圖相符。新開一個終端機中並輸入以下指令：

```
$ initros1
$ cd ~/chapter3_ws/
$ source devel/setup.bash
$ roscd robot_description/urdf/
$ roslaunch urdf_tutorial display.launch model:=robot_base.urdf.xacro
```

加入機器人模型，在 Global 選項中把 Fixed Frame 設定為 base_link。如果一切順利的話，應可看到機器人模型了。您可加入 tf 顯示器來看看是否與上圖（標示出連結 / 座標系統資訊的機器人）符合。將 gui 引數設定為 true 之後，您就能用滑桿來移動輪子了。

現在，讓我們看看模擬機器人基座需要哪些設定吧。

模擬機器人基座

前四個步驟是用來定義機器人 URDF 模型使得 ROS 可理解它。具備了 ROS 可了解的正確機器人模型，只要加入幾個標籤就能在 Gazebo 中觀看模型。

定義碰撞

為了視覺化 Gazebo 中的機器人，我們需要加入 <collision> 標籤，以及定義於 <link> 標籤中的 <visual> 標籤，如下：

```
<collision>
<origin
xyz="0 0 0"
rpy="1.5707963267949 0 3.14" />
<geometry>
<mesh filename="package://robot_description/meshes/robot_base.stl" /> </
geometry>
</collision>
```

對於基座，將它們加到 robot_base.urdf.xacro 檔中，因為 base_link 也是在其中定義的。

對於所有的輪子連結，將它們加到 robot_essentials.xacro 檔中，因為輪子連結也是在其中定義的：

```
<collision>
  <origin
   xyz="0 0 0"
   rpy="1.5707963267949 0 0" />
  <geometry>
    <mesh filename="package://robot_description/meshes/wheel.stl" />
  </geometry>
</collision>
```

由於 Gazebo 為一款物理模擬器，因此可用 <inertial> 標籤來定義相關物理性質，這個第三方軟體可提供各種質量和慣性屬性。在此要把從這個軟體所取得的慣性搭配適當的標籤一併加在 <link> 標籤內，如下：

- 對於基座，加入以下內容：

```
<inertial>
 <origin
   xyz="0.0030946 4.78250032638821E-11 0.053305"
   rpy="0 0 0" />
 <mass value="47.873" />
 <inertia
   ixx="0.774276574699151"
   ixy="-1.03781944357671E-10"
   ixz="0.00763014265820928"
   iyy="1.64933255189991"
   iyz="1.09578155845563E-12"
   izz="2.1239326987473" />
</inertial>
```

- 對於所有輪子，加入以下內容：

```
<inertial>
 <origin
   xyz="-4.1867E-18 0.0068085 -1.65658661799998E-18"
   rpy="0 0 0" />
 <mass value="2.6578" />
 <inertial>
   ixx="0.00856502765719703"
```

```
      ixy="1.5074118157338E-19"
      ixz="-4.78150098725052E-19"
      iyy="0.013670640432096"
      iyz="-2.68136447099727E-19"
      izz="0.00856502765719703" />
   </inertial>
```

建立好 Gazebo 的屬性之後，讓我們來建立機構。

定義致動器

現在，我們需要在 `robot_base_essentials.xacro` 檔中定義機器人輪子的致動器資訊：

```
<xacro:macro name="base_transmission" params="prefix ">
 <transmission name="${prefix}_wheel_trans" type="SimpleTransmission">
  <type>transmission_interface/SimpleTransmission</type>
   <actuator name="${prefix}_wheel_motor">
<hardwareInterface>hardware_interface/VelocityJointInterface</hardwareInter
face>
   <mechanicalReduction>1</mechanicalReduction>
   </actuator>

 <joint name="${prefix}_wheel_joint">
<hardwareInterface>hardware_interface/VelocityJointInterface</hardwareInter
face>
 </joint>
 </transmission>
</xacro:macro>
```

在機器人檔中，將它們視為巨集來呼叫：

```
<xacro:base_transmission prefix="front_left"/>
<xacro:base_transmission prefix="front_right"/>
<xacro:base_transmission prefix="rear_left"/>
<xacro:base_transmission prefix="rear_right"/>
```

請在本書的 GitHub 找到 robot_base_essentials.xacro 檔：*https://github.com/PacktPublishing/ROS-Robotics-Projects-SecondEdition/blob/master/chapter_3_ws/src/robot_description/urdf/robot_base_essentials.xacro*。

成功呼叫機構之後，接著要呼叫控制器來操作這些機構，使機器人動起來。

定義 ROS_CONTROLLERS

最後，我們需要移植用於建立 Gazebo 與 ROS 之通訊所需的外掛。為此，我們需要建立另一個稱為 gazebo_essentials_base.xacro 的檔案，其中包含了 <Gazebo> 標籤。

在所建立的檔案中加入以下 gazebo_ros_control 外掛：

```
<Gazebo>
  <plugin name="gazebo_ros_control" filename="libgazebo_ros_control.so">
   <robotNamespace>/</robotNamespace>
   <controlPeriod>0.001</controlPeriod>
   <legacyModeNS>false</legacyModeNS>
  </plugin>
</Gazebo>
```

機器人的差速驅動外掛如下：

```
<Gazebo>

<plugin name="diff_drive_controller"
filename="libgazebo_ros_diff_drive.so">
 <legacyMode>false</legacyMode>
 <alwaysOn>true</alwaysOn>
 <updateRate>1000.0</updateRate>
 <leftJoint>front_left_wheel_joint, rear_left_wheel_joint</leftJoint>
 <rightJoint>front_right_wheel_joint, rear_right_wheel_joint</rightJoint>
 <wheelSeparation>0.5</wheelSeparation>
 <wheelDiameter>0.2</wheelDiameter>
 <wheelTorque>10</wheelTorque>
 <publishTf>1</publishTf>
```

```
  <odometryFrame>map</odometryFrame>
  <commandTopic>cmd_vel</commandTopic>
  <odometryTopic>odom</odometryTopic>
  <robotBaseFrame>base_link</robotBaseFrame>
  <wheelAcceleration>2.8</wheelAcceleration>
  <publishWheelJointState>true</publishWheelJointState>
  <publishWheelTF>false</publishWheelTF>
  <odometrySource>world</odometrySource>
  <rosDebugLevel>Debug</rosDebugLevel>
 </plugin>

</Gazebo>
```

輪子磨擦性質定義於巨集，如下：

```
<xacro:macro name="wheel_friction" params="prefix ">
  <Gazebo reference="${prefix}_wheel">
    <mu1 value="1.0"/>
    <mu2 value="1.0"/>
    <kp value="10000000.0" />
    <kd value="1.0" />
    <fdir1 value="1 0 0"/>
  </Gazebo>
</xacro:macro>
```

機器人檔中的呼叫巨集如下：

```
<xacro:wheel_friction prefix="front_left"/>
<xacro:wheel_friction prefix="front_right"/>
<xacro:wheel_friction prefix="rear_left"/>
<xacro:wheel_friction prefix="rear_right"/>
```

請在本書的 GitHub 找到 gazebo_essentials_base.xacro 檔：*https:// github.com/PacktPublishing/ROS-Robotics-Projects-SecondEdition/blob/master/chapter_3_ws/src/robot_description/urdf/gazebo_essentials_base.xacro*。

機器人所需的各個巨集和 Gazebo 外掛都定義好了，將它們加到機器人檔中吧。只要在機器人檔中的 <robot> 巨集標籤內增加以下兩行就可輕易完成：

```
<xacro:include filename="$(find robot_description)/urdf/robot_base_essentials.xacro" />
<xacro:include filename="$(find robot_description)/urdf/gazebo_essentials_base.xacro" />
```

URDF 完成之後，再來就是設定各個控制器了。請建立以下設定檔來定義我們要使用之控制器。為此，請切換到工作空間的 config 資料夾，並建立控制器設定檔，如下：

```
$ cd ~/chapter3_ws/src/robot_description/config/
$ gedit control.yaml
```

請由本書 GitHub 取得相關檔案並貼入 control.yaml 中：*https://github.com/PacktPublishing/ROS-Robotics-Projects-SecondEdition/blob/master/chapter_3_ws/src/robot_description/config/control.yaml*。現在，我們已完成 robot_base 模型，可以在 Gazebo 中測試它了。

測試機器人基座

機器人基座的完整模型完成了，接下來要讓它動起來且它如何行動。請根據以下步驟來操作：

1. 建立可生成機器人及其控制器的啟動檔。現在，進入 launch 資料夾且建立以下啟動檔：

```
$ cd ~/chapter3_ws/src/robot_description/launch
$ gedit base_gazebo_control_xacro.launch
```

2. 現在，複製以下程式碼至其中且存檔：

```
<?xml version="1.0"?>

<launch>
  <param name="robot_description" command="$(find xacro)/xacro --
inorder $(find robot_description)/urdf/robot_base.urdf.xacro" />
  <include file="$(find gazebo_ros)/launch/empty_world.launch"/>
  <node name="spawn_urdf" pkg="gazebo_ros" type="spawn_model"
args="-param robot_description -urdf -model robot_base" />
  <rosparam command="load" file="$(find
```

```
robot_description)/config/control.yaml" />
  <node name="base_controller_spawner" pkg="controller_manager"
type="spawner" args="robot_base_joint_publisher
robot_base_velocity_controller"/>

</launch>
```

3. 現在，輸入以下指令來視覺化呈現機器人：

```
$ cd ~/chapter3_ws
$ source devel/setup.bash
$ roslaunch robot_description base_gazebo_control_xacro.launch
```

在 Gazebo 環境啟動後，應可看到類似下圖的畫面而沒有任何錯誤訊息：

```
/home/robot/chapter_3_ws/src/robot_description/launch/base_gazebo_control_xacro.launch http://localhost:11311
File Edit View Search Terminal Help
process[spawn_urdf-4]: started with pid [23271]
process[base_controller_spawner-5]: started with pid [23272]
[ INFO] [1557664801.100103700]: Finished loading Gazebo ROS API Plugin.
[ INFO] [1557664801.103041871]: waitForService: Service [/gazebo/set_physics_properties] has not been advertised, waiting...
[ INFO] [1557664801.239502410]: Finished loading Gazebo ROS API Plugin.
[ INFO] [1557664801.242657079]: waitForService: Service [/gazebo_gui/set_physics_properties] has not been advertised, waiting...
[ INFO] [1557664801.615825535, 0.023000000]: waitForService: Service [/gazebo/set_physics_properties] is now available.
[ INFO] [1557664801.666036358, 0.069000000]: Physics dynamic reconfigure ready.
[ INFO] [1557664802.009308761, 0.314000000]: Loading gazebo_ros_control plugin
[ INFO] [1557664802.009494434, 0.314000000]: Starting gazebo_ros_control plugin in namespace: /
[ INFO] [1557664802.010807312, 0.314000000]: gazebo_ros_control plugin is waiting for model URDF in parameter [robot_description] on the ROS p
aram server.
[ INFO] [1557664802.215271155, 0.314000000]: Loaded gazebo_ros_control.
[spawn_urdf-4] process has finished cleanly
log file: /home/robot/.ros/log/0dcc156c-74b3-11e9-8061-38b1dbec8a43/spawn_urdf-4*.log
[ INFO] [1557664802.251202646, 0.314000000]: Starting plugin DiffDrive(ns = //)
[ INFO] [1557664802.251419943, 0.314000000]: DiffDrive(ns = //): <rosDebugLevel> = Debug
[ INFO] [1557664802.252370583, 0.314000000]: DiffDrive(ns = //): <tf_prefix> =
[DEBUG] [1557664802.252506285, 0.314000000]: DiffDrive(ns = //): <commandTopic> = cmd_vel
[DEBUG] [1557664802.252539237, 0.314000000]: DiffDrive(ns = //): <odometryTopic> = odom
[DEBUG] [1557664802.252564858, 0.314000000]: DiffDrive(ns = //): <odometryFrame> = map
[DEBUG] [1557664802.252613353, 0.314000000]: DiffDrive(ns = //): <robotBaseFrame> = base_link
[DEBUG] [1557664802.252722087, 0.314000000]: DiffDrive(ns = //): <publishWheelTF> = false
[ WARN] [1557664802.252766247, 0.314000000]: DiffDrive(ns = //): missing <publishOdomTF> default is true
[DEBUG] [1557664802.252795882, 0.314000000]: DiffDrive(ns = //): <publishWheelJointState> = true
[DEBUG] [1557664802.252900507, 0.314000000]: DiffDrive(ns = //): <wheelSeparation> = 0.5
[DEBUG] [1557664802.252940285, 0.314000000]: DiffDrive(ns = //): <wheelDiameter> = 0.20000000000000001
[DEBUG] [1557664802.252969589, 0.314000000]: DiffDrive(ns = //): <wheelAcceleration> = 2.7999999999999998
[DEBUG] [1557664802.252998123, 0.314000000]: DiffDrive(ns = //): <wheelTorque> = 10
[DEBUG] [1557664802.253028607, 0.314000000]: DiffDrive(ns = //): <updateRate> = 1000
[DEBUG] [1557664802.253199561, 0.314000000]: DiffDrive(ns = //): <odometrySource> = world := 1
[DEBUG] [1557664802.253282733, 0.314000000]: DiffDrive(ns = //): <leftJoint> = front_left_wheel_joint, rear_left_wheel_joint
[ INFO] [1557664802.553809450, 0.600000000]: Controller state will be published at 50Hz.
[ INFO] [1557664802.556058217, 0.600000000]: Wheel separation will be multiplied by 1.
[ INFO] [1557664802.557208962, 0.601000000]: Left wheel radius will be multiplied by 1.
[ INFO] [1557664802.557322897, 0.601000000]: Right wheel radius will be multiplied by 1.
[ INFO] [1557664802.558400608, 0.602000000]: Velocity rolling window size of 10.
[ INFO] [1557664802.561558254, 0.605000000]: Velocity commands will be considered old if they are older than 0.5s.
```

成功啟動 Gazebo

4. 開啟另一個終端機並執行 `rostopic list` 指令，可看到必要的 ROS 主題：

```
$ initros1
$ rostopic list
```

以下為顯示 ROS 主題的畫面：

```
robot@robot-pc: ~/chapter_3_ws
File  Edit  View  Search  Terminal  Tabs  Help
/home/robot/chapter_3_ws/src/robot_de...   robot@robot-pc: ~/chapter_3_ws
robot@robot-pc:~/chapter_3_ws$ initros1
robot@robot-pc:~/chapter_3_ws$ rostopic list
/clock
/gazebo/link_states
/gazebo/model_states
/gazebo/parameter_descriptions
/gazebo/parameter_updates
/gazebo/set_link_state
/gazebo/set_model_state
/gazebo_ros_control/pid_gains/front_left_wheel_joint/parameter_descriptions
/gazebo_ros_control/pid_gains/front_left_wheel_joint/parameter_updates
/gazebo_ros_control/pid_gains/front_right_wheel_joint/parameter_descriptions
/gazebo_ros_control/pid_gains/front_right_wheel_joint/parameter_updates
/gazebo_ros_control/pid_gains/rear_left_wheel_joint/parameter_descriptions
/gazebo_ros_control/pid_gains/rear_left_wheel_joint/parameter_updates
/gazebo_ros_control/pid_gains/rear_right_wheel_joint/parameter_descriptions
/gazebo_ros_control/pid_gains/rear_right_wheel_joint/parameter_updates
/joint_states
/robot_base_velocity_controller/cmd_vel
/robot_base_velocity_controller/odom
/robot_base_velocity_controller/parameter_descriptions
/robot_base_velocity_controller/parameter_updates
/rosout
/rosout_agg
/tf
robot@robot-pc:~/chapter_3_ws$
```

ROS 的主題清單

機器人的 Gazebo 視圖應如下：

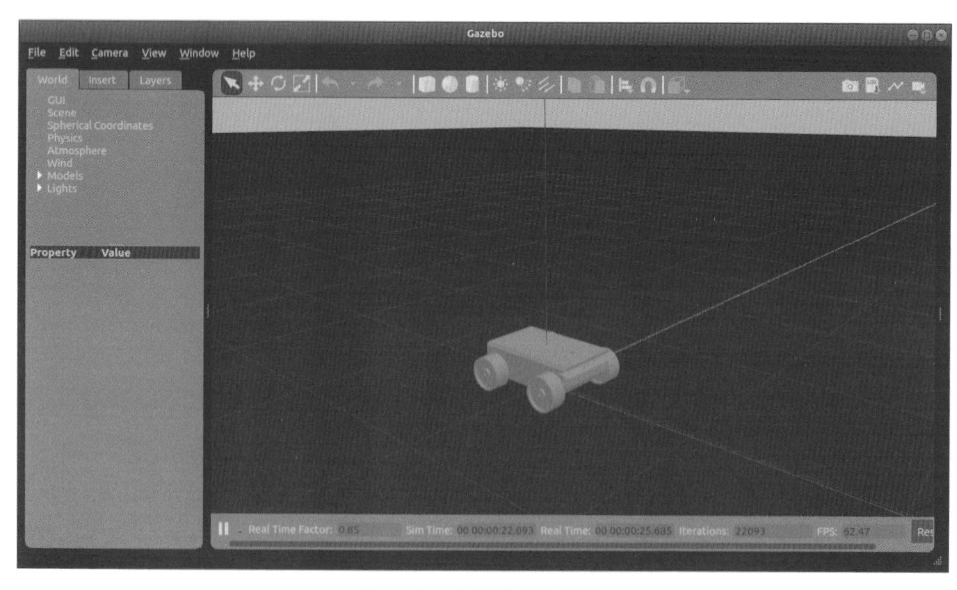

Gazebo 中的機器人基座

5. 啟動 `rqt_robot_steering` 節點讓機器人移動，如下：

```
$ rosrun rqt_robot_steering rqt_robot_steering
```

請在視窗中看看 `/robot_base_controller/cmd_vel` 這個主題。現在，慢慢拉動滑桿，看看機器人基座如何移動。

在測試機器人基座前，請參考本書 GitHub 的機器人 URDF 檔：*https://github.com/PacktPublishing/ROS-Robotics-Projects-SecondEdition/blob/master/chapter_3_ws/src/robot_description/urdf/robot_base.urdf.xacro*。

機器人基座完成了，現在，讓我們學習如何建置機械手臂。

開始建置機械手臂

現在，用 URDF 建置機器人基座，以及用 Gazebo 中視覺化呈現都沒問題了，讓我們開始建置機械手臂。我們可用類似的 URDF 方式來建置機械手臂，做法也差不多，只要從機器人基座的 URDF 稍微修改即可，讓我們看看如何逐步建置機械手臂。

機械手臂先決條件

建置機械手臂，需要下列條件：

- 一組可獨立運動的良好連結，具備一定的物理強度
- 一組良好的致動器，可帶動我們指定的負載
- 驅動控制

如果想要打造出真實的機械手臂，則基於應用要求，可能需要類似嵌入式架構及電子控制、致動器之間的即時通訊、電源管理系統，甚至還要一個不錯的端效器。如您所知，這些額外考量不在本書的範疇內。不過，本書目的是要用 ROS 模仿機械手臂，讓它在現實中也以相同的方式工作。現在，來看看機械手臂的規格吧。

機械手臂規格

在此，我們想要建置一台移動機械手，這台機械手臂不需要攜載上噸的負載。但事實上，此一機器人可能需要笨重的機械驅動器以及機械動力傳動系統，因而使其不容易裝在活動平台上。

務實起見，先考慮市場中工業用 cobot 所遵循的共用參數：

- 類型：5 DOF（自由度的簡寫）的機械手臂
- 負載：3 ～ 5 公斤內

現在，讓我們瞧瞧機械手臂運動學。

機械手臂運動學

機械手臂運動學與機器人基座的運動學稍微不同。您需要使 5 個不同致動器移到 5 個不同位置，才能讓機械手臂的前端移動到要求位置。數學建模遵循計算運動學的 **Denavit-Hartenberg**（**DH**）方法，DH 方法詳解不在本書範疇內，因此直接來看看運動學方程式比較實際。

手臂運動學方程式由一個 4 x 4 齊次變換矩陣所定義，該矩陣連接了相對於機器人基座座標系統的所有 5 支連結，以下所示：

$$T = \begin{matrix} C_1C_{234}C_5 + S_1S_5 & -C_1C_{234}S_5 + S_1C_5 & -C_1S_{234} & C_1(-d_5S_{234} + a_3C_{23} + a_2C_2) \\ C_1C_{234}C_5 - S_1S_5 & -S_1C_{234}S_5 - C_1C_5 & -S_1S_{234} & S_1(-d_5S_{234} + a_3C_{23} + a_2C_2) \\ -S_{234}C_5 & S_{234}S_5 & -C_{234} & d_1 - a_2S_2 - a_3S_{23} - d_5C_{234} \\ 0 & 0 & 0 & 1 \end{matrix}$$

在此，我們有下式：

$$C_{ijk} = \cos(q_i + qj + qk), S_{ijk} = \sin(q_i + qj + qk)$$

這是三角方程式，q_i 為旋轉軸法線（通常表示為 x_i）與旋轉軸（通常表示為 z_i）的角度，q_j 與 q_k 也一樣。d_i 為旋轉軸（z_i）與軸線原點（*i-1*）系統的距離，以及 a_i 為兩個連續旋轉軸之間的最短距離。

從前述齊次變換可知，第一個 3 x 3 元素代表夾具或工具的旋轉，底部橫列定義比例因子，以及工具的姿勢由其餘元素指定：

$$Tool_{pose} = \begin{matrix} C_1(-d_5 S_{234} + a_3 C_{23} + a_2 C_2) \\ S_1(-d_5 S_{234} + a_3 C_{23} + a_2 C_2) \\ d_1 - a_2 s_2 - a_3 s_{23} - d_5 C_{234} \end{matrix}$$

現在，讓我們瞧瞧軟體參數。

軟體參數

因此，如果把手臂視為黑盒子，手臂會根據各個致動器接到的指令來呈現某個給出姿勢。指令的形式可為位置、力 / 做功或速度指令，簡單示意如下：

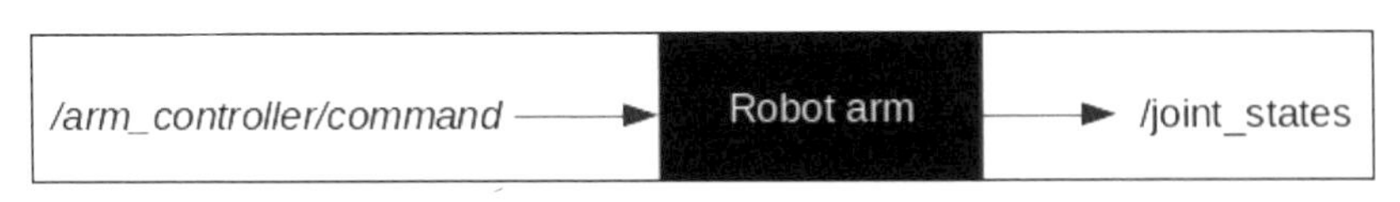

作為黑盒子的機械手臂

讓我們看看訊息的表示方式。

ROS 訊息格式

用來命令或控制機械手臂的 `/arm_controller/command` 主題屬於 `trajectory_msgs/JointTrajectory` 訊息格式。

此訊息結構請參考：*http://docs.ros.org/melodic/api/trajectory_msgs/html/msg/JointTrajectory.html*。

ROS 控制器

`joint_trajectory_controller` 使用於執行在指定關節清單上的關節空間軌跡。使用在控制器之 `follow_joint_trajectory` 名稱空間中的動作介面 `control_msgs::FollowJointTrajectoryAction` 把軌跡送到控制器。

更多關於此控制器的資訊請參考：*http://wiki.ros.org/joint_trajectory_controller*。

現在，讓我們學習如何建立機械手臂的模型。

建立機械手臂的模型

透過 ROS 建置好的機械手臂外觀如下圖：

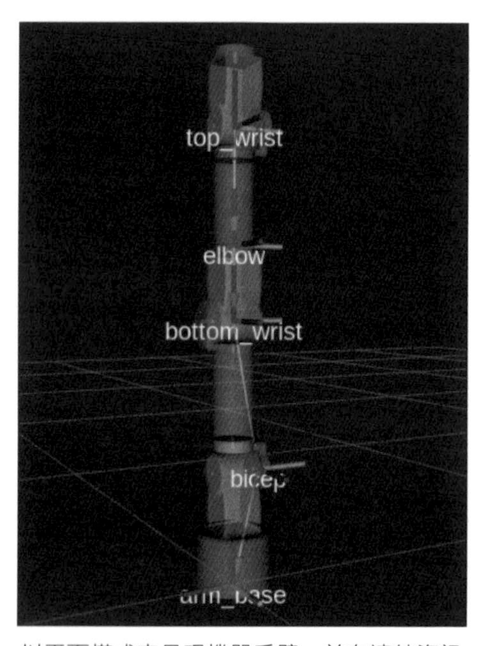

以平面模式來呈現機器手臂，並有連結資訊

所有必要解釋已在建立機器人基座模型這一段介紹過了，本節也採用相同方法，接著開始逐步建立機械手臂的模型。

初始化工作空間

我們會利用本章所建立的同一個工作空間（chapter_3_ws）來初始化工作空間。把下載的網格檔放到“建置機器人基座”這一段所建立的 meshes 資料夾中。現在，進入 urdf 資料夾且使用下列指令建立名為 robot_arm.urdf.xacro 的檔案：

```
$ cd ~/chapter3_ws/src/robot_description/urdf/
$ gedit robot_arm.urdf.xacro
```

初始化 XML 版本標籤及 <robot> 標籤如下，且開始逐步複製指定的 XML 程式碼到其中：

```
<?xml version="1.0"?>
 <robot xmlns:xacro="http://ros.org/wiki/xacro" name="robot_base" >

 </robot>
```

現在，工作空間已初始化完成，下一步要來定義連結。

定義連結

由於是逐個零件來定義機器人模型，將以下程式碼複製到 <robot> 標籤中（也就是在 <robot> 標籤之間）。請注意，在此將直接將 5 個連結都定義好，因為它們都包含座標資訊。讓我們詳細瞧瞧手臂基座的連結內容：

```
<link name="arm_base">
    <visual>
      <origin
        xyz="0 0 0"
        rpy="0 0 0" />
      <geometry>
        <mesh filename="package://robot_description/meshes/arm_base.stl" />
      </geometry>
      <material
        name="">
        <color
          rgba="0.79216 0.81961 0.93333 1" />
      </material>
    </visual>
</link>
```

請由本書 GitHub 找到其他已經定義好的連結：*https://github.com/PacktPublishing/ROS-Robotics-Projects-SecondEdition/blob/master/chapter_3_ws/src/robot_description/urdf/robot_arm.urdf.xacro*，例如 bicep、bottom_wrist、elbow 與 top_wrist。

您可嘗試用於各自有參數定義之 <visual> 及 <collision> 標籤的更多巨集，但是有些可能會讓初學者混淆。因此為了簡單起見，我們在本書中不會定義太多的巨集。如果您熟悉巨集的話，當然可以加入更多巨集來測試您的技能。

定義關節

我們把機械手臂的關節定義為旋轉式，該關節可在極限點之間自由轉動。由於本機械手臂的所有關節都是在極限之間運動且形式相同，因此將在先前建置機器人基座時所用的同一個 robot_essentials.xacro 檔中定義它們：

```
<xacro:macro name="arm_joint" params="prefix origin">

 <joint name="${prefix}_joint" type="continuous">
   <axis xyz="0 0 1"/>
   <parent link="arm_base"/>
   <child link="${prefix}_joint"/>
   <origin rpy="0 0 0" xyz="${origin}"/>
</joint>

</xacro:macro>
```

在 robot_arm.urdf.xacro 檔中，各關節的定義如下：

```
<xacro:arm_joint prefix="shoulder" parent="arm_base" child="bicep"
originxyz="-0.05166 0.0 0.20271" originrpy="0 0 1.5708"/>
 <xacro:arm_joint prefix="bottom_wrist" parent="bicep" child="bottom_wrist"
originxyz="0.0 -0.05194 0.269" originrpy="0 0 0"/>
 <xacro:arm_joint prefix="elbow" parent="bottom_wrist" child="elbow"
originxyz="0.0 0 0.13522" originrpy="0 0 0"/>
 <xacro:arm_joint prefix="top_wrist" parent="elbow" child="top_wrist"
originxyz="0.0 0 0.20994" originrpy="0 0 0"/>
```

現在檔案已經完整了，讓我們在 rviz 中視覺化且看看它是否符合之前的示意圖。請新開一個終端機，並輸入以下指令：

```
$ initros1
$ cd ~/chapter3_ws/
$ source devel/setup.bash
$ roscd robot_description/urdf/
$ roslaunch urdf_tutorial display.launch model:=robot_arm.urdf.xacro
```

加入機器人模型，在 **Global** 選項中把 **Fixed Frame** 設定為 arm_base。如果一切順利的話，應可看到機器人模型了。您可添加 tf 顯示器來看看是否與（以平面模式來呈現機器手臂，並有連結資訊）這張圖符合。將 gui 引數設定為 true 之後，您就能拉動滑桿來控制機器手臂了。

模擬機械手臂

前三個步驟用來定義 ROS 可了解的手臂 URDF 模型。有了 ROS 可了解的正確機器人模型之後，只要加入幾個標籤就能在 Gazebo 中觀看模型。先從定義碰撞開始。

定義碰撞

如前述，為了在 Gazebo 中機器人將視覺化呈現，需要加入 <collision> 標籤，以及定義於 <link> 標籤中的 <visual> 標籤。因此，只要指定連結中必要的視覺和慣性標籤即可：

- arm_base 連結加入以下內容：

```
<collision>
     <origin
       xyz="0 0 0"
       rpy="0 0 0" />
     <geometry>
      <mesh
filename="package://robot_description/meshes/arm_base.stl" />
     </geometry>
 </collision>

<inertial>
     <origin
       xyz="7.7128E-09 -0.063005 -3.01969999961422E-08"
       rpy="0 0 0" />
     <mass
       value="1.6004" />
     <inertia
       ixx="0.00552196561445819"
       ixy="7.9550614501301E-10"
       ixz="-1.34378458924839E-09"
```

```
        iyy="0.00352397447953875"
        iyz="-1.10071809773382E-08"
        izz="0.00553739792746489" />
</inertial>
```

- 其他連結的程式碼請參考：*https://github.com/PacktPublishing/ROS-Robotics-Projects-SecondEdition/blob/master/chapter_3_ws/src/robot_description/urdf/robot_arm.urdf.xacro*。

Gazebo 的屬性建立好之後，接著要建立機構。

定義致動器

現在要定義所有連結的致動器資訊。致動器巨集定義於 `robot_arm_essentials.xacro` 檔中，如下所示：

```
<xacro:macro name="arm_transmission" params="prefix ">

 <transmission name="${prefix}_trans" type="SimpleTransmission">
   <type>transmission_interface/SimpleTransmission</type>
   <actuator name="${prefix}_motor">
 <hardwareInterface>hardware_interface/PositionJointInterface</hardwareInter
face>
    <mechanicalReduction>1</mechanicalReduction>
   </actuator>
   <joint name="${prefix}_joint">
<hardwareInterface>hardware_interface/PositionJointInterface</hardwareInter
face>
   </joint>
 </transmission>

 </xacro:macro>
```

在機械手臂檔中這樣呼叫它們：

```
<xacro:arm_transmission prefix="arm_base"/>
<xacro:arm_transmission prefix="shoulder"/>
<xacro:arm_transmission prefix="bottom_wrist"/>
<xacro:arm_transmission prefix="elbow"/>
<xacro:arm_transmission prefix="top_wrist"/>
```

請由本書 GitHub 找到 `robot_arm_essentials.xacro` 檔：*https://github.com/PacktPublishing/ROS-Robotics-Projects-SecondEdition/blob/master/chapter_3_ws/src/robot_description/urdf/robot_arm_essentials.xacro*。

成功呼叫機構之後，接著要呼叫控制器來操作機構，使機器人動起來。

定義 ROS_CONTROLLERS

最後，我們需要移植用於建立 Gazebo 與 ROS 之通訊所需的外掛。請在先前所建立的 `gazebo_essentials_arm.xacro` 檔中再加一個控制器 `joint_state_publisher`：

```
<Gazebo>
     <plugin name="joint_state_publisher"
filename="libgazebo_ros_joint_state_publisher.so">
        <jointName>arm_base_joint, shoulder_joint, bottom_wrist_joint,
elbow_joint, bottom_wrist_joint</jointName>
     </plugin>
   </Gazebo>
```

`joint_state_publisher` 控制器（*http://wiki.ros.org/joint_state_publisher*）用來發佈機械手臂連結在空間中的狀態資訊。

請由本書 GitHub 找到 `gazebo_essentials_arm.xacro` 檔：*https://github.com/PacktPublishing/ROS-Robotics-Projects-SecondEdition/blob/master/chapter_3_ws/src/robot_description/urdf/gazebo_essentials_arm.xacro*。

現在，用於機器人的巨集和 Gazebo 外掛都定義好了，再來將它們加到機械手臂檔。只要在於機器人檔中的 `<robot>` 巨集標籤內增加以下兩行就完成了：

```
<xacro:include filename="$(find
robot_description)/urdf/robot_arm_essentials.xacro" />
  <xacro:include filename="$(find
robot_description)/urdf/gazebo_essentials_arm.xacro" />
```

讓我們建立 arm_control.yaml 檔且定義手臂控制器的設定：

```
$ cd ~/chapter3_ws/src/robot_description/config/
$ gedit arm_control.yaml'
```

現在，複製下列程式碼到檔案中：

```
arm_controller:
    type: position_controllers/JointTrajectoryController
    joints:
      - arm_base_joint
      - shoulder_joint
      - bottom_wrist_joint
      - elbow_joint
      - top_wrist_joint
    constraints:
      goal_time: 0.6
      stopped_velocity_tolerance: 0.05
      hip: {trajectory: 0.1, goal: 0.1}
      shoulder: {trajectory: 0.1, goal: 0.1}
      elbow: {trajectory: 0.1, goal: 0.1}
      wrist: {trajectory: 0.1, goal: 0.1}
    stop_trajectory_duration: 0.5
    state_publish_rate: 25
    action_monitor_rate: 10
/gazebo_ros_control:
    pid_gains:
      arm_base_joint: {p: 100.0, i: 0.0, d: 0.0}
      shoulder_joint: {p: 100.0, i: 0.0, d: 0.0}
      bottom_wrist_joint: {p: 100.0, i: 0.0, d: 0.0}
      elbow_joint: {p: 100.0, i: 0.0, d: 0.0}
      top_wrist_joint: {p: 100.0, i: 0.0, d: 0.0}
```

robot_base 模型已經完成了，在 Gazebo 中測試它吧。

測試機械手臂

測試機器人基座時，請參考本書 GitHub 上的機器人 URDF 檔 *https://github.com/PacktPublishing/ROS-Robotics-Projects-SecondEdition/blob/master/chapter_3_ws/src/robot_description/urdf/robot_arm.urdf.xacro*。

機械手臂的模型完成之後，來看看手臂如何運動吧。請根據以下步驟來操作：

1. 建立生成機械手臂及其控制器的啟動檔。現在，進入 `launch` 資料夾且建立下列啟動檔：

   ```
   $ cd ~/chapter3_ws/src/robot_description/launch
   $ gedit arm_gazebo_control_xacro.launch
   ```

   現在，複製以下程式碼於其中：

   ```
   <?xml version="1.0"?>
   <launch>

   <param name="robot_description" command="$(find xacro)/xacro --
   inorder $(find robot_description)/urdf/robot_arm.urdf.xacro" />
     <include file="$(find gazebo_ros)/launch/empty_world.launch"/>
     <node name="spawn_urdf" pkg="gazebo_ros" type="spawn_model"
   args="-param robot_description -urdf -model robot_arm" />
     <rosparam command="load" file="$(find
   robot_description)/config/arm_control.yaml" />
     <node name="arm_controller_spawner" pkg="controller_manager"
   type="controller_manager" args="spawn arm_controller"
   respawn="false" output="screen"/>
     <rosparam command="load" file="$(find
   robot_description)/config/joint_state_controller.yaml" />
     <node name="joint_state_controller_spawner"
   pkg="controller_manager" type="controller_manager" args="spawn
   joint_state_controller" respawn="false" output="screen"/>
     <node name="robot_state_publisher" pkg="robot_state_publisher"
   type="robot_state_publisher" respawn="false" output="screen"/>

   </launch>
   ```

2. 執行以下指令來視覺化呈現機器人：

```
$ initros1
$ roslaunch robot_description arm_gazebo_control_xacro.launch
```

打開另一個終端機並輸入 rostopic list 指令，可看到必要的 ROS 主題：

```
$ initros1
$ rostopic list
```

3. 輸入以下指令來移動手臂：

```
$ rostopic pub /arm_controller/command
trajectory_msgs/JointTrajectory '{joint_names: ["arm_base_joint",
"shoulder_joint", "bottom_wrist_joint", "elbow_joint",
"top_wrist_joint"], points: [{positions: [-0.1,
0.210116830848170721, 0.022747275919015486, 0.0024182584123728645,
0.00012406874824844039], time_from_start: [1.0,0.0]}]}'
```

後續章節將說明如何不發佈數值也能驅動機器手臂。下一段將介紹如何設定移動機械手。

通通組合起來

現在，您已成功建立機器人基座及機械手臂以及在 Gazebo 中模擬它們。現在只差一步，移動機械手模型就完成了。

建立移動機械手的模型

使用 xacro 就能輕易連接基座與機器手臂。在建立最終 URDF 之前，讓我們了解在「成功啟動 Gazebo」這張圖的意義。手臂需要連接至基座，這是我們的目標。因此，現在要做是把機械手臂的 arm_base_link 連接至機器人基座的 base_link。請建立名為 mobile_manipulator.urdf.xacro 檔案，並複製下列程式碼於其中：

```
<?xml version="1.0"?>

<robot xmlns:xacro="http://ros.org/wiki/xacro" name="robot_base" >
```

```
<xacro:include filename="$(find
robot_description)/urdf/robot_base.urdf.xacro" />
<xacro:include filename="$(find
robot_description)/urdf/robot_arm.urdf.xacro" />

<xacro:arm_joint prefix="arm_base_link" parent="base_link" child="arm_base"
originxyz="0.0 0.0 0.1" originrpy="0 0 0"/>

</robot>
```

請用以下指令在 rviz 中查看模型，這與查看機器人基座及機械手臂的方式相同：

```
$ cd ~/chapter_3_ws/
$ source devel/setup.bash
$ roslaunch urdf_tutorial display.launch model:=mobile_manipulator.urdf
```

rviz 畫面看起來如下：

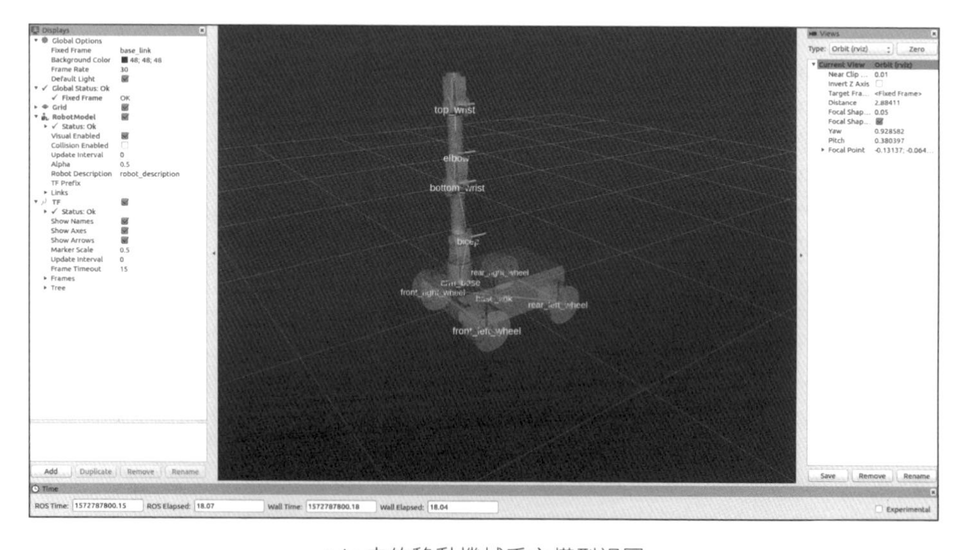

rviz 中的移動機械手之模型視圖

現在來模擬模型。

模擬及測試移動機械手

建立以下啟動檔：

```
$ cd ~/chapter3_ws/src/robot_description/launch
$ gedit mobile_manipulator_gazebo_control_xacro.launch
```

現在，複製以下內容到檔案中：

```
<?xml version="1.0"?>
<launch>

<param name="robot_description" command="$(find xacro)/xacro —inorder
$(find robot_description)/urdf/mobile_manipulator.urdf" />
  <include file="$(find gazebo_ros)/launch/empty_world.launch"/>
  <node name="spawn_urdf" pkg="gazebo_ros" type="spawn_model" args="-param
robot_description -urdf -model mobile_manipulator" />
  <rosparam command="load" file="$(find
robot_description)/config/arm_control.yaml" />
  <node name="arm_controller_spawner" pkg="controller_manager"
type="controller_manager" args="spawn arm_controller" respawn="false"
output="screen"/>
  <rosparam command="load" file="$(find
robot_description)/config/joint_state_controller.yaml" />
  <node name="joint_state_controller_spawner" pkg="controller_manager"
type="controller_manager" args="spawn joint_state_controller"
respawn="false" output="screen"/>
  <rosparam command="load" file="$(find
robot_description)/config/control.yaml" />
  <node name="base_controller_spawner" pkg="controller_manager"
type="spawner" args="robot_base_joint_publisher
robot_base_velocity_controller"/>
  <node name="robot_state_publisher" pkg="robot_state_publisher"
type="robot_state_publisher" respawn="false" output="screen"/>

</launch>
```

執行以下指令來視覺化呈現機器人：

```
$ initros1
$ cd ~/chapter_3_ws
$ source devel/setup.bash
$ roslaunch robot_description mobile_manipulator_gazebo_xacro.launch
```

移動基座與手臂看看，作法如先前各節所示。有些匯入與移動機器人的方式可能還不錯，但是其他的效果就不一定了。顯然，它們會顫抖晃動且動起來的效果很差，不過這只是因為控制器沒有調整好而已。

總結

本章了解了如何用 ROS 並搭配 Gazebo 來定義、建模及模擬機器人，並通過 Gazebo 的外掛來定義機器人的物理屬性。本章首先建立了機器人基座、5 個自由度的機械手臂，最後把它們裝在一起來完成一台移動機械手。我們在 Gazebo 中模擬機器人以了解如何在 ROS 中來定義一個機器人應用。本章有助於我們了解機器人的工業用途。

有一定的理解之後，下一章要來看看機器人可如何處理複雜任務，以及如何在 ROS 中建立這樣的機器人應用，還能 Gazebo 中進行模擬。

4

使用狀態機處理複雜的機器人任務

為了執行應用程式所要求的任何動作，機器人實際上是一台能夠了解環境的機器。它們通過各種感測器非常詳盡地感測環境，之後，它們藉由運算系統來運算邏輯且轉換成必要的控制動作。為了更貼近實際應用，它們在進行這類邏輯運算時也會一併考量到影響其動作的其他因素。

本章將介紹狀態機如何有助於機器人技術及 ROS。您將了解狀態機的基礎、認識像是 actionlib 之回饋機構來處理任務的工具、以及稱為 executive_smach 的 ROS 狀態機套件。還會介紹用到了 actionlib 與狀態機的範例，這有助於使用前一章建立的機器人來達成下一章的工業級應用。

本章主題如下：

- ROS 動作簡介
- 服務員機器人比喻
- 狀態機簡介
- SMACH 簡介
- 開始使用 SMACH 範例

技術要求

本章技術要求如下：

- 在 Ubuntu 18.04 系統上安裝的 ROS Melodic Morenia，並預先安裝 Gazebo 9
- ROS 套件：包含 `actionlib`、`smach`、`smach_ros`、與 `smach_viewer`
- 時間軸及測試平台：
  - **估計學習時間**：平均約 100 分鐘
  - **專案建置時間（包含編譯與執行時間）**：平均約 45 分鐘
  - **專案測試平台**：HP Pavilion 筆記型電腦（Intel® Core ™ i7-4510U CPU @ 2.00 GHz、8 GB 記憶體與 64 位元作業系統、GNOME-3.28.2）

本章範例程式碼請由此取得：*https://github.com/PacktPublishing/ROS-robotics-Projects-SecondEdition/tree/master/chapter_4_ws/src*。

先從認識 ROS 動作開始吧！

ROS 動作簡介

本段先從一個範例開始。假設有一個餐廳使用機器人作為服務員協助送餐給顧客。比如，顧客就座後會按下桌上的按鈕來呼叫服務員。服務員機器人了解此呼叫且導航到餐桌、取得顧客的訂單、走到廚房把訂單交給廚師，並在食物備妥時輸送食物給顧客。因此，機器人任務是要導航到顧客所在地、取得訂單、走到廚房和帶著食物回到顧客。

傳統的方法是定義對於個別任務有多個功能的腳本，通過一系列的條件或 case 語法將它們組合在一起，最後執行這個程式。但程式有時可按預期工作，有時卻做不到。來看看一下實際限制：如果機器人前面有人擋住它呢？如果機器人的電池下降導致無法準時送達食物或者是取得顧客訂單，使得顧客失望離開餐廳，怎麼辦？這些機器人行為會因為程式碼的冗餘性及複雜度而不一定都能用腳本達成，不過用狀態機卻有機會做到。

以先前的服務員機器人範例，機器人需要在取得顧客訂單之後導航到各個不同的位置。在導航時，機器人導航可能被來回走動的人干擾。一開始，避障演算法可協助機器人避開人們，但是過了一段時間，機器人就有可能無法完成目標。這有可能是因為機器人卡在一個不斷想要避開人們的迴圈中。在此情況下，機器人事實上必須在沒有任何回饋機制下到達目標，這也是它卡在這個想到達到目的地的迴圈之中的原因。這很耗時間，且可能無法準時將食物送到顧客。為了避免此情況，可使用 ROS 的動作概念（action，*http://wiki.ros.org/actionlib*）。ROS 動作為一種用於達成耗時或目標導向行為的 ROS 實作。只要多下一點功夫，就能知道它用於複雜系統不但更有彈性，而且威力驚人，後續段落會介紹其運作方式。

用戶端 - 伺服端概念

ROS 動作遵循用戶端 - 伺服端概念，如下圖。用戶端負責送出控制訊號，而伺服端會監聽控制訊號且提供必要回饋：

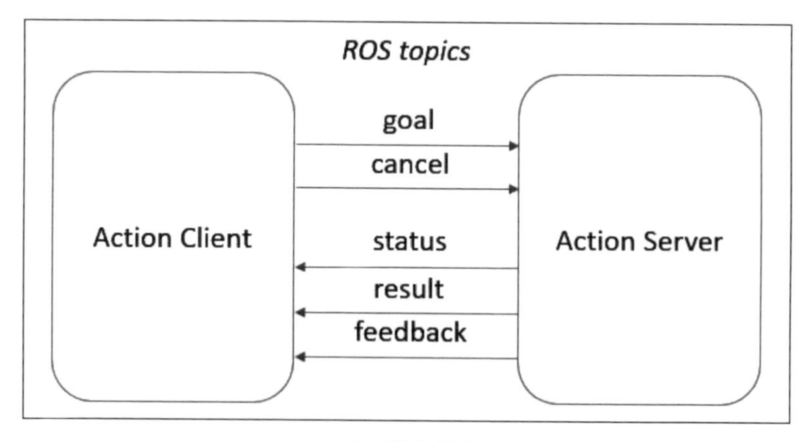

ROS 動作概念

用戶端節點與伺服端節點經由建置在 ROS 訊息上面的 ROS 動作協定來通訊。用戶端節點會送出目標或目標清單或取消所有目標，而伺服端應用會送回目標狀態、目標完成後的結果、並回饋關於達成或取消目標的周期性資訊。讓我們以範例來了解這些細節吧。

actionlib 範例 - 機械手臂用戶端

回顧前一章的機械手臂 Gazebo 範例：

```
$ roslaunch robot_description mobile_manipulator_gazebo_xacro.launch
```

現在，在另一終端機中運行 `$ rostopic list` 指令，看到了什麼有趣的事嗎？請看以下畫面：

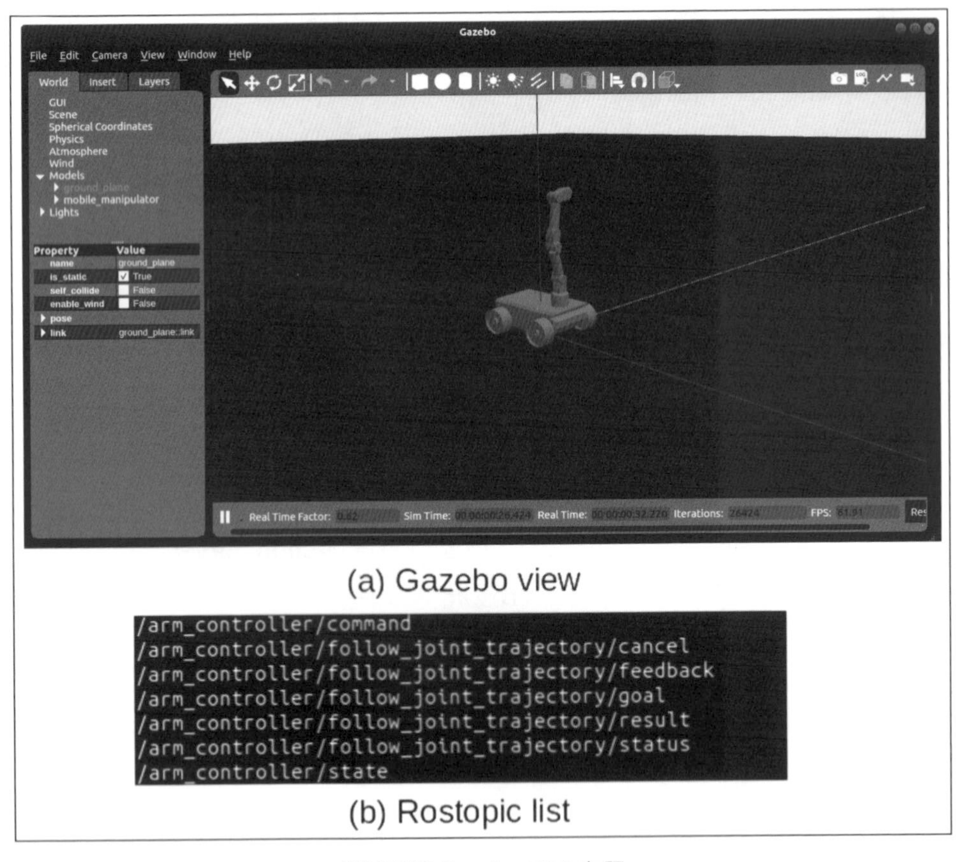

機械手臂 Gazebo ROS 主題

有看到以 `/goal`、`/cancel`、`/result`、`/status` 及 `/feedback` 結尾的主題清單嗎？這就是 ROS 動作的實作。

joint_trajectory_controller 可對一連串指定關節執行其關節空間軌跡。給控制器的軌跡是透過用在控制器之 follow_joint_trajectory 名稱空間之 control_msgs::FollowJointTrajectoryAction 動作介面所送出的。

FollowJointTracjectoryAction 為 position_controllers/JointTrajectoryController 的結果，也稱為 arm_controller 外掛。

關於關節軌跡控制器的更多資訊請參考：*http://wiki.ros.org/joint_trajectory_controller*。FollowJointTrajectoryAction 的定義請參考：*http://docs.ros.org/api/control_msgs/html/action/FollowJointTrajectory.html*。

作為 arm_controller 外掛呼叫的結果，FollowJointTrajectory 動作伺服端已被實作為 Gazebo 節點的一部份。您可看到以 /result、/status 及 /feedback 結尾的主題被 Gazebo 節點（就是機器人）發佈，且以 /goal 及 /cancel 結尾的主題來讓機器人訂閱。因此，為了移動機械手臂，我們需要送出目標給已被實作的動作伺服端。讓我們學習如何經由動作用戶端實作送出目標給機械手臂。瞧瞧動作用戶端實作的以下功能：

- 在進入程式碼之前，請用下列指令建立 chapter_4_ws 工作空間及手臂用戶端套件：

```
$ initros1
$ mkdir -p /chapter_4_ws/src
$ cd ~/chapter_4_ws/src
$ catkin_init_workspace
$ catkin_create_pkg arm_client
$ cd ~/chapter_4_ws/src/arm_client
```

- 完整程式碼請由此取得：*https://github.com/PacktPublishing/ROS-Robotics-Projects-SecondEdition/blob/master/chapter_4_ws/src/battery_simulator/src/arm_action_client.py*。下載該檔且放入資料夾，使用 $ chmod +x 指令授予 root 權限，再用 $ catkin_make 指令來編譯工作空間。

現在把程式碼分解成數個區塊來了解它。以下程式碼為使用 ROS 函式、動作函式庫和 ROS 訊息的必要匯入語法：

```
import rospy
import actionlib
from std_msgs.msg import Float64
from trajectory_msgs.msg import JointTrajectoryPoint
from control_msgs.msg import JointTrajectoryAction, JointTrajectoryGoal,
FollowJointTrajectoryAction, FollowJointTrajectoryGoal
```

在主程式中，初始化節點及用戶端且送出目標。範例中使用 `SimpleActionClient`。呼叫伺服端名稱 `arm_controller/follow_joint_trajectory`，這是 `ros_controller` 外掛及其訊息類型的結果。隨後，等待伺服端的回應。一旦收到回應，就執行 `move_joint` 函式：

```
if __name__ == '__main__':
   rospy.init_node('joint_position_tester')
   client =
actionlib.SimpleActionClient('arm_controller/follow_joint_trajectory',
FollowJointTrajectoryAction)
   client.wait_for_server()
   move_joint([-0.1, 0.210116830848170721, 0.022747275919015486,
0.0024182584123728645, 0.00012406874824844039])
```

`move_joint()` 函式接受和關節的角度值且送出作為機械手臂的軌跡。還記得在上一章中，我們發佈一些資訊給 `/arm_controller/follow_joint_trajectory/command` 主題。我們需要經由 `FollowJointTrajectoryGoal()` 訊息來傳遞同一個資訊，這需要 `joint_names`、點 (即，關節值)、以及移動關節到指定軌跡的時間：

```
def move_joint(angles):
    goal = FollowJointTrajectoryGoal()
    goal.trajectory.joint_names = ['arm_base_joint',
'shoulder_joint','bottom_wrist_joint' ,'elbow_joint', 'top_wrist_joint']
    point = JointTrajectoryPoint()
    point.positions = angles
    point.time_from_start = rospy.Duration(3)
    goal.trajectory.points.append(point)
```

以下程式碼可經由用戶端送出目標。此函式會持續送出目標直到目標完成為止。在此也可定義時限，並等待直到超過時限為止：

```
client.send_goal_and_wait(goal)
```

`SimpleActionClient` 實作的前述範例一次只支援一個目標。對使用者而言，這個包裹器應該相當易用。

請根據以下步驟來測試上述程式碼：

1. 在終端機中，使用以下指令啟動機器人 Gazebo 檔：

```
$ cd ~/chapter_3_ws/
$ source devel/setup.bash
$ roslaunch robot_description mobile_manipulator_gazebo_xacro.launch
```

2. 在另一終端機中，請輸入以下指令來執行動作用戶端檔並查看機械手臂運動：

```
$ cd ~/chapter_4_ws/
$ source devel/setup.bash
$ rosrun arm_client arm_action_client.py
```

應可看到手臂移到指定位置了。

關於此實作的更多資訊請參考：*https://docs.ros.org/melodic/api/actionlib/html/classactionlib_1_1SimpleActionClient.html#_details*。

現在，讓我們瞧瞧另一個範例。

actionlib 範例 - 電池模擬器之伺服端 - 用戶端

上一個範例中實作了一個可對伺服端發送目標的用戶端，它已被實作為 Gazebo 外掛之一部份。在此範例中，試試看從頭開始實作 ROS 動作吧。請根據以下步驟來建立 ROS 動作：

1. 建立套件以及在其內建立稱為 action 的資料夾。
2. 建立有目標、結果及回饋的動作檔。
3. 修改套件檔且編譯套件。
4. 定義伺服端。
5. 定義用戶端。

以電池模擬器為例，當您啟動機器人時，機器人依靠電池供電，經過一段時間後最終會沒電，時間快慢則根據電池類型而定。讓我們使用伺服端 - 用戶端實作來模擬同樣的情節。模擬器為伺服端且會在機器人上電時被初始化。用戶端會根據電池伺服端為充電或放電來改變電池狀態（也是充電或放電）。接著來看實作 ROS 動作所需的步驟。

建立套件與其中的 action 資料夾

在已建立的工作空間 chapter_4_ws/src 中，使用以下指令建立稱為 battery_simulator 的套件：

```
$ cd ~/chapter_4_ws/src
$ catkin_create_pkg battery_simulator actionlib std_msgs
```

現在，進入工作空間且建立稱為 action 的資料夾：

```
$ cd ~/chapter_4_ws/src/battery_simulator/
$ mkdir action
```

這個 action 資料夾就是後續定義動作檔的地方。

建立有目標、結果及回饋的動作檔

建立名為 battery_sim.action 的動作檔：

```
$ gedit battery_sim.action
```

在其中加入以下內容：

```
#goal
bool charge_state
#result
string battery_status
#feedback
float32 battery_percentage
```

在此，可看到目標、結果和回饋都按階層定義好了，並用三個 --- 隔開。

修改套件檔且編譯套件

為了使套件能了解動作定義且便於使用，我們需要修改 package.xml 和 CMakeLists.txt 檔。在 package.xml 檔中，確保以下數行程式碼可用來呼叫動作套件。若否，則加上：

```
<build_depend>actionlib_msgs</build_depend>
<exec_depend>actionlib_msgs</exec_depend>
```

在 CMakeLists.txt 檔中，在 add_action_files() 呼叫中加入動作檔：

```
add_action_files(
DIRECTORY action
FILES battery_sim.action
)
```

以上內容可以註解掉，也可以去掉註解並加上它們，只要把這幾行複製貼上到 CMakeLists.txt 檔中即可。

指定 generate_messages() 呼叫的相依套件：

```
generate_messages(
DEPENDENCIES
actionlib_msgs
std_msgs
)
```

指定 `catkin_package()` 呼叫的相依套件：

```
catkin_package(
CATKIN_DEPENDS
actionlib_msgs
)
```

現在套件都設定好了，來編譯工作空間吧：

```
$ cd ~/chapter_4_ws
$ catkin_make
```

應可看到下列的檔案清單：

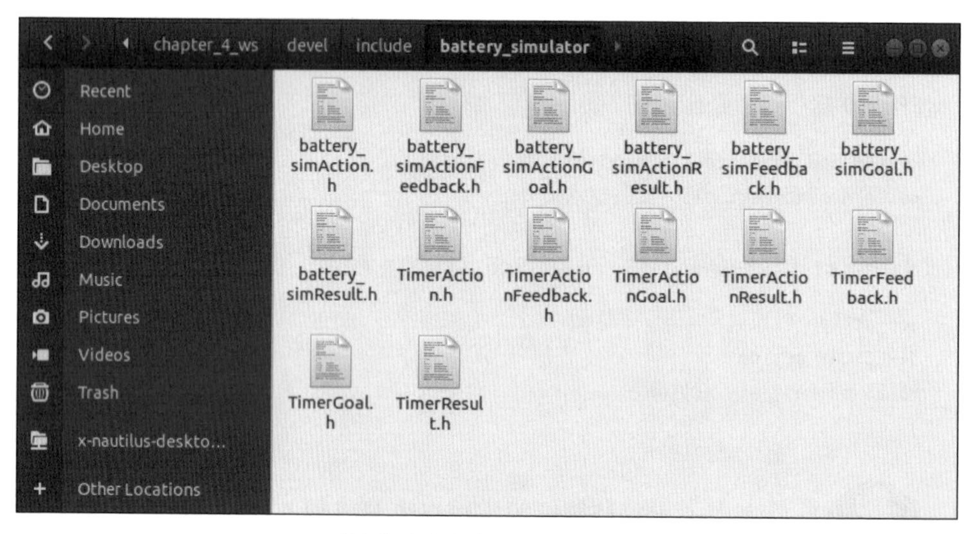

動作訊息的編譯及動作檔清單

在程式碼中使用這些檔案作為訊息結構，接著來定義伺服端及用戶端。

定義伺服端

本段要來定義伺服端。讓我們看看用於伺服端的程式碼，會介紹必要的匯入語法。

完整程式碼請參考本書 github：*https://github.com/PacktPublishing/ROS-Robotics-Projects-SecondEdition/blob/master/chapter_4_ws/src/battery_simulator/src/battery_sim_server.py*。

請注意在此已啟動了多執行緒，並呼叫了來自 `battery_simulator` 套件的必要 `actionlib` 訊息：

```
#! /usr/bin/env python

import time
import rospy
from multiprocessing import Process
from std_msgs.msg import Int32, Bool
import actionlib
from battery_simulator.msg import battery_simAction, battery_simGoal,
battery_simResult, battery_simFeedback
```

在主函式中初始化節點和伺服端的 `battery_simulator` 並啟動伺服端。為了讓伺服端保持啟動及運行，在此會用到 `rospy.spin()`：

```
if __name__ == '__main__':
rospy.init_node('BatterySimServer')
server = actionlib.SimpleActionServer('battery_simulator',
battery_simAction, goalFun, False)
server.start()
rospy.spin()
```

伺服端會呼叫 `goalFun()` 函式來平行啟動 `batterySim()` 函式。在此假設來自用戶端的目標為布林值。因此如果收到的目標值為 0，代表電池處於放電狀態，如果為 1 則是充電狀態。為了便於使用，會設定 ROS 參數以便開始或停止充電：

```
def goalFun(goal):
  rate = rospy.Rate(2)
  process = Process(target = batterySim)
  process.start()
  time.sleep(1)
  if goal.charge_state == 0:
  rospy.set_param("/MyRobot/BatteryStatus",goal.charge_state)
```

```
    elif goal.charge_state == 1:
    rospy.set_param("/MyRobot/BatteryStatus",goal.charge_state)
```

batterySim() 函式會檢查該參數值，並根據收到的 charge_state 目標值來執行對應的電池電力的遞增或遞減程式：

```
def batterySim():
  battery_level = 100
  result = battery_simResult()
  while not rospy.is_shutdown():
  if rospy.has_param("/MyRobot/BatteryStatus"):
    time.sleep(1)
    param = rospy.get_param("/MyRobot/BatteryStatus")
    if param == 1:
      if battery_level == 100:
        result.battery_status = "Full"
        server.set_succeeded(result)
        print "Setting result!!!"
        break
      else:
        print "Charging...currently, "
        battery_level += 1
        print battery_level
        time.sleep(4)
    elif param == 0:
      print "Discharging...currently, "
      battery_level -= 1
      print battery_level
      time.sleep(2)
```

如果充電滿了，則使用 server.set_succeeded(result) 函式將結果設定為成功。現在，來定義用戶端。

定義用戶端

伺服端定義完成之後，就可透過用戶端對伺服端賦予適當的目標，在 *actionlib* 範例 - 機械手臂用戶端這一段已經談過了，您現在應該已經不陌生才對。讓我們建立 battery_sim_client.py 檔並加入以下內容：

```
#! /usr/bin/env python

import sys
import rospy
from std_msgs.msg import Int32, Bool
import actionlib
from battery_simulator.msg import battery_simAction,
battery_simGoal, battery_simResult

def battery_state(charge_condition):
  goal = battery_simGoal()
  goal.charge_state = charge_condition
  client.send_goal(goal)

if __name__ == '__main__':
  rospy.init_node('BatterySimclient')
  client = actionlib.SimpleActionClient('battery_simulator',
battery_simAction)
  client.wait_for_server()
  battery_state(int(sys.argv[1]))
  client.wait_for_result()
```

我們將充電狀態作為引數來接收，並在充電或放電時把對應的目標發送給伺服端。主函式中的用戶端宣告會明確要收發目標的伺服端。在此會等待它的回應且送出必要的目標。

現在，我們自己的 ROS 動作已經實作完成了，來看看 battery_simulator 如何運作：

- 在第一終端機啟動 $ roscore。
- 在第二終端機中，使用以下指令啟動伺服端：

```
$ cd ~/chapter_4_ws/
$ source devel/setup.bash
$ rosrun battery_simulator battery_sim_server.py
```

- 在第三終端機中，使用以下指令啟動用戶端：

```
$ cd ~/chapter_4_ws/
$ source ~/chapter_4_ws/devel/setup.bash
$ roslaunch battery_simulator battery_sim_client.py 0
```

您可看到電池資訊以 ROS log 格式顯示出來。將狀態改為 1 並再次執行節點，可看到電池正在充電。

現在，讓我們根據先前的範例來回顧服務員機器人比喻。

服務員機器人比喻

本段以服務員機器人比喻讓您更加了解狀態機。請看以下設置：

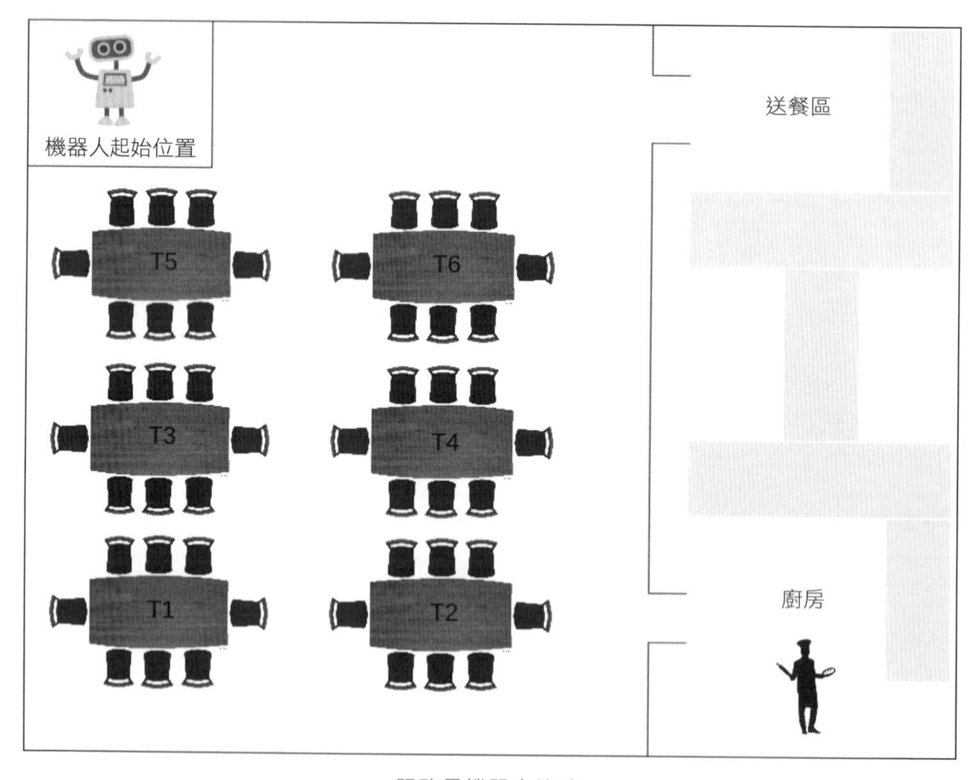

服務員機器人比喻

讓我們深入了解且列出機器人需要做到哪些任務：

- 導航到餐桌（T1、T2、…、及 T6，如前圖所示）。
- 從顧客取得訂單。
- 走到廚房（以及必要時與廚師確認）。
- 把食物帶到顧客（從輸送區，如前圖所示）。

機器人可在餐廳中自主地導航，並根據顧客入座的桌次來到達顧客位置。在此過程中，機器人通過已建立的地圖來取得必要的資訊，例如桌子、輸送、廚房、儲藏室及充電區的位置。一旦機器人到達桌子，假設機器人是通過與基於語音之互動結合的觸控互動系統從顧客取得訂單。

一旦收到訂單，機器人通過中央管理系統送出訂單到廚房。一旦廚房確認收到訂單，機器人走到輸送位置且等待要輸送的食物。如果訂單沒有被廚房確認，機器人就會走到廚房且與廚師確認訂單。一旦食物備妥，機器人從輸送位置取得食物且輸送到特定顧客桌子。一旦輸送完成，機器人會走到待命位置或充電。這整件事的虛擬碼如下：

```
table_list = (table_1, table_2,....)
robot_list = (robot_1, robot_2,....)
locations = (table_location, delivery_area, kitchen, store_room,
charging_area, standoff)

customer_call = for HIGH in [table_list], return table_list(i) #return
table number
customer_location = customer_call(table_list)

main ():
 while customer_call is "True"
   navigate_robot(robot_1, customer_location)
   display_order()
   accept_order()
   wait(60) # wait for a min for order acceptance from kitchen
   if accept_order() is true
      navigate_robot(robot_1, delivery_area)
   else
      navigate_robot(robot_1, kitchen)
```

```
        inform_chef()
        wait(10)
    wait_for_delivery_status()
    pick_up_food()
    navigate_robot(robot_1, customer_location)
    deliver_food()
```

這段虛擬碼可根據特定函式呼叫來依序完成所有任務。但如果偏偏不想照著順序來做事，該怎麼辦呢？例如，如果機器人需要掌控電池使用量並進行必要的任務，則前述 main() 函式可進入另一條件區塊中來監控電池狀態，並在電池狀態小於臨界值時讓機器人導航到 charging_area 區。

但是，如果機器人偏偏是在送餐時進入低電池狀態怎辦？它可能會帶著食物進入充電站而不是走到顧客桌子。或者在料理食物期間，機器人能在送餐與充電之前先預測電池狀態。更糟糕的話，它可呼叫有空且電力足以送餐的另一個機器人來幫忙。開發這類型的腳本日益複雜，根本是開發人員的惡夢。反之，我們需要的是能用標準方式來實作此類複雜行為的簡單方法，還能做到同時診斷、除錯與執行各種任務。這類實作都是通過狀態機來完成。

下一段可帶您進一步了解狀態機。

狀態機簡介

狀態機為是把問題分解成較小運算和流程區塊之圖形化表達方式。這些較小的運算是以串聯或並聯來彼此溝通，並按照某種次序來完成當前問題。狀態機為計算機科學的基本概念，並已用於解決各種複雜系統，但作法中以視覺化方法來解決問題的佔比相較於編寫程式來得高。

服務員機器人比喻以狀態機來呈現，如下：

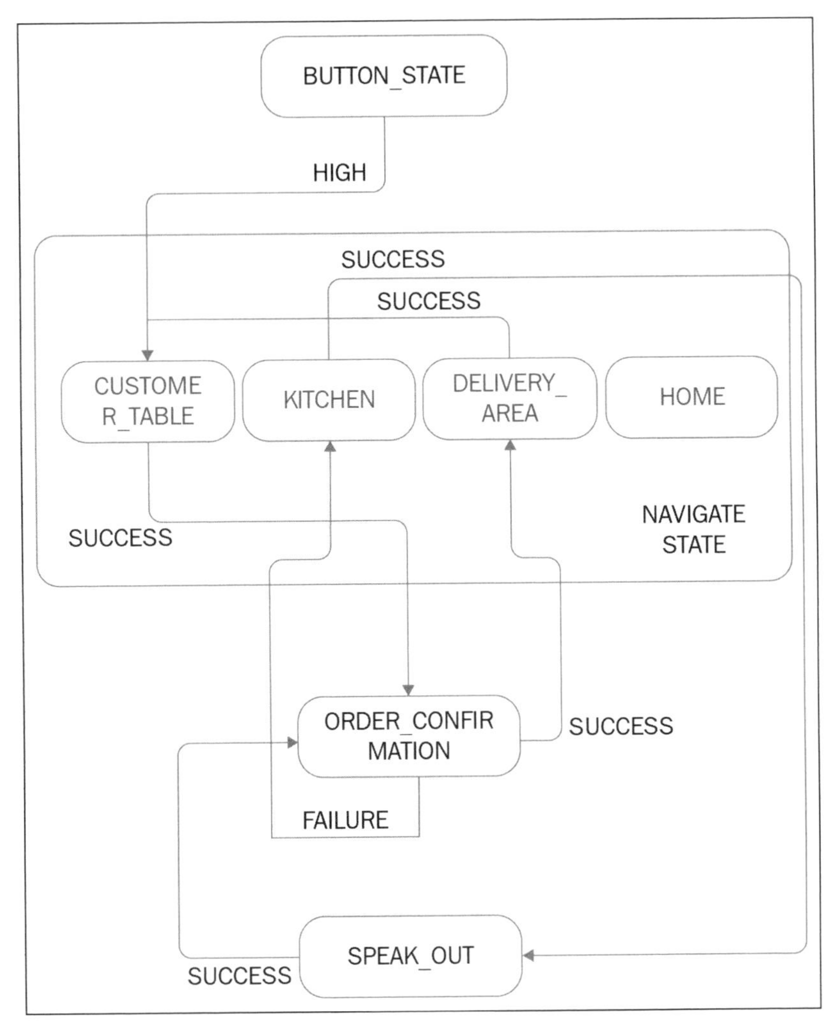

服務員機器人比喻的狀態機

圓形元件代表機器人的狀態。這些狀態可讓機器人身處其中，並執行特定動作來完成這個狀態。連接圓圈的線稱為邊（edge），代表狀態的轉移。線上的數值或敘述是用來表示該狀態為完成、未完成或進行中。

以上簡單敘述只是幫助您了解狀態機，而不是這個機器人範例的完整表達。當顧客按下按鈕時，會轉移到 navigation_state 這個狀態。如您所見，navigation_state 內部有定義為 CUSTOMER_table、kitchen、delivery_area 及 home 的其他狀態。後續段落會介紹如何簡化與定義它們。機器人到達 CUSTOMER_table 之後會展示訂單、取得訂單（上圖中未呈現出來）、等待廚師確認訂單（order_confirmation 狀態）。如果 SUCCESS，機器人將導航到 DELIVERY_AREA，否則會導航到 kitchen 且通過 speak_out 狀態發出聲音來要求確認訂單。如果 success，機器人將走到 delivery_area 取得訂單，並送餐到 CUSTOMER_table。

在下一個段落中會了解 SMACH。

SMACH 簡介

SMACH（發音為 smash）是一個 Python 函式庫，用於處理複雜的機器人行為。它是用來建置階層式或平行狀態機的獨立 Python 工具。儘管它的核心是獨立於 ROS，但其包裹器是在 smach_ros 套件（*http://wiki.ros.org/smach_ros?distro=melodic*）中實作，以便透過動作、服務及主題來與 ROS 系統整合。SMACH 在能夠明確地描述機器人行為及動作（例如上述的服務員機器人狀態機）時最為有用。在操作與定義狀態機方面，SMACH 是一套簡潔好用的工具，與 ROS 動作組合之後的威力更是強大。這樣的組合有助於建置更複雜的系統。現在來仔細查看其中一些概念來更深入了解 SMACH。

SMACH 概念

SMACH 的底層核心相當輕量化，並有良好的記錄及公用程式功能。它有兩個基本介面：

- **狀態**：狀態代表您希望機器人所展現出的行為，簡單來說就是執行某個動作。執行動作的結果是一些可能的產出。在 ROS 中，行為或動作是定義於 execute() 函式中，它會一直執行直到回傳一個產出為止。
- **容器**：容器為多個狀態的集合。它們會實作一個執行策略（可為階層式）、一次執行一個以上的狀態（平行）或讓狀態持續執行一段時間（遞迴）：

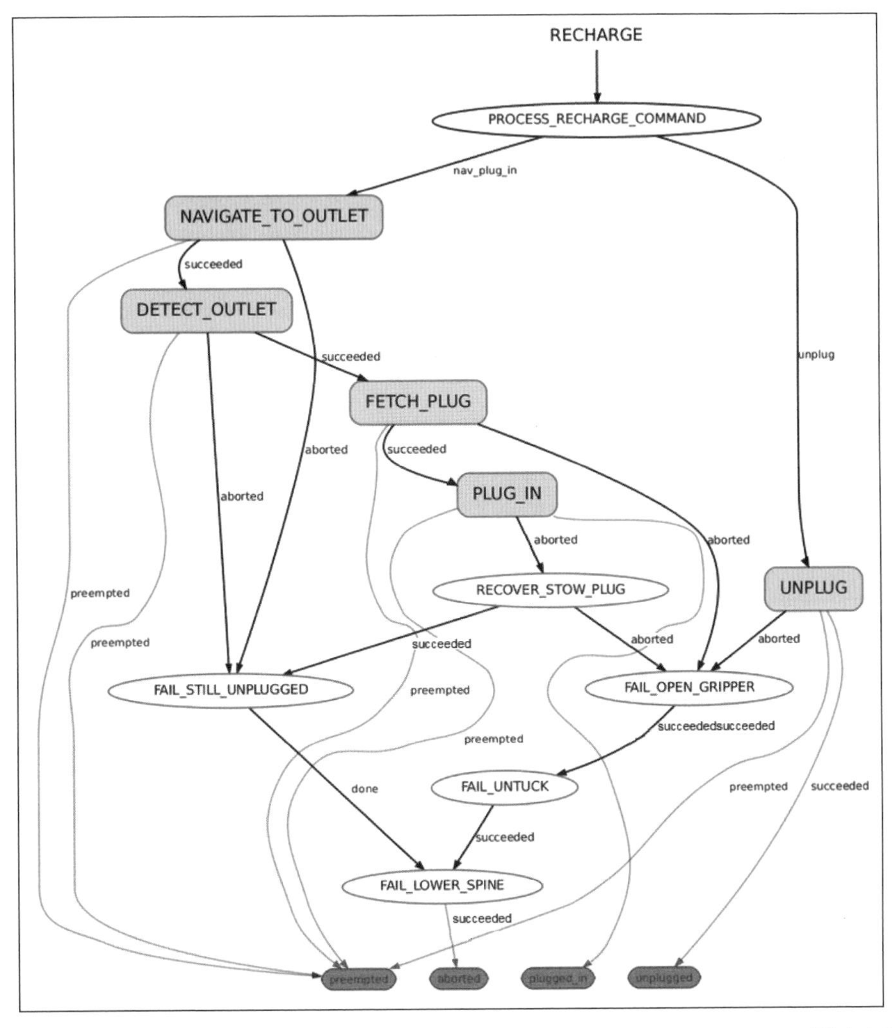

ROS 的簡單狀態機（來源：*http://wiki.ros.org/smach/Tutorials/Getting%20Started*，圖片來源：ros.org，Creative Commons CC-BY-3.0 授權）

以上圖為例來深入了解 SMACH 的概念吧。

產出

產出（outcome）為某個狀態在執行特定動作或型為之後的可能結果之一。從前圖可知，產出共有 nav_plug_in、unplug、succeeded、aborted、preempted 與 done。狀態的結果可彼此不同，並可對其他不同狀態執行不同的內容，例如可協助轉移到另一個狀態或終止狀態。因此從狀態的角度來看，產出為何其實無關緊要。在 ROS 中，產出會與狀態一併被初始化來以確保一致性，並在 execute() 區塊之後被回傳（後續範例會再介紹）。

使用者資料

狀態（或稱容器）可能需要來自使用者或前面狀態（自主系統）的輸入來完成一次轉移。資訊可能是從環境讀取的一筆感測器讀數，或基於任務花費時間的優先權呼叫。它們也可能需要回報特定資訊給其他狀態（或容器）來允許這些狀態被執行。此資訊被稱為輸入或輸出鍵。輸入鍵為狀態所需來執行的東西，因此狀態無法操作它所收到的東西（例如，感測器資訊）。輸出鍵為狀態所回報的東西，作為丟給其他狀態的輸出（例如，優先權呼叫），並可加以操控。使用者資料有助於防止錯誤及協助除錯。

搶先

搶先（preemption）為狀態中斷，讓我們可以立刻注意到執行中動作以外的某件事。在 SMACH 中，State 類別有一個用於處理狀態與容器之間之搶先請求的實作。這個內建行為有助於從使用者或執行者順利地轉移至終止狀態。

自我訓練

在 smach_ros 中設計或建立的狀態機可用 SMACH 瀏覽器這款工具來視覺化呈現，以便除錯或分析。下圖是先前 PR2 機器人範例的 SMACH 瀏覽器（圖中的文字及數字不太清楚，但沒關係）：

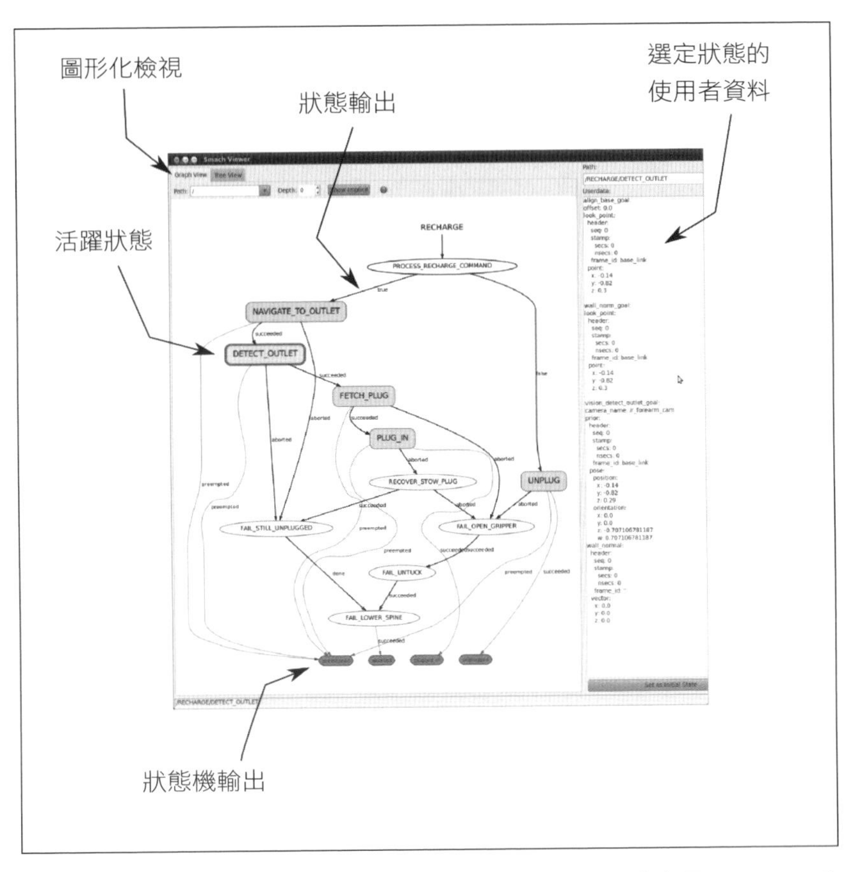

SMACH 瀏覽器視圖（來源：*http://wiki.ros.org/smach_viewer*。圖片來源：ros.org，Creative Commons CC-BY-3.0 授權）

機器人目前處於 `DETECT_OUTLET` 狀態（綠框）。

必須先在 SMACH 程式碼中定義一個自我訓練伺服端，才能在 SMACH 瀏覽器檢視這些狀態。

對 SMACH 有基本了解之後，現在來看看基於 SMACH 的一些範例。

開始使用 SMACH 範例

學習 SMACH 的最好方式是通過範例。讓我們用一些簡單的範例看看如何上手 SMACH，來為之前的服務員機器人建立狀態機。請注意，本書角色為 SMACH ROS 的起點，而礙於篇幅無法解釋 SMACH 的所有範例及方法。因此，建議您查看官方教學：*http://wiki.ros.org/smach/Tutorials*，它有很棒又詳盡的教學。

安裝及使用 SMACH-ROS

SMACH 的安裝相當直覺，請用以下指令直接安裝：

```
$ sudo apt-get install ros-melodic-smach ros-melodic-smach-ros ros-melodic-executive-smach ros-melodic-smach-viewer
```

我們用一個超簡單的範例以解釋此概念。

簡單範例

本範例中有四個狀態：A、B、C 與 D。此範例的目的是在收到輸出時從某一狀態轉移到另一狀態，最終結果看起來如下：

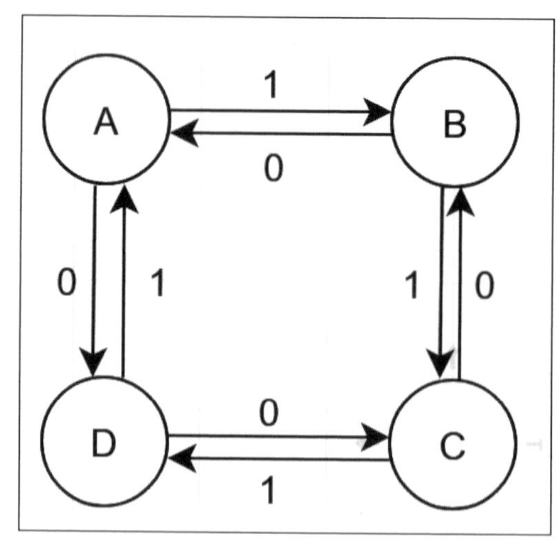

狀態之間的轉移

來仔細看看吧，完整程式碼請參考本書的 GitHub：*https://github.com/PacktPublishing/ROS-Robotics-Projects-SecondEdition/blob/master/chapter_4_ws/src/smach_example/simple_fsm.py*。

開始吧，首先是匯入語法以及 Python shebang 檔：

```
#!/usr/bin/env python
import rospy
from smach import State,StateMachine
from time import sleep
import smach_ros
```

定義各個狀態，使得它們可接收來自使用者的輸入：

```
class A(State):
    def __init__(self):
        State.__init__(self, outcomes=['1','0'], input_keys=['input'],
output_keys=[''])

    def execute(self, userdata):
        sleep(1)
        if userdata.input == 1:
        return '1'
        else:
        return '0'
```

在此定義狀態 A，它有產出 1 與 0 作為狀態完成的結果。我們經由 `input_keys` 定義狀態所需的輸入。在此讓 `output_keys` 為空，因為我們不會輸出任何使用者資料。狀態動作是在 `execute()` 函式中執行的。以此範例而言，使用者輸入為 1 時回傳 1，而使用者輸入為 0 時回傳 0。其他狀態的定義方式也是一樣的。

在主函式中初始化了節點及狀態機，且指定使用者資料給狀態機：

```
rospy.init_node('test_fsm', anonymous=True)
sm = StateMachine(outcomes=['success'])
sm.userdata.sm_input = 1
```

運用 Python 的 with() 函式，加入了前述狀態並定義轉移：

```
with sm:
    StateMachine.add('A', A(), transitions={'1':'B','0':'D'},
remapping={'input':'sm_input','output':''})
    StateMachine.add('B', B(), transitions={'1':'C','0':'A'},
remapping={'input':'sm_input','output':''})
    StateMachine.add('C', C(), transitions={'1':'D','0':'B'},
remapping={'input':'sm_input','output':''})
    StateMachine.add('D', D(), transitions={'1':'A','0':'C'},
remapping={'input':'sm_input','output':''})
```

對於狀態 A，我們定義狀態名稱為 A，它會呼叫我們定義的 A() 類別，並將輸入重新映射到定義於主函式中的內容。隨後，根據狀態產出來定義狀態轉移。在此情形下，如果產出為 1 則呼叫狀態 B，如果產出為 0 則呼叫狀態 D。其他的狀態也是用相同的方法來加入的。

為了檢查狀態轉移，我們使用來自 smach_ros 的 smach_viewer 套件。為了在 smach_viewer 中觀看狀態，要指定可讓該狀態進行連接之伺服端名稱、狀態機及 root 名稱來呼叫 IntrospectionServer()。接著就能啟動 IntrospectionServer：

```
sis = smach_ros.IntrospectionServer('server_name', sm, '/SM_ROOT')
sis.start()
```

最後，在迴圈中來執行狀態機：

```
sm.execute()
rospy.spin()
sis.stop()
```

轉移完成之後，我們使用 stop() 函式停止自我訓練伺服端。您可執行這個範例了，如下圖為範例的 smach_viewer 視圖。細節文字只是參考用，不需要細讀。以下為輸出畫面：

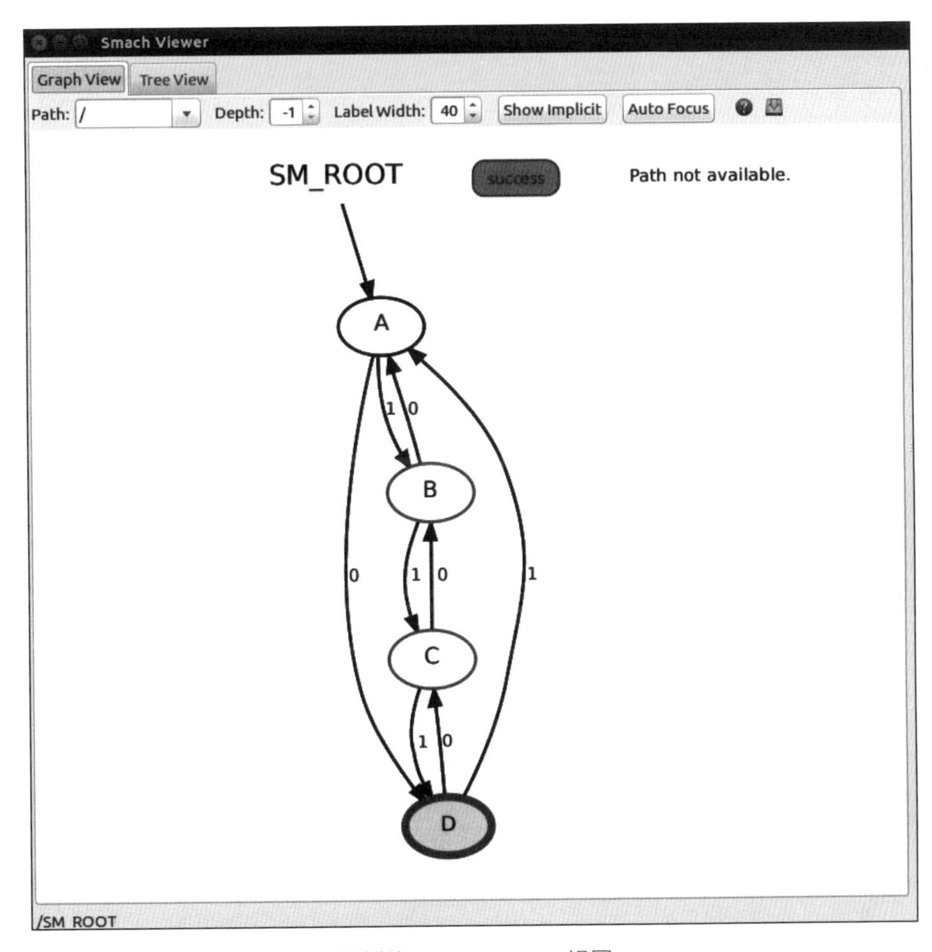

範例的 smach_viewer 視圖

上圖中可看到當前運作中的狀態是以綠色表示，也可看到各個狀態之間的狀態轉移。如果在主函式中把 `sm_input` 改為 `0`，就能看到轉移改變了。

餐廳機器人比喻

初步理解狀態機如何工作之後，試試看建立用於服務員機器人比喻的狀態機。實務上而言，機器人必須作到以下任務：

- 接通機器人的電源

- 檢查顧客呼叫
- 根據呼叫，移動到指定的桌次
- 從顧客取得訂單
- 如果訂單已確認或失效，走到輸送區或廚房
- 輸送食物給顧客

現在開始定義這個比喻：

- STATES_MACHINE：機器人需要啟動電源及初始化，因此我們需要有 POWER_ON 狀態。一旦機器人的電源打開，我們需要檢查是否有任何顧客下訂單。可經由 BUTTON_STATE 來做這件事。一旦機器人收到顧客的呼叫，機器人必須導航到顧客桌子，這就是為什麼我們要定義 GO_TO_CUSTOMER_TABLE 狀態。由於機器人有多個導航目標，我們經由動作實作定義各個狀態：got_to_delivery_area、go_to_kitchen、與 go_to_home。

  顧客下訂單給廚房之後，機器人必須接受顧客的確認。想像一下，顧客是經由觸控螢幕來與機器人互動，並在決定訂單之後按下訂單按鈕。這需要 order_confirmation 行程狀態。ORDER_confirmation 狀態不僅確認使用者訂單，也下訂單給廚房。如果廚房的廚師確認訂單之後，機器人會走到輸送區且等待訂單。如果訂單沒有被確認，機器人會走到廚房且親自告知廚師。這可使用 speak_out 狀態來發出語音。一旦廚師確認，機器人會走到輸送區。

- states：有了狀態機之後，接著定義狀態。機器人需要啟動電源且初始化自己，這是用 PowerOnRobot() 類別來完成的。一旦狀態被呼叫之後，它會虛擬（以本範例來說）啟動電源，並將狀態設定為 succeeded：

```
class PowerOnRobot(State):
    def init(self):
    State.init(self, outcomes=['succeeded'])

    def execute(self, userdata):
        rospy.loginfo("Powering ON robot...")
        time.sleep(2)
        return 'succeeded'
```

接著，機器人需要讀取按鈕狀態並走到指定的桌子位置。此案例為了簡化，假設只有一張桌子且導航到該位置。事實上，可能有更多桌子，而需要改用包含桌子標籤及位置的字典來定義它們。因此以本範例來說，如果按鈕狀態為高，則設定狀態為 succeeded 或 aborted：

```
class ButtonState(State):
    def __init__(self, button_state):
        State.__init__(self, outcomes=['succeeded','aborted','preempted'])
        self.button_state=button_state

    def execute(self, userdata):
        if self.button_state == 1:
            return 'succeeded'
        else:
            return 'aborted'
```

以本範例說，機器人通過觸控螢幕與使用者通訊並接受訂單。如果訂單是從使用者這邊所確認，就會啟動一個隱藏的子行程（未定義於此比喻中），且該行程會試著下訂單給廚師。如果廚師接受訂單，則設定狀態為 succeeded，否則狀態為 aborted。我們接收廚師的確認作為使用者輸入：

```
class OrderConfirmation(State):
    def __init__(self, user_confirmation):
        State.__init__(self, outcomes=['succeeded','aborted','preempted'])
        self.user_confirmation=user_confirmation

    def execute(self, userdata):
        time.sleep(2)
        if self.user_confirmation == 1:
            time.sleep(2)
            rospy.loginfo("Confirmation order...")
            time.sleep(2)
            rospy.loginfo("Order confirmed...")
            return 'succeeded'
        else:
            return 'preempted'
```

如果廚師沒有確認訂單，機器人需要發出語音，這件事是用 SpeakOut() 類別來完成的。機器人會發出語音來確認訂單，並設定對應的狀態：

```
class SpeakOut(State):
def __init__(self,chef_confirmation):
State.__init__(self, outcomes=['succeeded','aborted','preempted'])
self.chef_confirmation=chef_confirmation

def execute(self, userdata):
sleep(1)
rospy.loginfo ("Please confirm the order")
sleep(5)
if self.chef_confirmation == 1:
return 'succeeded'
else:
return 'aborted'
```

最後，我們要讓機器人在不同地點之間移動。這可定義為一個特定狀態，但是為了簡化，在此將它們定義為數個狀態。不過，所有狀態都有一個用來移動機器人的特定共通狀態，也就是 move_base_state。本範例會用到先前看過的 ROS 動作。機器人具有 move_base 伺服端，可用正確的訊息格式來接收目標。以下程式碼可對這個狀態來定義用戶端呼叫：

```
move_base_state = SimpleActionState('move_base', MoveBaseAction,
goal=nav_goal, result_cb=self.move_base_result_cb,
exec_timeout=rospy.Duration(5.0), server_wait_timeout=rospy.Duration(10.0))
```

指定目標如下：

```
quaternions = list()
euler_angles = (pi/2, pi, 3*pi/2, 0)
for angle in euler_angles:
q_angle = quaternion_from_euler(0, 0, angle, axes='sxyz')
q = Quaternion(*q_angle) quaternions.append(q)

# Create a list to hold the waypoint poses self.waypoints = list()
self.waypoints.append(Pose(Point(0.0, 0.0, 0.0), quaternions[3]))
self.waypoints.append(Pose(Point(-1.0, -1.5, 0.0), quaternions[0]))
self.waypoints.append(Pose(Point(1.5, 1.0, 0.0), quaternions[1]))
self.waypoints.append(Pose(Point(2.0, -2.0, 0.0), quaternions[1]))
room_locations = (('table', self.waypoints[0]),
('delivery_area', self.waypoints[1]),
```

```
('kitchen', self.waypoints[2]),
('home', self.waypoints[3]))
self.room_locations = OrderedDict(room_locations)
nav_states = {}

for room in self.room_locations.iterkeys():
nav_goal = MoveBaseGoal()
nav_goal.target_pose.header.frame_id = 'map'
nav_goal.target_pose.pose = self.room_locations[room]
move_base_state = SimpleActionState('move_base', MoveBaseAction,
goal=nav_goal, result_cb=self.move_base_result_cb,
exec_timeout=rospy.Duration(5.0),
server_wait_timeout=rospy.Duration(10.0))
nav_states[room] = move_base_state
```

完整程式碼請由本書的 GitHub 取得：*https://github.com/PacktPublishing/ROS-Robotics-Projects-SecondEdition/blob/master/chapter_4_ws/src/smach_example/waiter_robot_anology.py*。全部元件啟動之後，應可看到如下圖的輸出畫面，代表本範例的服務員機器人狀態機，個別文字只為參考用不需要細讀：

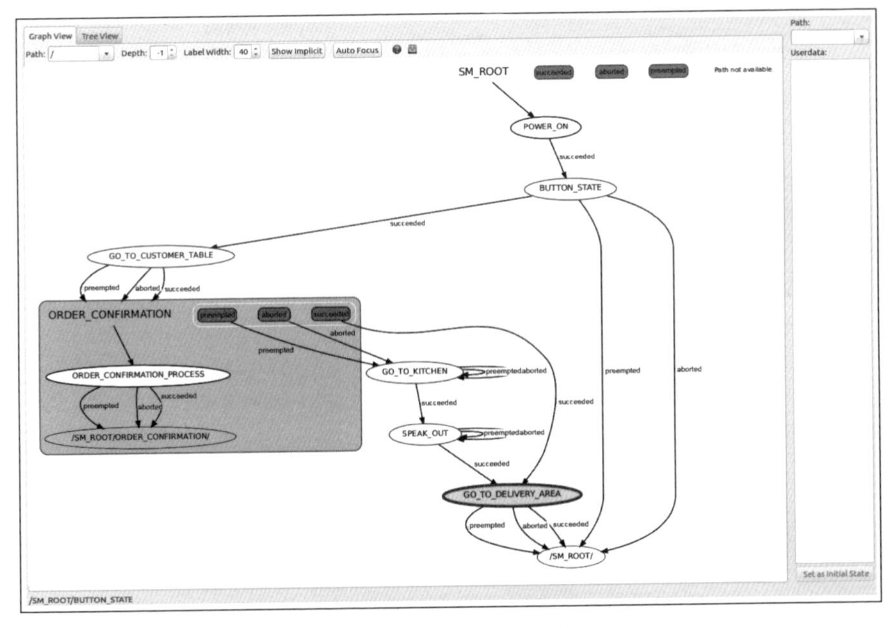

服務員機器人的狀態機

上圖為 smach_viewer 的視圖，您可看到各自來自每個狀態及其轉移的產出，也就是 succeeded、aborted 或 preempted。機器人所處於的當下狀態會以綠色顯示。另外，您也可能注意到了吧，ORDER_confirmation 屬於子狀態，並以灰色代表。

總結

本章採用簡單的比喻，並分成較小區塊來說明，而且我們看到如何使用 ROS 做同樣的事。一開始，介紹以回饋機制為基礎的通訊系統，並展示它相較於主題與服務的有效性，並接著說明如何這樣的建立傳訊機構。隨後，我們示範了機器人如何做到處理複雜任務，並藉由把較小的區塊定義為一個個狀態，並以循序、平行、遞迴與巢狀方式來執行這些狀態。我們可運用本章與前一章所學的知識來學會如何完成一個機器人應用。

到了下一章，我們將學習如何使用狀態機及前一章所建立的機器人來建置工業級應用。

5 建置工業級應用

現在，您應熟悉如何使用 ROS 來建置機器人，並透過狀態機來確保機器人可處理複雜的任務。在此條件下，讓我們把前幾章所學的概念組合在一起，並完成一個範例。本章會幫助我們有效地學習如何利用 ROS 來驗證概念是否可行。本章會介紹一個即時性案例，這也是目前機器人廣被被研究與應用的地方。本章最後一段討論了如何讓機器人更好，希望有助於您克服機器人在執行其任務時會碰到的一些限制。

本章主題如下：

- 應用程式案例 — 機器人宅配
- 讓機器人基座有智慧
- 讓機器人手臂有智慧
- 應用程式模擬
- 改進機器人

技術要求

本章技術要求如下：

- 具備 ROS Melodic Morenia 的 Ubuntu 18.04 作業系統，並預先安裝 Gazebo 9
- ROS 套件：`moveit` 與 `slam-gmapping`

- 時間軸及測試平台：
  - **估計學習時間**：平均約 120 分鐘
  - **專案建置時間（包含編譯與執行時間）**：平均約 90 分鐘
  - **專案測試平台**：HP Pavilion 筆記型電腦（Intel® Core ™ i7-4510U CPU @ 2.00 GHz、8 GB 記憶體與 64 位元作業系統、GNOME-3.28.2）

本章範例程式碼請由此取得：*https://github.com/PacktPublishing/ROS-Robotics-Projects-SecondEdition/tree/master/chapter_5_ws/src*。

先從認識應用程式案例開始吧。

應用程式案例 – 機器人宅配

最近 20 幾年，電子商務產業被 Amazon 及 Alibaba 阿里巴巴這樣的的電子商務巨頭所驅動，而產生了全球性的大幅成長。這使得全球零售商都急於擴展業務，期待能納入線上購物。這對配送服務公司來說既是機會，也是挑戰。隨著競爭對手需求的增加，配送服務公司努力做到儘可能提早產品配送。配送時間可能在數小時到數天之間，這也造成配送代理人的龐大需求。

此部門使用機器人有巨大的潛力且可增強企業前景。例如，機器人可用來包裝或分類零售物品、在倉庫內輸送物品、甚至配送物品到住宅。這樣，它們在配送時間及次數方面至少比人類快兩倍而生產力也更高。

本章的案例就是這個，並使用在第 3 章 " 建置工業移動機械手 " 中的移動機械手作為配送代理人。一般而言，產品會由零售商出貨到特定城市，然後分送到各街道（或小區域）的共同配送中心所負責的不同街道。我們應用 Gazebo 和 ROS 來模擬零售商之產品到達後的配送中心情節。環境看起來應如下：

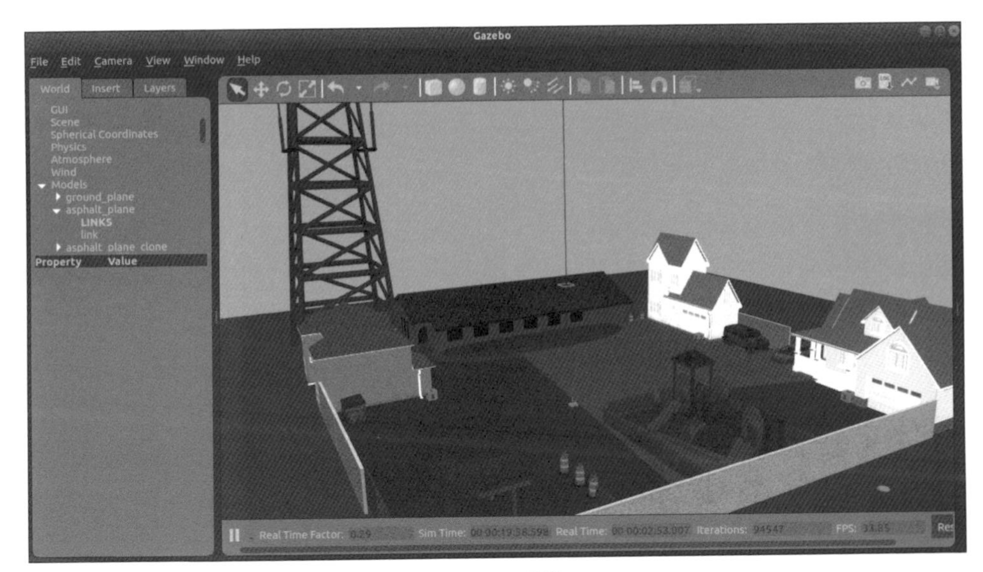

Gazebo 環境

在此，機器人位在郵局中。機器人預定配送物品到群體中的 3 個住宅且分別編號為 1、2 及 3：

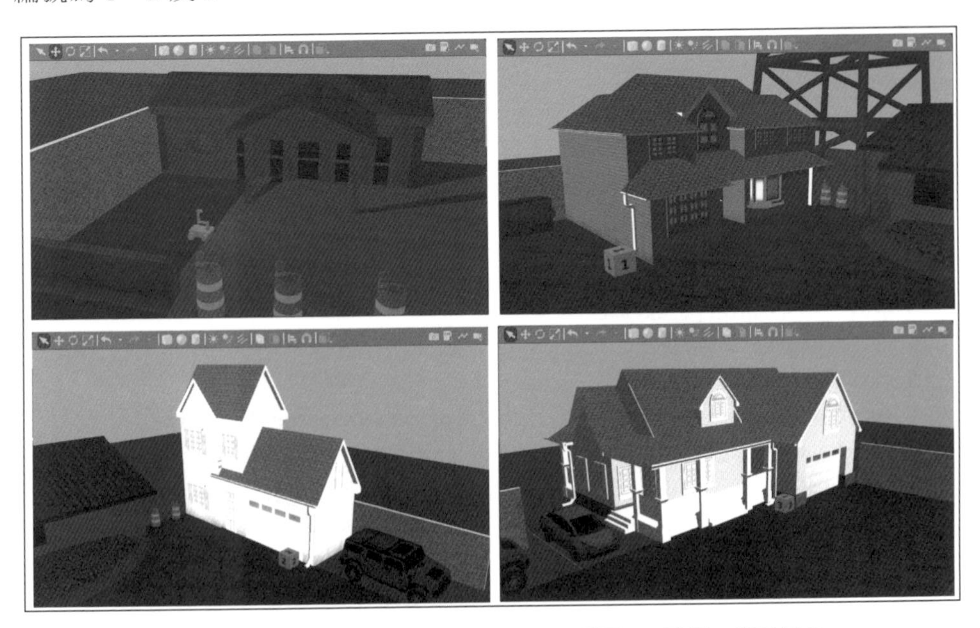

左上到右下：郵局 (機器人所在位置)、房屋 1、房屋 2 與房屋 3

郵局收到物品之後，郵局會知道需要配送到特定位置的產品清單。這項資訊通過中央貨物運輸應用軟體與機器人共享。此外，產品是放在機器人可存取的配送區。然後，機器人接收清單且更新配送位置以及對應的產品，最後開始規劃如何配送。

在此情形下，機器人需要知道產品、知道配送位置、以及從必要的位置來拾取及輸送物品。如果把本應用程式分成數塊，就應該要讓機器人基座具備自主性，然後使手臂有智慧地拾放物品，以及最後使用狀態機把這些組成一系列動作。現在來用 Gazebo 設置環境。

用 Gazebo 設置環境

先前討論的環境是一個名為 `postoffice.world` 的 Gazebo 世界檔。把這個檔案複製到工作空間中，並用以下指令用這個世界檔來啟動 Gazebo（假設您從下載或複製此檔的同一個終端機打開它），就可將其視覺化呈現出來：

```
$ gazebo postoffice.world
```

啟動要花一點時間，因為 Gazebo 需要一些時間才能從網路載入所有必要模型。以個人經驗來說，前述指令大概需要 10 分鐘。

現在可以開工了，先設定本章的環境：

1. 建立新的工作空間，加入在第三章 " 建置工業移動機械手 " 中的機器人檔：

```
$ initros1
$ mkdir -p chapter_5_ws/src
$ cd ~/chapter_5_ws/src
$ catkin_init_workspace
$ cp -r ~/chapter_3_ws/src/robot_description ~/chapter_5_ws/src/
$ cd ~/chapter_5_ws
$ catkin_make
```

2. 現在，在 robot_description 套件中建立一個名為 worlds 的資料夾來存放世界檔：

```
$ cd ~/chapter_5_ws/src/robot_description/
$ mkdir worlds
```

複製下載的世界到前述資料夾中。

3. 修改 mobile_manipulator_gazebo_xacro.launch 檔中的世界檔，加入上述世界檔作為引數：

```
<include file="$(find gazebo_ros)/launch/empty_world.launch">
  <arg name="world_name"
value="home/robot/chapter_5_ws/src/robot_description/worlds/postoff
ice.world"/>
</include>
```

試試看啟動機器人，您會看到新環境中出現了一台機器人呢。機器人目前位在世界檔的 (0, 0) 座標。如果想要改變機器人的位置，需要在 mobile_manipulator_gazebo_xacro.launch 檔中的 <node> 標籤中加入以下引數：

```
<node name="spawn_urdf" pkg="gazebo_ros" type="spawn_model" args="-param
robot_description -urdf -x 1 -y 2 -z 1 -model mobile_manipulator" />
```

前述程式碼將機器人位置 (x, y, z) 設定為 (1, 2, 1)。環境設定好之後，讓我們學習如何修改機器人。

讓機器人基座有智慧

現在要賦予機器人基座自主性或所謂的智慧，使得它可以了解環境並在環境中輕鬆四處走動。在此會用到的是使用同步定位與地圖構建（Simultaneous Localization And Mapping, SLAM）。SLAM 是個歷經十年以上的研究問題，但是 ROS 有很棒的開放原始碼套件，讓機器人能在環境中的建構地圖與定位。我們會幫機器人加裝必要的感測器、設定可用的 ROS 套件並讓機器人在環境中自主地運用。先從增加雷射感測器開始吧。

增加雷射感測器

我們將利用雷射掃描器感測器讓機器人了解環境。雷射掃描器感測器使用雷射光作為光源（更多資訊請參考：*https://en.wikipedia.org/wiki/Lidar*），並根據飛行時間原理（更多資訊請參考：*https://en.wikipedia.org/wiki/Time-of-flight_camera*）來計算距離。此雷射光源可以固定的速率旋轉，這樣就能取得環境的二維掃描結果。根據不同類型，雷射掃描器的掃描追蹤範圍可在 90 度至 360 度之間。感測器的二維輸出結果完全取決於它被裝配在機器人的位置。機器人有可能無法按我們所預期來成功識別桌子或卡車。Gazebo 中有可用於機器人的雷射掃描器感測器外掛。為了模擬該外掛，在此建立一個簡單幾何外型來代表這個雷射掃描器感測器：

- 找到第三章 " 建置工業移動機械手 " 的機器人檔 mobile_manipulator.urdf，並加入以下程式碼：

```
<link name="laser_link">
  <collision>
   <origin xyz="0 0 0" rpy="0 0 0"/>
   <geometry>
    <box size="0.1 0.1 0.1"/>
   </geometry>
  </collision>
  <visual>
   <origin xyz="0 0 0" rpy="0 0 0"/>
    <geometry>
     <box size="0.05 0.05 0.05"/>
    </geometry>
  </visual>
  <inertial>
    <mass value="1e-5" />
    <origin xyz="0 0 0" rpy="0 0 0"/>
    <inertia ixx="1e-6" ixy="0" ixz="0" iyy="1e-6" iyz="0"
izz="1e-6" />
  </inertial>
</link>
```

以上程式碼會建立一個簡易方塊來代表雷射掃描器，並連接到機器人的 base_link。

- 呼叫用於雷射掃描器的 Gazebo 外掛：

```
<gazebo reference="laser_link">
<sensor type="ray" name="laser">
<pose>0 0 0 0 0 0</pose>
<visualize>true</visualize>
<update_rate>40</update_rate>
<ray>
    <scan>
        <horizontal>
        <samples>720</samples>
        <resolution>1</resolution>
        <min_angle>-1.570796</min_angle>
        <max_angle>1.570796</max_angle>
        </horizontal>
    </scan>
    <range>
        <min>0.10</min>
        <max>30.0</max>
        <resolution>0.01</resolution>
    </range>
</ray>
<plugin name="gazebo_ros_head_hokuyo_controller"
filename="libgazebo_ros_laser.so">
  <topicName>/scan</topicName>
  <frameName>laser_link</frameName>
</plugin>
</sensor>
</gazebo>
```

如果 `<visualize>` 標籤被設定為 `true`，就能看到一道在 180 度範圍之間來回掃描的藍色光束。我們假設這台雷射掃描器的範圍是 180 度，也就是在正負 90 度之間，因此，在 `<min_angle>` 及 `<max_angle>` 標籤中以弧度表示掃描。感測器解析度假設為 10 公分，且在 30 公尺內的準確度為 1 公分。也請注意到主題名稱，可讀取定義在 `<plugin>` 標籤之前述 URDF 的數值和參考框架。

現在，在 Gazebo 中再度啟動機器人，應可看到以下畫面：

Gazebo 畫面中的機器人，已加裝雷射掃描器

您可試試看模擬市售的各種雷射掃描器數值，例如 Hokuyo UST10 或 20LX 或有 360 度掃描的 rplidar。現在，來設定導航堆疊。

設定導航堆疊

現在，機器人基座已加裝了雷射掃描器，我們將設定 move_base 伺服器來幫助機器人用 ROS 套件進行自主導航。move_base 是什麼？假設機器人是透過一份已知的地圖在環境中自主移動，而地圖須包含像是障礙物、牆壁或桌子（機器人學中稱為成本）等資訊。這類已知資訊後續將被視為全域資訊來處理。

儘管機器人試圖用此全域資訊四處走動，然而機器人在環境中可能突然有動態變化，例如椅子位置的改變或例如人員走動的動態移動。這些變化被視為局部資訊。簡言之，全域資訊是相對於環境，而局部資訊是相對於機器人。move_base 這個節點可說是又複雜（就程式碼而言）卻也相對簡單（就理解來說），它有助於把全域及局部資訊連結在一起來完成導航任務。move_base 為是一個 ROS 動作實作。當指定目標時，機器人基座會嘗試抵達該目標。下圖為 move_base 的簡單圖示：

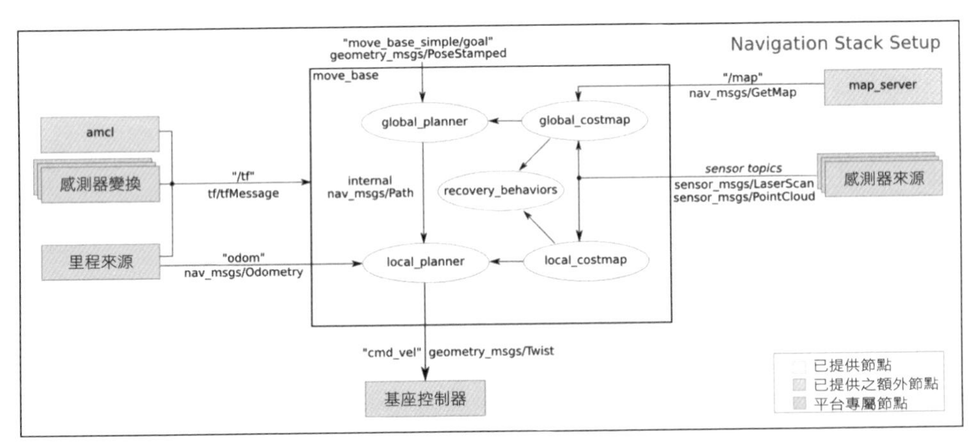

move_base 實作（來源：*http://wiki.ros.org/move_base*，圖片來源：ros.org，Creative Commons CC-BY-3.0 授權）

由上圖不難看出，如果機器人基座收到目標指令，move_base 伺服器可了解該目標，並發出一系列的速度指令來引導機器人朝向目標移動。為此，需要在以下 YAML 檔中用一些參數來定義機器人基座：

- costmap_common_params.yaml
- global_costmap_params.yaml
- local_costmap_params.yaml
- base_local_planner.yaml

現在，請根據這些步驟來設定導航堆疊：

1. 建立導航套件且加入這些檔案：

```
$ cd ~/chapter_5_ws/src
$ catkin_create_pkg navigation
$ cd navigation
$ mkdir config
$ cd config
$ gedit costmap_common_params.yaml
```

2. 在 costmap_common_params.yaml 檔中加入以下程式碼：

```
footprint: [[0.70, 0.65], [0.70, -0.65], [-0.70, -0.65], [-0.75, 0.65]]
observation_sources: laser_scan_sensor
laser_scan_sensor:
sensor_frame: laser_link
data_type: LaserScan
topic: scan
marking: true
clearing: true
```

由於機器人的外觀為矩形，因此將它的足跡定義為座標極限。並且為了使用雷射掃描器，也要提供必要的資訊。

3. 存檔並關閉檔案，接著建立另一個檔案，名為 global_costmap_params.yaml：

```
$ gedit global_costmap_params.yaml
```

加入以下程式碼：

```
global_costmap:
global_frame: map
robot_base_frame: base_link
static_map: true
```

通常，用於移動的參考框架是相對於世界。如果是機器人，它是相對於定義為地圖的環境。以本範例來說就是機器人的 **base_link**，它是相對於地圖來進行幾何移動。

4. 存檔並關閉檔案，接著建立另一個檔案，名為 local_costmap_params.yaml：

```
$ gedit local_costmap_params.yaml
```

加入以下程式碼：

```
local_costmap:
 global_frame:
 odom robot_base_frame:
 base_link rolling_window: true
```

如前述，局部資訊是相對於機器人而言，因此參考的 global_frame 是機器人的 odom 框架。環境的局部成本只在特定足跡中被更新，它可定義為 rolling_window 參數。

具備了必要資訊之後，開始讓機器人在給定環境中進行構圖和定位。

構建環境地圖

為了能在環境中自主移動，機器人需要認識它所在環境。這可使用例如 gmapping 或 karto 的地圖建構技術。這兩種技術已經被打包為 ROS 套件，也都需要編碼器資訊（以本範例來說為 odom 框架）、雷射掃描資料與相關變形資訊。gmapping 使用粒子濾波器且為開放原始碼，而 Karto 則是 Apache 授權。但如果是測試及教育用途，您仍可在 Karto 中使用開放原始碼包裹器。本應用案例將使用 gmapping 套件來建構環境地圖。

使用以下指令來安裝 gmapping SLAM：

```
$ sudo apt-get install ros-melodic-slam-gmapping
```

現在，已安裝好了構圖相關套件，讓我們看看機器人如何在所取得的地圖上定位。

定位機器人基座

取得環境地圖之後，就可以定位機器人了。在此使用 ROS 的自主導航套件：amcl（*http://wiki.ros.org/amcl*）。amcl 使用粒子濾波器並搭配已知地圖來決定機器人的位置。粒子濾波器會根據機器人的感測器資訊與某些假設來提供一連串的位置清單（更多資訊請參考：*http://wiki.ros.org/amcl*）。當機器人移動時，位置雲（位置清單）會朝向機器人收斂並標出機器人的假設位置。如果位置超出一定範圍，則自動忽略它們。

由於本範例使用差速驅動機器人，將利用現成的 amcl_diff.launch 檔作為機器人的樣板。為了模擬機器人的導航堆疊，請搭配來建立 mobile_manipulator_move_base.launch 檔，也就是包含了所有必要參數的 move_base，並使其納入 amcl 節點。啟動檔看起來如下：

```
<launch>
<node name="map_server" pkg="map_server" type="map_server"
args="/home/robot/test.yaml"/>

<include file="$(find navigation)/launch/amcl_diff.launch"/>

<node pkg="move_base" type="move_base" respawn="false" name="move_base"
output="screen">
 <rosparam file="$(find navigation)/config/costmap_common_params.yaml"
command="load" ns="global_costmap" />
 <rosparam file="$(find navigation)/config/costmap_common_params.yaml"
command="load" ns="local_costmap" />
 <rosparam file="$(find navigation)/config/local_costmap_params.yaml"
command="load" />
 <rosparam file="$(find navigation)/config/global_costmap_params.yaml"
command="load" />
 <rosparam file="$(find navigation)/config/base_local_planner_params.yaml"
command="load" />
 <remap from="cmd_vel" to="/robot_base_velocity_controller/cmd_vel"/>
</node>
</launch>
```

現在機器人基座導航功能設定好了，來學習如何設定運動中的手臂。

讓機器人手臂有智慧

您可能還記得，我們是對某個 ROS 主題發佈數值控制機器人手臂，請回顧第三章 " 建置工業移動機械手 "。隨後，由於 `follow_joint_trajectory` 外掛，我們利用動作伺服器實作，並做了一個能讓機器人移到指定位置的用戶端。這些實作都須遵守正向運動學。在已知連結長度及極限的前提之下給出每一個關節的旋轉值，結果就是讓手臂在環境中呈現出某個姿勢。如果您知道物體在環境中的位置，並想讓機器人手臂移動到該位置，該怎麼做呢？這叫做反向運動學，而且本段想要運用 Moveit 這款專用軟體來達成這件事。來看看 Moveit 的基本觀念吧。

Moveit 簡介

Moveit 為一款立足於 ROS 之上的尖端軟體，可實現反向運動學、動作或路徑規畫、環境 3D 感知與碰撞檢查等等。它是 ROS 之操控功能的主要來源。Moveit 通過 urdf 和 ROS 訊息定義來了解機器人手臂設定（幾何和連結資訊），並可利用 ROS 視覺化工具（RViz）來進行操控。

Moveit 已被 100 款以上的機器人手臂採用，更多資訊請參考：*https://moveit.ros.org/robots/*。Moveit 有許多進階功能，許多工業級機器人也採用它。涵蓋所有的 Moveit 概念已超出本書範疇，在此只介紹可用於移動及控制機器人手臂的內容。

先來瞧瞧 Moveit 的架構：

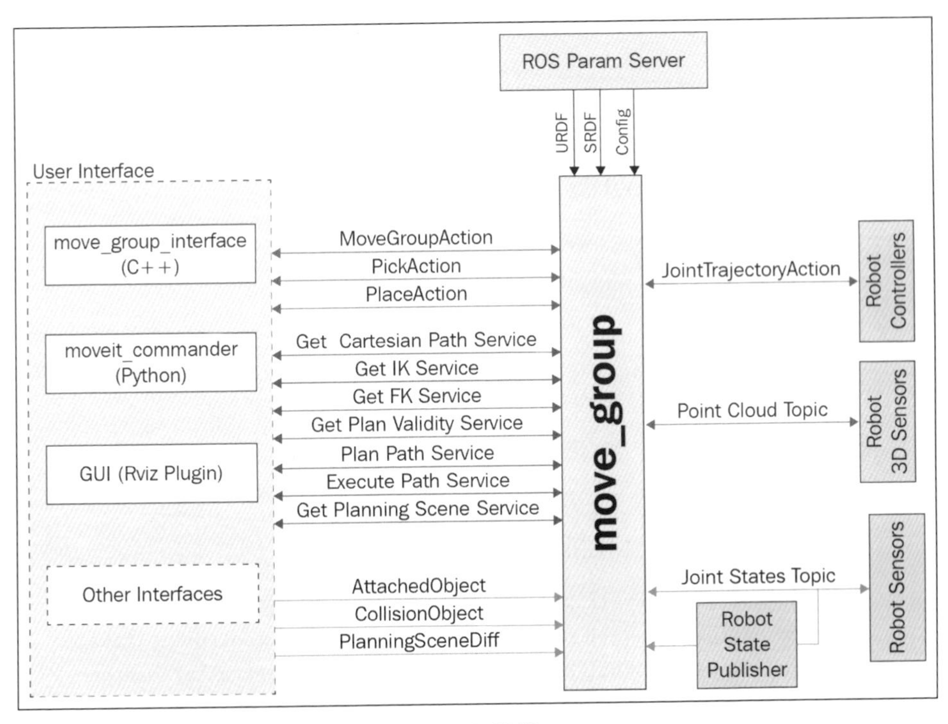

Moveit 架構

在此，最重要的元件就是 `move_group` 節點，它負責把所有其他元件組合在一起以提供使用者可使用的必要動作及服務呼叫。使用者的互動方式很多，包含 `moveit_commander` 這款簡易腳本介面（針對初學者）、`move_group_interface` 的 C++ 包裹器、寫在 `move_it_commander` 之上的 Python 介面或是使用 RViz 外掛的 GUI 介面。

`move_group` 節點需要通過 URDF 來定義的機器人資訊與設定檔。Moveit 用稱為 SRDF 的格式來了解機器人，Moveit 在設定機器人手臂時轉換成 URDF。再者，`move_group` 節點可理解機器人手臂的關節狀態，並透過 `FollowJointTrajectoryAction` 用戶端介面來回話。

關於 Moveit 概念的更多資訊參考：*https://moveit.ros.org/documentation/concepts/*。

現在，讓我們學習如何安裝和設定用於移動機器人的 Moveit。

安裝和設定用於移動機器人的 Moveit

安裝和設定 Moveit 的步驟不少，先從安裝開始。

安裝 Moveit

我們使用一些預先建置的二元檔來安裝 Moveit：

- 在終端機中輸入以下指令：

```
$ sudo apt install ros-melodic-moveit
```

- 如果想安裝額外的 Moveit 功能，請用以下指令：

```
$ sudo apt-get install ros-melodic-moveit-setup-assistant
$ sudo apt-get install ros-melodic-moveit-simple-controller-manager
$ sudo apt-get install ros-melodic-moveit-fake-controller-manager
```

安裝完成之後，即可使用 Moveit 設定精靈來設定機器人了。

設定 Moveit 設定精靈

此精靈很有用，尤其是它能節省不少時間。以下為用此精靈可完成的一些事情：

- 定義機器人手臂的碰撞區
- 自定義姿勢
- 選擇必要的運動學函式庫
- 定義 ROS 控制器
- 建立必要的模擬檔

請用以下指令來啟動設定精靈：

```
$ initros1
$ roslaunch moveit_setup_assistant setup_assistant.launch
```

應可看到以下視窗：

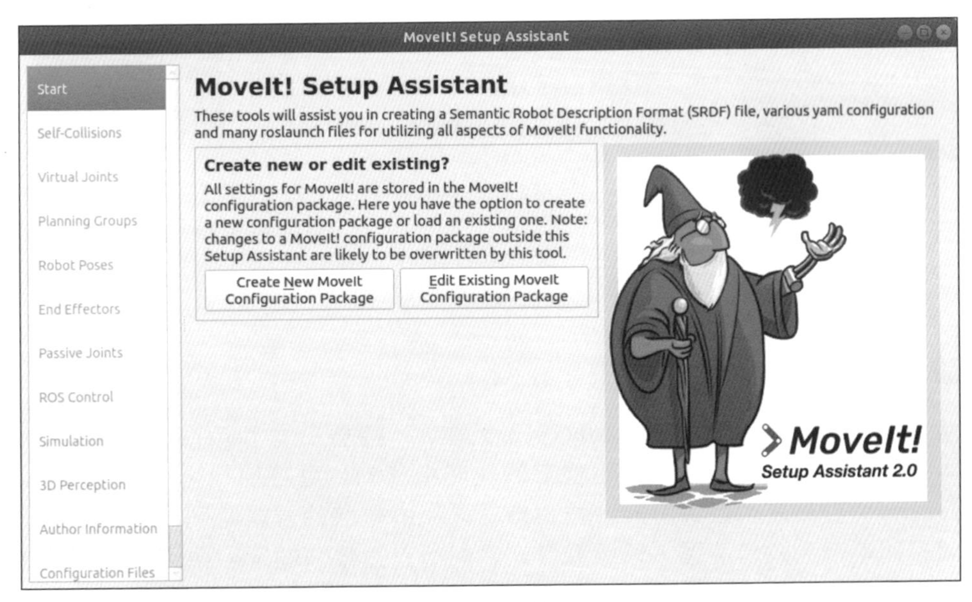

Moveit 設定精靈

現在來逐步調整組態設定。

載入機器人模型

在 Moveit 中選擇對應的機器人 URDF 來設定機器人，請點選 `Create New Moveit Configuration Package` 來載入機器人 URDF（也就是 `mobile_manipulator.urdf`），並選擇 **Load Files**。您應看到成功訊息，右邊方框也會出現一台機器人：

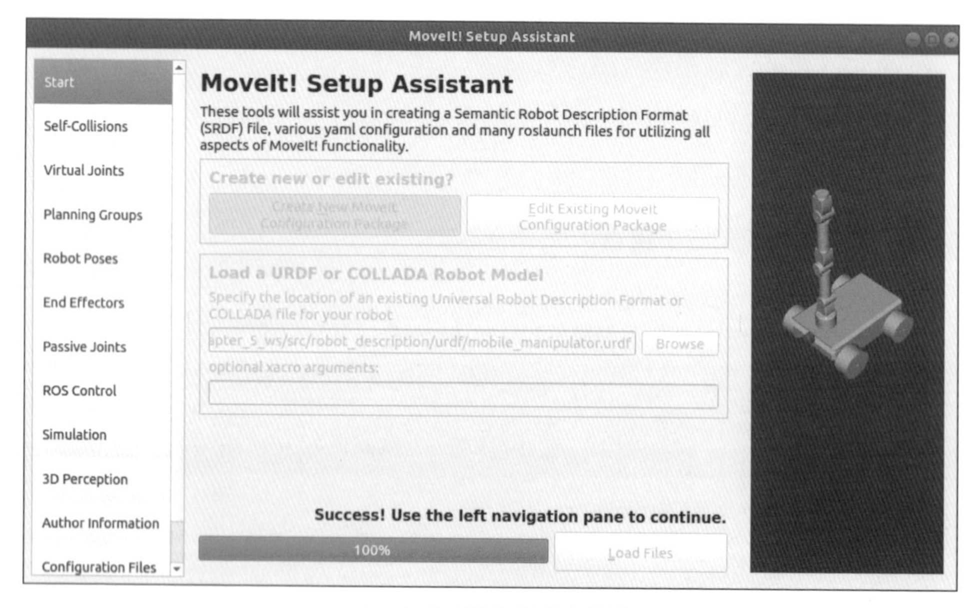

Moveit 成功載入機器人模型

現在來設定左邊方框中的元件。

設置自碰撞

點擊在左邊方框上的 `Self-Collisions` 選項，接著點選 `Generate Collision Matrix`。如果想讓機器人在更狹窄的空間中移動，可將抽樣密度（sampling density）設為高，但這可能會拉長機器人完成軌跡的規畫時間，或由於碰撞假設而執行失敗。不過，只要親自定義與檢查對每一個連結與關節的碰撞狀況，並啟動或關閉對應的項目就可避免出錯。在此機器人具備了虛擬關節。

設置規畫群組

請根據以下步驟來設置規畫群組：

1. 在 **Planning Groups** 中，藉由選擇 **Add Group** 來加入機器人手臂群組。

2. 群組取名為 arm。

3. **Kinematic Solver** 請選擇 kdl_kinematics_plugin/KDLKinematicsPlugin。解析度與過期時間都採用預設值。

4. **Planner** 請選擇 RRTStar。

5. 現在，加入機器人手臂關節並點擊 **Save**。

最終的畫面看起來如下：

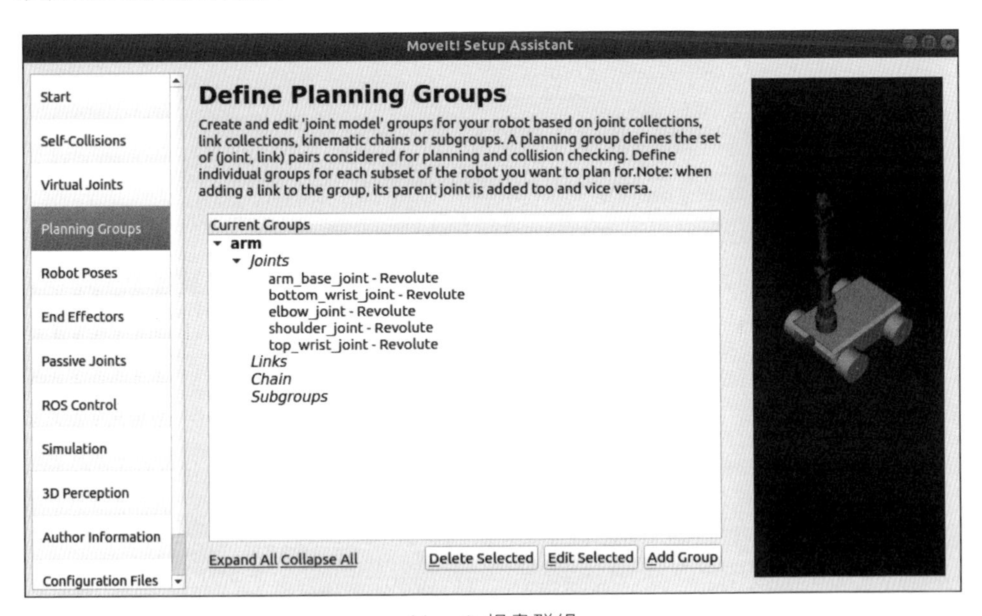

Moveit 規畫群組

群組設定好之後，可以接著設定機器手臂的姿勢了。

設定機器手臂的姿勢

現在要定義姿勢了，點擊 **Add Pose** 並加入以下格式的姿勢（Posename：arm_base_joint、shoulder_joint、bottom_wrist_joint、elbow_joint、top_wrist_joint）：

- **Straight**: 0.0, 0.0, 0.0, 0.0, 0.0
- **Home**: 1.5708, 0.7116, 1.9960, 0.0, 1.9660:

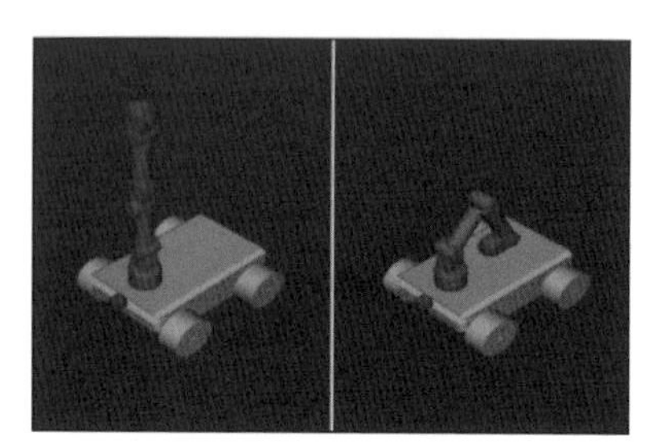

機器人手臂的不同姿勢

本範例沒有端效器，因此可跳過此步驟。

設置被動關節

現在來定義被動關節（Passive Joint），這些關節的狀態不會被發佈出去：

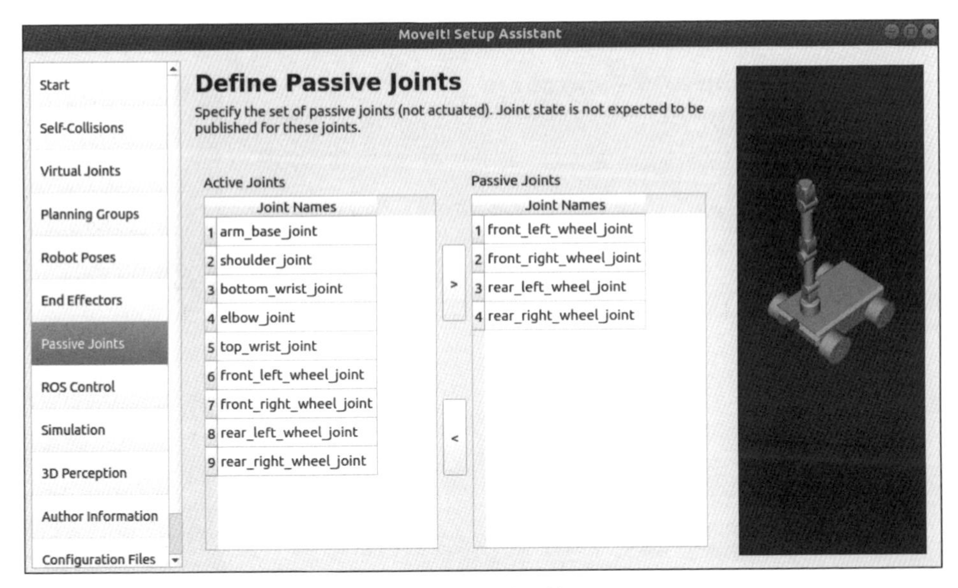

Moveit 被動關節

是時候來檢查用機器人 URDF 所設定的 ROS 控制器了。

設置 ROS 控制器

現在，我們需要連接機器人與 Moveit，以便通過先前定義的 ROS 控制器來控制它。請點選 `Auto Add FollowJointsTrajectory Controllers For Each Planning Group`，您應看到控制器被自動匯入了，如下圖：

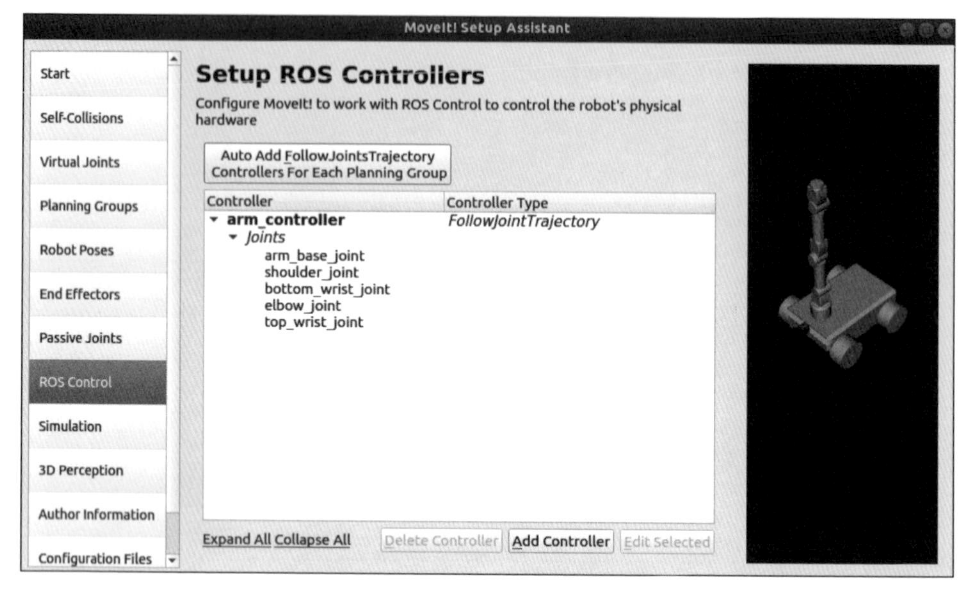

Moveit 的 ROS 控制器設定畫面

上圖中可以看到在外掛中被呼叫的 `FollowJointTrajectory` 外掛，接著要設定 `Moveitconfig` 套件。

設定 Moveitconfig 套件

下一步會自動產生一個用於模擬的 URDF：

1. 如果您做出任何改變，這些改變會以綠色強調。如果沒有修改任何內容時，可跳過本步驟。

2. 由於不需要定義 3D 感測器，因此也跳過此步驟。

3. 在 `Author Information` 標籤中增加任何適當資訊。

4. 最後一步是 `Configuration Files`，在此會看到已產生的檔案清單，如下圖：

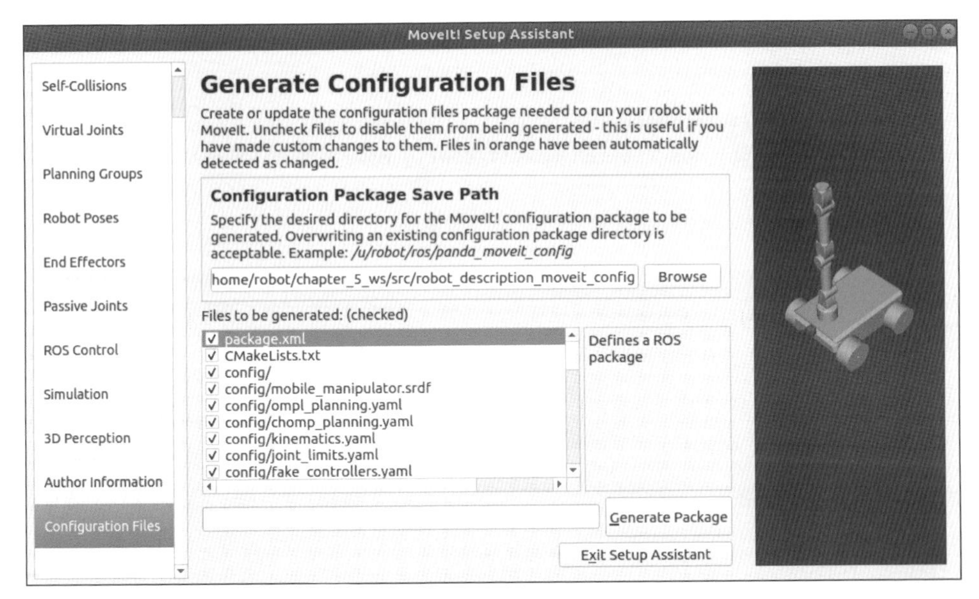

各個設定檔

5. 在 chapter_5_ws/src 資料夾中，指定像是 robot_description_moveit_config 的組態名稱，點擊 **Generate Package** 並退出設定精靈。

現在，可以用 Moveit 來控制機器人手臂了。

使用 Moveit 控制機器人手臂

設定好 Moveit 之後，就可使用 GUI 介面（RViz 外掛）來測試機器人手臂的操控效果了：

1. 在 Gazebo 中啟動這隻移動機械手：

```
$ initros1
$ source devel/setup.bash
$ roslaunch robot_description
mobile_manipulator_gazebo_xacro.launch
```

2. 在新終端機中打開由 Moveit 設定精靈自動產生的 move_group.launch 檔：

```
$ initros1
$ source devel/setup.bash
$ roslaunch robot_description_moveit_config move_group.launch
```

終端機的輸出應類似以下畫面：

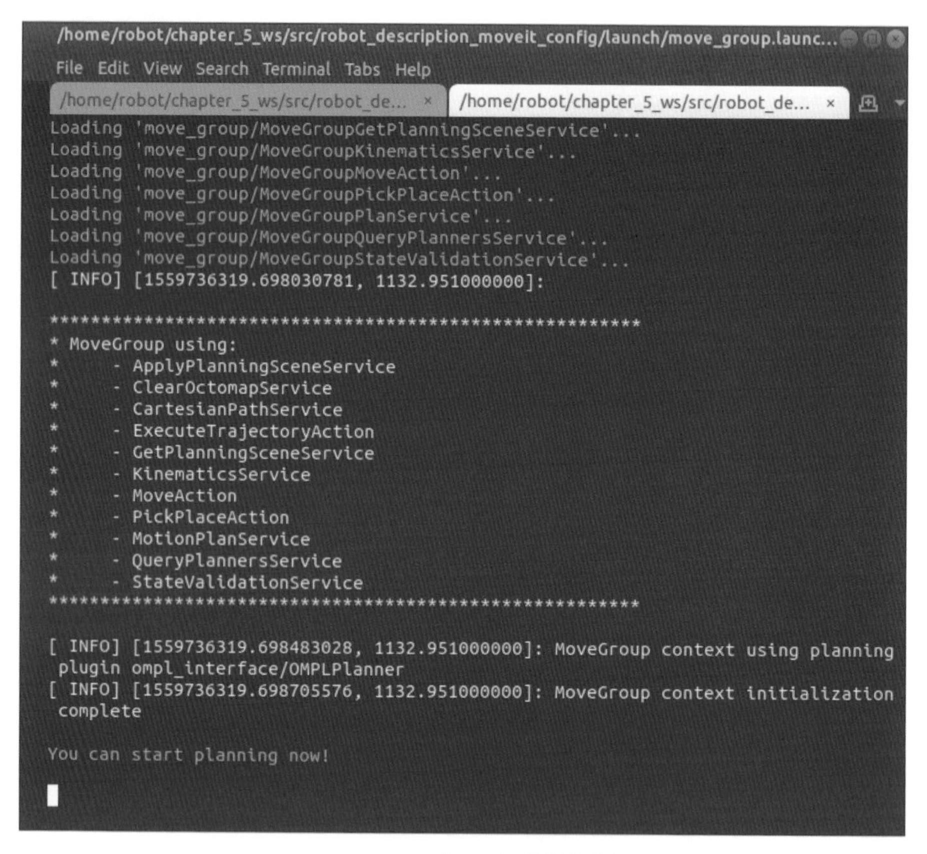

move_group.launch 執行畫面

3. 現在，啟動 RViz 來控制機器人的動作：

```
$ initros1
$ source devel/setup.bash
$ roslaunch robot_description_moveit_config movit_rviz.launch config:=True
```

應可看到以下視窗：

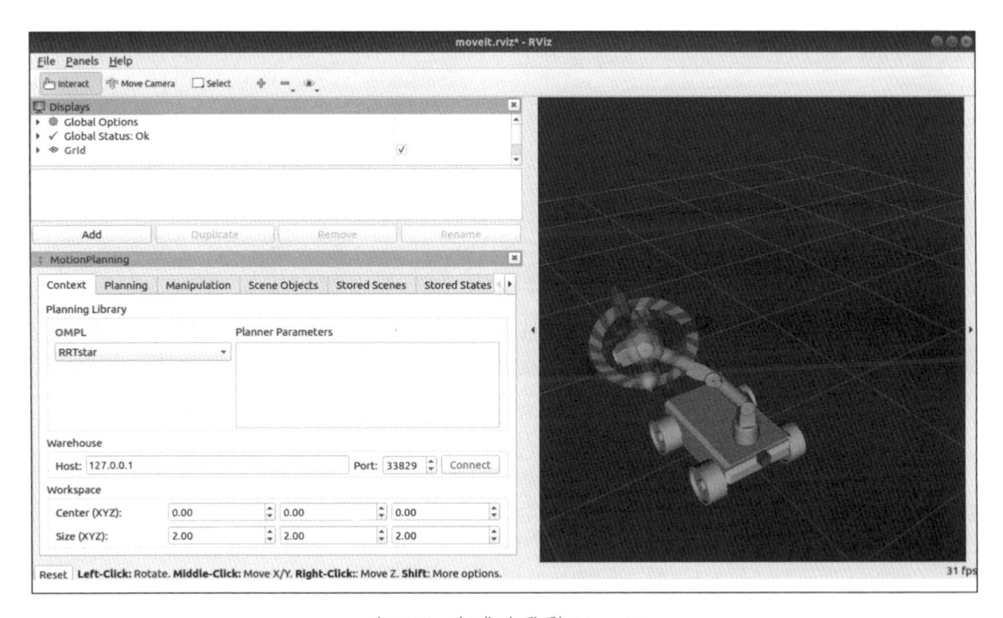

在 RViz 中成功啟動 Moveit

4. 切換到 **Planning** 標籤，在 **Goal State** 中選擇 **home**，最後點擊 **Plan**。您應看到機器人手臂到目標位置的規劃（移動）路線。

5. 為了使手臂實際移動，選擇 **Execute**：

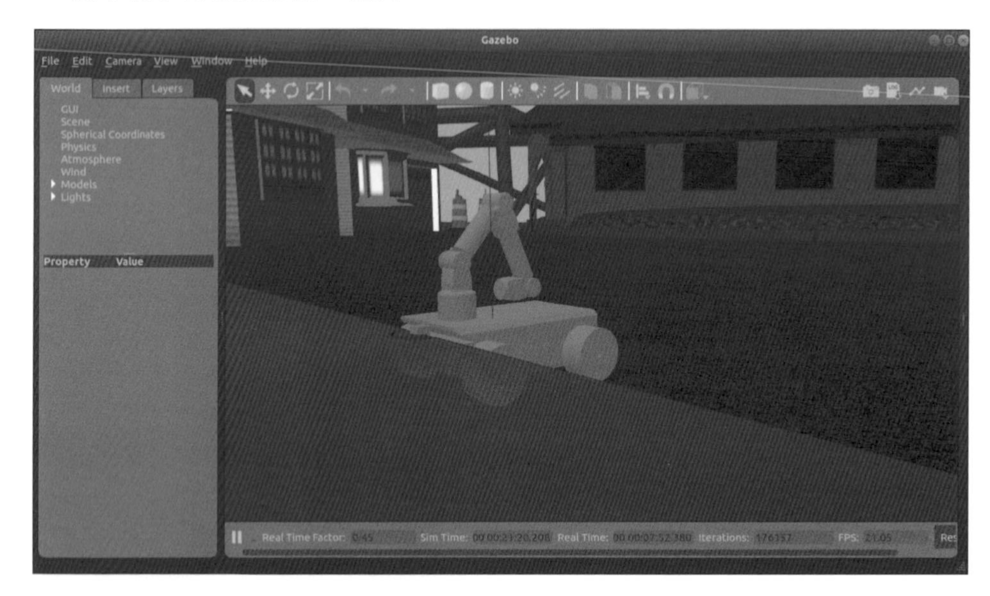

機器手臂在 Gazebo 中移動到 home 位置

您應可看到手臂在 Gazebo 中移動到指定位置，如上圖所示。

如果手臂未能順利規畫路徑，請用 **Planning** 標籤中的對應按鈕重新規畫並執行。

現在，來學習如何模擬這個應用程式。

應用程式模擬

現在，一切都準備好進行最終展示了。我們已經擁有一個能在環境中自主移動的機器人基座，還有一隻可以移動到我們要求它要前往之任何位置的機器手臂。請根據以下步驟來執行這個應用程式：

1. 建構地圖及儲存環境。
2. 選擇環境中的某些點。

3. 把這些點加入函式庫。

4. 定義對應的狀態。

5. 完成狀態機。

讓我們仔細看看這些步驟。

地圖建構及儲存環境

請根據以下步驟來建構地圖與儲存環境：

1. 第一步是讓機器人了解環境，為此，要使用 " 讓機器人手臂有智慧 " 這一段所介紹的開放原始碼地圖建構技術。一旦機器人在 Gazebo 環境下啟動之後，請在新終端機中使用以下指令啟動 gmapping 節點：

```
$ initros1
$ rosrun gmapping slam_gmapping
```

2. 請用以下指令開啟儲存庫中的 RViz 檔來檢視機器人正在建立的地圖：

```
$ rosrun rviz rviz -d navigation.rviz
```

3. 使用 teleop 節點指令使機器人在環境四處走動：

```
$ rosrun teleop_twist_keyboard teleop_twist_keyboard.py
cmd_vel:=/robot_base_velocity_controller/cmd_vel
```

   應可在 RViz 中看到地圖慢慢被建立起來。

4. 現在，在新終端機中使用以下指令來儲存地圖：

```
$ rosrun map_server map_saver -f postoffice
```

會看到 .yaml 及 .pgm 格式的幾個檔案，路徑就在您終端機所在的位置。

選擇環境中的點

地圖建立起來之後，把各個住宅目標存成獨立的點。請根據步驟操作：

1. 載入地圖檔，這是先前在"讓機器人基座有智慧"這段中 `mobile_manipulator_navigation.launch` 檔裡面。把啟動檔中的以下這一行換成地圖檔路徑即可：

```
<node name="map_server" pkg="map_server" type="map_server"
args="/home/robot/chapter_5_ws/postoffice.yaml"/>
```

請注意只要載入 `.yaml` 檔，另外也請確定已使用以下指令安裝 `map_server`：`sudo apt- get install ros-melodic-map-server`。

2. 在 Gazebo 節點運行的前提下，在另一終端機中開啟導航啟動檔：

```
$ source devel/setup.bash
$ roslaunch robot_description mobile_manipulator_move_base.launch
```

3. 使用以下指令開啟儲存庫中的 RViz 檔，來檢視正在被機器人建立的地圖：

```
$ rosrun rviz rviz -d navigation.rviz
```

4. 請點選 RViz 的 **Publish Point** 工具，並直接朝著地圖上的住宅移動。一開始要辨認這些住宅時可能有點棘手，但很快就會習慣。一旦點擊位置中的某個點，RViz 畫面底部就會出現一組由三個數值組成的清單，就在 Reset 按鈕旁。請記下所有目的地的這些點數值。

把點加入函式庫

把所記錄的點儲存為字典，如下：

```
postoffice = [x,y,z,qz]
house1 = [x,y,z,qz]
house2 = [x,y,z,qz]
house3 = [x,y,z,qz]
```

以下為點的格式：平移位置 `(x, y, z)` 與旋轉量 `qz`。

完成狀態機

上述步驟的程式碼請由此取得：*https://github.com/PacktPublishing/ROS-Robotics-Projects-SecondEdition/tree/master/chapter_5_ws/src*。執行本程式碼之後，可以看到機器人開始從郵局拾取一件包裹、將它放在機器人上，最後逐個將包裹配送到住宅。

現在，讓我們看看機器人可以還有哪些可以改良的地方。

改良機器人

在操作機器人時，只讓它們用我們想要的方式來工作，有時可說是既忙碌又無趣。來看看您可納入考慮來讓這個應用程式更棒的一些改進之處：

- **使用高階 CPU 或基於 GPU 的運算**：上述的應用程式應該可以正常工作。但是由於機器人算法大部份是以機率方法為基礎，所以大部份的解決方案都是假設性的，也因此有可能發生錯誤或或應用程式無法按預期運作。有時，如果您的電腦規格較差，Gazebo 很可能會在您查看完整的應用程式時當機，這還蠻討厭的。
- **調整導航堆疊以便有更好的定位**：有一些能幫助我們調整演算法某些參數的最佳化方法。在大多數情況下，這有助於使應用程式順利啟動並運行。可參考 Kaiyu Zhen 的導航調整指南：*http://wiki.ros.org/navigation/Tutorials/Navigation%20Tuning%20Guide*，以及本文獻來看看調整機器人基座參數：*https://github.com/zkytony/ROSNavigationGuide/blob/master/main.pdf*。
- **直接找到包裹使應用更加有趣**：對本應用程式來說，試著使用本書第一版中由 Lentin Joseph 提出的 `find_2d_package`，而不是為手臂指定固定姿勢來拾取感興趣的物體。
- **整合感測器以改善準確度**：如果想要改善來自移動基座的計程資訊準確度，試試看感測器整合（sensor fusion）技術。您可加入 IMU 外掛，並將其讀數與輪子編碼器（也就是 `/odom`）結合起來。IMU 外掛範例請參考：*http://gazebosim.org/tutorials?tut=ros_gzplugins#IMUsensor*（GazeboRosImuSensor）。一旦定義好 IMU，您可利用 Kalman 濾波器這類的濾波器來組合 IMU 和編碼器數值。結果將是一個穩定的姿勢值，而不會有任何由硬體限制或環境參數所引起的峰值。請參考這個 ROS 套件說明：*http://wiki.ros.org/robot_pose_ekf* 以及 *http://wiki.ros.org/robot_localization*。

- 更棒的地圖建構方法：如何得到準確的地圖也是極有挑戰性的事情。試試看其他的開放原始碼地圖建構套件，例如 Karto（*http://wiki.ros.org/slam_karto*）以及用於建構環境地圖的 Google 製圖師（*https://google-cartographer-ros.readthedocs.io/en/latest/*）SLAM。

總結

您在本章學到了如何賦予移動機器人智慧。首先向您介紹了感測器外掛以及如何設定導航堆疊以進行自主定位，也談到了用於控制機器人手臂的反向運動學概念。最後，為了讓您更加理解，我們整合了上述兩個概念來建立一個可在街坊鄰舍之間配送包裹的機器人應用。本章導入了實際的工業級應用，學會了如何操作以於 ROS 為基礎的機器人。我們也在模擬應用機器人時獲得了一些有用的技能，明白機器人如何運用狀態機來處理更複雜的任務。

到了下一章，您將學會如何讓多台機器人同時協同運作。

6

多機器人協同運作

前幾章中已展示如何建置機器人且在 ROS 中模擬它。您也學習如何使機器人基座具備自主性，並讓機器人手臂聰明到足以在環境中移動到指定位置。另外還介紹了一個服務員機器人比喻（請回顧第四章「使用狀態機處理複雜機器人任務」），當時使用了多個機器人集體互相通訊以及服務顧客，最後使用更多台機器人配送產品到住宅（前一章的機器人應用）。

在本章，我們會學習如何將多個機器人帶入模擬環境且建立它們之間的通訊。您會知道在 ROS 中如何區分多個機器人，以及如何讓它們有效通訊的一些方法。您也會看到由此而生的一些的問題，並學習如何使用 `multimaster_fkie ros` 套件來克服它們。本章的學習內容是集群機器人（swarm robotics）技術，然後看看只使用單一 ROS 主端的困難點。最後是安裝及設定 `multimaster_fkie` 套件。

本章主題如下：

- 了解集群機器人應用
- 集群機器人分類
- ROS 中的多機器人通訊
- 多主端概念簡介
- 安裝及設定 `multimaster_fkie` 套件
- 多機器人使用案例

技術要求

本章技術要求如下：

- 具備 ROS Melodic Morenia 的 Ubuntu 18.04 作業系統，並預先安裝 Gazebo 9
- ROS 套件：`multimaster_fkie` 套件
- 時間軸及測試平台：
    - **估計學習時間**：平均 90 分鐘
    - **專題建置時間（包括編譯及執行時）**：平均 60 分鐘
    - **專題測試平台**：HP Pavilion 筆記型電腦（Intel® Core ™ i7-4510U CPU @ 2.00GHz、8 GB 記憶體與 64 位元作業系統、GNOME-3.28.2）

本章範例程式碼請由此取得：*https://github.com/PacktPublishing/ROSRobotics-Projects-SecondEdition/tree/master/chapter 6 ws/src*。

先來認識何謂集群機器人應用吧。

認識集群機器人應用

當單一應用中會用到多台機器人時，這類應用通常被稱為集群（swarm）機器人應用。集群機器人技術是研究如何讓一批機器人執行複雜的任務。靈感來自集體活動的生物物種，例如蜜蜂、鳥群或螞蟻群。

這些生物是集體工作，還能各自完成像是建造蜂箱、收集食物或建造蟻巢之類的任務。例如螞蟻，它們的承載能力是其自身重量的 50-100 倍。而一群螞蟻，甚至能舉起比它們單獨可舉起更重的東西。集群機器人技術也是如此。如果像機器人手臂的設計負載只有 5 kg，但需要舉起 15-20 kg 的物體的話，就能使用 5 支機器人手臂來達成。集群機器人具備以下特性：

- 以群組一起工作，且有一台負責帶領其他機器人來執行任務的領導者或主端。

- 能有效率地處理應用，萬一群組中有某台機器人失靈，其餘的機器人還能確保該應用仍可正常啟動和運行。
- 它們為功能簡單、具備有限數量感測器與致動器的簡易機器人。

簡單理解之後，來看看集群機器人技術的優點及限制。

集群機器人技術的優點如下：

- 它們可平行工作以完成複雜任務。
- 規模可調整，群組失靈時可對應地處理及分配任務，例如減少或增加機器人數量。
- 由於用較簡易的機器人來執行任務而非高階機器人，它們可達到更高的效率。

集群機器人技術的限制如下：

- 機器人之間的通訊架構很複雜。
- 機器人有時難以偵測其他機器人，而且可能造成干擾。
- 機器人已經很貴了，所以在使用多台這類的機器人時，請想像一下應用成本會很高呢。

有了集群機器人技術的基本想法，來看看集群機器人的分類。

集群機器人分類

集群機器人分成兩類：

- 同質（Homogeneous）集群機器人
- 異質（Heterogeneous）集群機器人

同質集群機器人為有相同種類（與型態）的機器人集合，例如一群移動機器人（如下圖）。它們可重現某種生物物種的行為來執行任務。

以下照片是一群試著在粗糙地形上行動的機器人：

同質集群機器人（來源：*https://en.wikipedia.org/wiki/S-bot_mobile_robot#/media/File:Sbot_mobile_robot_passing_gap.jpeg*，攝影者：Francesco Mondada 與 Michael Bonani，Creative Commons CC-BY-SA 3.0 授權）

另一方面，異質集群機器人只是一群一起工作來完成特定應用的機器人。就這麼簡單？是的，但更具體來說，它們是不同種類機器人的集合。這是機器人技術的當前趨勢。例如在地理考察領域中，無人機會搭配移動機器人來對環境建構地圖與分析。或是在製造業中，移動機器人和靜態機器人手臂可同時進行像是裝卸工件之機器看管應用。在倉庫中，無人機與自動導向車可協同檢驗貨品並將材料裝到料架上。

另外還有稱為多機器人（multi-robot）系統的應用，請勿與集群機器人技術混淆。差別在於這些機器人會自主地與系統中的其他機器人通訊，但工作卻是獨立的。如果系統中某台機器人壞了，則其他機器人可能無法去補上這台故障機器人的任務，從而會使整個應用被中斷直到問題解決為止。

讓我們瞧瞧多個機器人在 ROS 中如何彼此通訊。

ROS 的多個機器人通訊

ROS 系統是一種可執行多個節點的分散式計算環境，不僅能在單一機器上，還能在相同網路中能互相通訊的多個機器上運行。這特別適合機器人應用，因為有些感測器需要搭配高階機器才能運作。

例如，如果有台移動機器人是透過超音波感測器與攝影機來了解環境，它可能需要透過一個小處理器來與超音波感測器所連接微處理器進行序列通訊。但是，像是攝影機的感測器可能需要更高階的處理器才能處理攝影機資訊。與其使用貴又笨重的高端主機，我們可利用例如 AWS 或 Google Cloud 這類雲服務來處理攝影機資料。

這類系統需要良好的無線網路。因此，超音波感測器節點可透過機器人的簡單處理器來完成，而攝影機影像處理節點可是在雲端運行，並透過無線通訊與機器人通訊（不過，攝影機節點是位在機器人上）。讓我們學習如何在 ROS 中建立多個機器人或機器之間的通訊。

單一 roscore 與公共網路

在相同網路中建立不同機器之通訊的最簡單方法是通過網路設定，請參考以下範例：

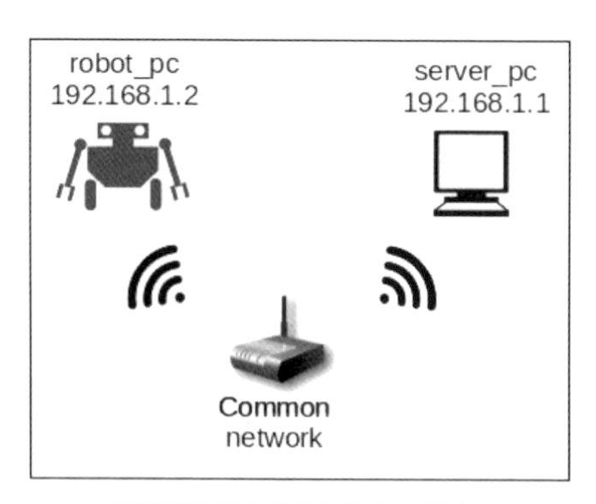

不同機器在相同網路中通訊

假設這個範例是一個工業 4.0 案例。機器人有負責其控制和運動的處理器，並會把其狀態及健康狀況分享給伺服器處理器，後者會分析機器人的健康狀況並協助預測事件或機器人本身的可能失敗。現在，機器人與伺服器兩者都在同一個網路中。

為了使 ROS 了解兩者並與兩者進行通訊，假設伺服器處理器為主處理器。因此，roscore 會在伺服器處理器上運行，且機器人處理器會提供任何必要的主題資訊給 ROS 主端。為了達成此事，您會需要個別設定每一個處理器的主端名稱及 IP 來區分兩者，並有助於兩者互相通訊。假設伺服器處理器為 192.168.1.1 且機器人處理器為 192.168.1.2，而 roscore 是在伺服器處理器上運行並與機器人處理器連接起來。請在各運算系統中設定下列環境變數：

在伺服器處理器中，使用以下指令：

```
$ export ROS_MASTER_URI=http://192.168.1.1:11311
$ export ROS_IP=http://192.168.1.1
```

在機器人處理器中，使用以下指令：

```
$ export ROS_MASTER_URI=http://192.168.1.1:11311
$ export ROS_IP=http://192.168.1.2
```

這裡做了什麼？把伺服器處理器的 IP 設定為 ROS_MASTER_URI，並連接其他處理器（例如，機器人處理器）使得它們能連接指定的 ROS 主端。再者，為了有助於區分各處理器，我們通過 ROS_IP 環境變數來設定處理器的外部名稱。

您也可使用 ROS_HOSTNAME 而不是 ROS_IP，其中機器人的名稱需定義為 /etc/hosts 的一個項目。請參考 *http://www.faqs.org/docs/securing/chap9sec95.html* 來學習如何設定機器人名稱。

可將前述環境變數項目複製於各個 bash 檔中，避免每一次打開新的終端機都要重新呼叫變數。

可能會發生定時問題及主題同步，而且您之後可能看到與外插運算（extrapolation）有關的 TF 警告。這些通常是各處理器之間系統時間不相符的結果。

解決方法是用 ntpdate 來驗證，請用以下指令安裝：

```
$ sudo apt install ntpdate
```

執行以下指令來測試其他處理器的日期：

```
$ ntpdate -q 192.168.1.2
```

如果日期出現差異，請用以下指令安裝 chrony：

```
$ sudo apt install chrony
```

藉由修改機器人處理器的設定檔，就能從伺服器處理器取得時間，請在 /etc/chrony/chrony.conf 中加入：

```
$ sever 192.168.1.1 minpoll 0 maxpoll 5 maxdelay .05
```

更多資訊請參考：*https://chrony.tuxfamily.org/manual.html*。

公共網路的問題

現在，我們知道如何讓節點在相同網路中的不同機器之間通訊了。但是如果不同機器的節點卻有相同的主題名稱時，該怎麼辦？請考慮以下圖範例：

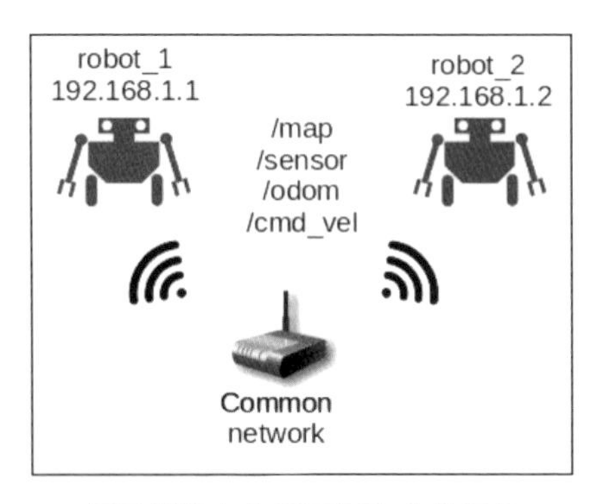

相同機器人在相同網路中的通訊

對移動機器人來說，move_base 節點會需要感測器及地圖資訊將軌跡點作為 cmd_vel 指令發送出去。如果您想控制應用中的另一台移動機器人，則這兩台移動機器人會在相同網路下使用同名的主題，結果就是一團糟。這兩個機器人都會試著去遵循相同的指令並執行相同的事情，而非個別執行任務。這是使用公共 ROS 網路的主要問題之一。因為機器人在網路中有相同的主題名稱，使得它們無法了解個別的控制要求。下一段將談談如何克服這種情況。

使用群組 / 名稱空間

如果您認真看過了 ROS 的線上教學，就知道如何解決此問題。在此用 turtlesim 範例來說明，請用以下指令啟動 turtlesim 節點。

在一終端機中，執行以下指令：

```
$ initros1
$ roscore
```

在另一終端機中，執行以下指令：

```
$ initros1
$ rosrun turtlesim turtlesim_node
```

查看 ros 主題清單中的 cmd_vel 及 turtle1 的位置。現在，在 GUI 中使用以下指令生成另一個小烏龜：

```
$ rosservice call /spawn 3.0 3.0 0.0 turtle2
```

剛剛發生了什麼？您用相同的主題名稱生成另一個小烏龜，但加上了字首 /turtle2。這是 ROS 用來生成多個機器人的名稱空間技術。我們的範例改良後如下：

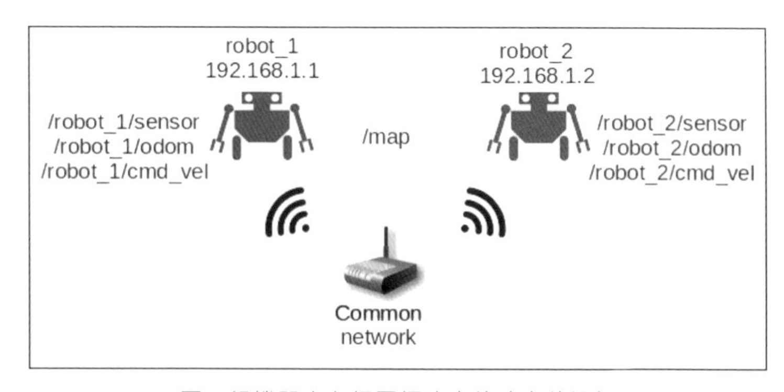

同一組機器人在相同網路中的改良後通訊

如您所見，每個機器人都各自有以機器人名稱為字首的個別主題。因為兩個機器人都在相同的環境中，它們之間也會有一些公用主題，例如 `/map`。下一段將說明如何把這種名稱空間技術應用於在第三章「建置工業移動機械手」的機器人。

範例 - 使用群組 / 名稱空間生成的多機器人

本範例將使用第三章「建置工業移動機械手」中的移動基座。工作空間請由本書 GitHub 取得：*https://github.com/PacktPublishing/ROS-Robotics-Projects-SecondEdition/tree/master/chapter_3_ws/src/robot_description*。將它下載到新的工作空間並編譯，使用以下指令啟動機器人基座：

```
$ initros1
$ roslaunch robot_description base_gazebo_control.xacro.launch
```

應看到 gazebo 模型，如下：

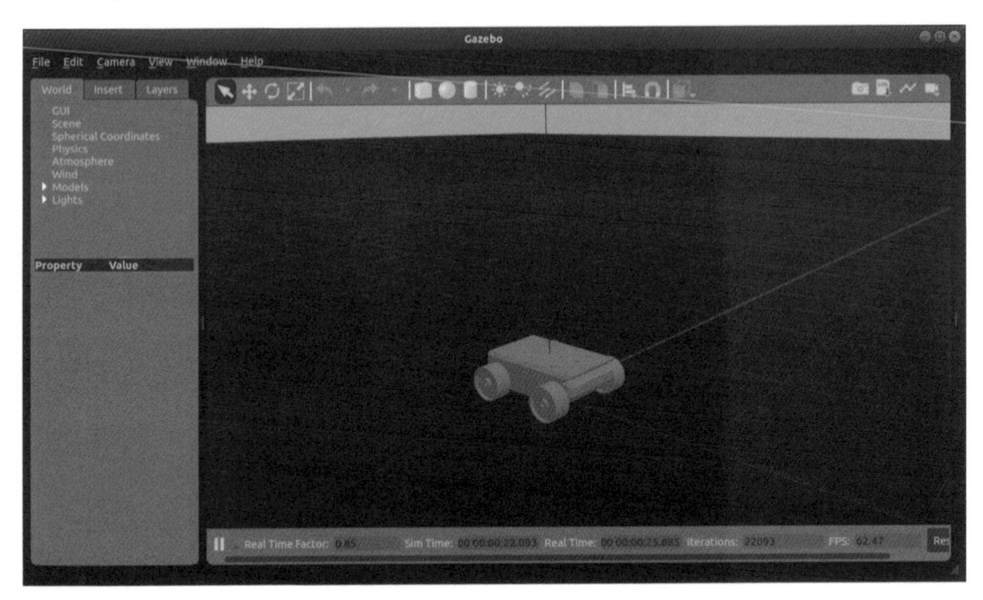

機器人基座模型的 Gazebo 視圖

現在，我們想在 gazebo 中生成另一個機器人，因此分別把這兩台機器人命名為 robot1 和 robot2。回顧之前的 base_gazebo_control.xacro.launch 檔，我們將機器人和控制器組態搭配一個空 gazebo 世界來啟動，再將其載入 ROS 伺服器中，最後載入控制器節點。現在要做的事情也是一樣的，只是機器人變多而已。為此，我們會在名稱空間群組標籤下啟動機器人。請確保在載入機器人的 URDF 時，要用 tf_prefix 參數搭配 <robot_name> 字首來區分各台機器人。

最後，必須在載入控制器時使用 ns 引數以及在啟動控制器節點時使用 --namespace 引數來區分每個機器人的控制器。針對 robot1 的修改如下：

```
<group ns="/robot1">
<param name="tf_prefix" value="robot1" />
 <rosparam file="$(find robot_description)/config/control.yaml"
command="load" ns="/robot1" />
 <param name="/robot1/robot_description" command="$(find xacro)/xacro --
inorder $(find robot_description)/urdf/robot_base.urdf.xacro nsp:=robot1"/>
```

```
    <node name="urdf_spawner_1" pkg="gazebo_ros" type="spawn_model"
      args="-x -1.0 -y 0.0 -z 1.0 -unpause -urdf -model robot1 -param
robot_description " respawn="false" output="screen">
    </node>

    <node pkg="robot_state_publisher" type="robot_state_publisher"
name="robot_state_publisher_1">
      <param name="publish_frequency" type="double" value="30.0" />
    </node>

    <node name="robot1_controller_spawner" pkg="controller_manager"
type="spawner"
      args="--namespace=/robot1
      robot_base_joint_publisher robot_base_velocity_controller
      --shutdown-timeout 3">
    </node>
  </group>
```

啟動兩個機器人時，只要把以上整段程式碼複製貼上兩次，並把第二次複製區塊中的 `robot1` 換成 `robot2` 即可。您可根據實際需要建立多個區塊。為簡單起見，把這塊程式碼移到稱為 `multiple_robot_base.launch` 的另一個啟動檔中。啟動這兩個機器人的完整程式碼請由此取得：*https://github.com/PacktPublishing/ROS-Robotics-Projects-SecondEdition/blob/master/chapter_6_ws/src/robot_description/launch/multiple_robot_base.launch*。主要啟動檔是 `robotbase_simulation.launch`，它會啟動一個空的 gazebo 世界以及 `multiple_robot_base` 啟動檔。

Gazebo 畫面應該長這樣：

多個機器人的 Gazebo 視圖

`rostopic` 清單如下：

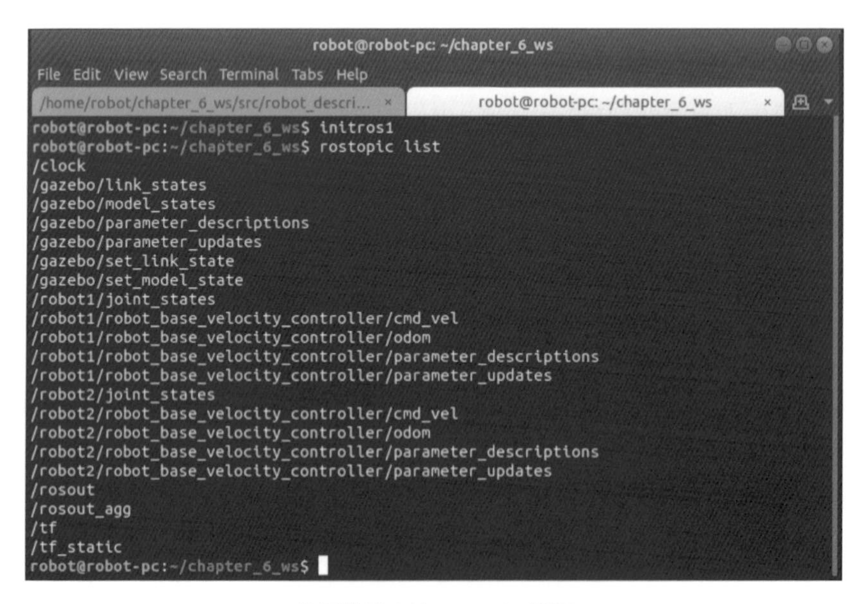

多個機器人的 rostopic 清單

應注意，這只是群組標籤的簡單表示方式，而非表示群組的唯一方式。同樣的做法搭配合適的引數與迴圈，就能增加更多台機器人。

現在已使用名稱空間啟動了多台機器人，來看看它有哪些限制吧。

使用群組 / 名稱空間的問題

儘管這個做法確實解決了同類型機器人之間的通訊問題，但在使用此技術時仍存在一些問題。當機器人加入了這項功能之後，設定它們會變得相當有難度，因為要幫幾乎所有機器人的啟動檔來指定名稱空間。這很耗時，設定起來也很繁瑣，而且如果設定不當還會造成混亂，因為這個做法在出現問題時無法提供任何診斷或例外處理。

假設您打算購買 Husky 或 TurtleBot 這類的機器人基座，並希望一起使用它們，您需要為每個機器人設定包裹器檔（必要的名稱空間啟動檔）。您之所以購買現成的機器人基座是為了確保它們馬上可用，而且您無需為這個應用再逐一設定套件。不過，最後的狀況會是在現有的東西上加入更多檔案，這也會拖長開發時間。再者如果使用這個方法，您的 `rostopic` 清單會與一堆加了特定機器人字首的主題列表混在一起。如果只想控制從機器人中選擇的特定主題，然後將其顯示給主控端怎麼辦？如果想知道哪台機器人連上網路或斷線時，又該怎麼辦呢？

所有這些問題的解答都在下一段。

多主端概念簡介

在此用一個工業應用案例幫助您了解多主端（multimaster）的概念，如下圖：

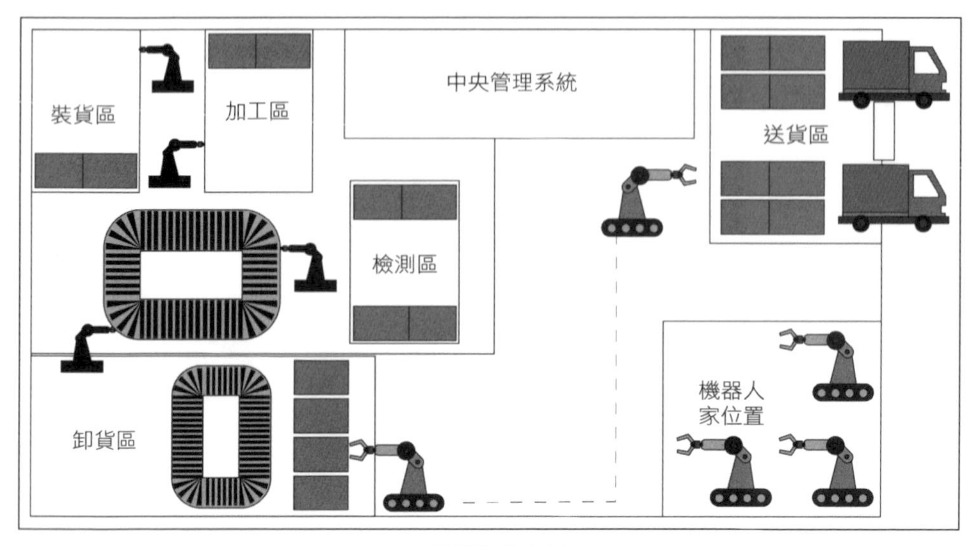

工業機器人案例

假設有多台像是第三章「建置工業移動機械手」中的這類移動機器手，它們要協同運作來裝卸貨物，而至少需要五台機器人才能完成這件事。再者，另外還有幾台機器手臂與負責管理的機台一起工作，例如把貨物放上加工區、放上輸送帶，最後取下貨物來配送。最後，還需要一台中央系統來監控所有機器人的任務及健康狀況。對於這樣的設定，會有多個區域網路需要連接至公共網路（中央系統所在處）。

ROS 提供了一個機制，可透過公共 ROS 工具讓多個 ROS 子系統彼此交換資訊。這個方案就是 `multimaster_fkie` 這款 ROS 套件。

multimaster_fkie 套件簡介

`multimaster_fkie` 套件有兩個主要節點：

- `master_discovery` 節點
- `master_sync` 節點

`master_discovery` 節點可偵測網路中的其他 ROS 主端，並識別網路是否發生任何變動，如果有變動就會分享給其他 ROS 主端。`master_sync` 節點可讓其他

ROS 主端的主題和服務與區域 ROS 主端進行同步。這招很有用，讓公共網路中的多個 ROS 主端只會與公共網路分享必要的主題資訊，而其餘大量的主題資訊則保留在各自的區域網路中。

來瞧瞧一些範例，幫助您了解如何設定 multimaster_fkie 套件。

更多關於 multimaster_fkie 的資訊請參考：*http://wiki.ros.org/multimaster_fkie*。

安裝 multimaster_fkie 套件

在此由原始碼來安裝 multimaster_fkie 套件：

1. 系統需先安裝 pip，請用以下指令：

```
$ sudo apt install python-pip
```

2. pip 裝好後，取得其 Github 並儲存庫於工作空間中，再用以下指令來建置套件：

```
$ cd chapter_6_ws/src
$ git clone https://github.com/fkie/multimaster_fkie.git
multimaster
$ rosdep update
$ rosdep install -i --as-root pip:false --reinstall --from-paths
multimaster
```

上述命令執行之後，系統將提示您要安裝一些相依套件，在此請安裝全部的相依套件。安裝好之後就可以建置工作空間了。

3. 這次使用 catkin_make_isolated 指令來建置工作空間，本指令可個別建置各套件而非全部一起來：

```
$ cd ..
$ catkin_build_isolated
```

安裝完成了，來使用這個套件吧。

設定 multimaster_fkie 套件

為了設定 multimaster_fkie 套件，最好在兩個獨立系統中運行此範例。設定過程包含以下三個步驟：

1. 設定主端名稱及 IP。
2. 檢查與啟動多播功能。
3. 測試設定。

現在逐一介紹這些步驟。

設定主端名稱及 IP

假設我們有兩個系統，分別叫做 pcl 與 pc2。請根據以下步驟來設定系統：

1. 在 pc1 中，進入 /etc/hosts 檔且做以下修改：

```
127.0.0.1 localhost
127.0.0.1 pel

192.168.43.135 pe1
192.168.43.220 pe2
```

2. 在 pc2 中，進入 /etc/hosts 檔且做以下修改：

```
127.0.0.1 localhost
127.0.0.1 pe1

192.168.43.135 pe1
192.168.43.220 pe2
```

由於這些檔案在系統資料夾中，因此需要 sudo 權限才能編輯這些檔案。

3. 還記得嗎，上個範例中已經加入了 ROS_MASTER_URI 與 ROS_IP，讓每個電腦在自己的 bash 檔中都設定好自己的 IP 與 ROS_MASTER_URI。

4. 使用 `$ sudo gedit ~/.bashrc` 開啟 bash 腳本：

    - 在 pc1 的 bash 腳本中，使用以下程式碼：

    ```
    export ROS_MASTER_URI=http://192.168.43.135
    export ROS_IP=192.168.43.135
    ```

    - 在 pc2 的 bash 腳本中，使用以下程式碼：

    ```
    export ROS_MASTER_URI=http://192.168.43.220
    export ROS_IP=192.168.43.220
    ```

下一段要介紹如何檢查並啟動多播特徵。

檢查與啟動多播功能

為了初始化多個 roscore 之間的同步，需要檢查每個電腦的多播特徵是否順利啟動。Ubuntu 通常會先關掉這個功能，請用以下指令來檢查：

```
$ cat /proc/sys/net/ipv4/icmp_echo_ignore_broadcasts
```

如果數值為 `0`，代表已經啟動多播功能。如果為 `1`，請使用以下指令將數值設為 `0`：

```
$ sudo sh -c "echo 0 >/proc/sys/net/ipv4/icmp_echo_ignore_broadcasts"
```

啟動之後，使用以下指令檢查多播 IP 地址：

```
$ netstat -g
```

標準 IP 通常為 `220.0.0.x`，因此在每個電腦上分別去 ping 這個 IP 來檢查通訊是否正常。就我的電腦來說，多播 IP 為 `220.0.0.251`，因此兩個電腦都要 ping `220.0.0.251` 來檢查連線：

```
$ ping 220.0.0.251
```

系統設定好了，讓我們來測試這些設定。

測試設定

在每個終端機中分別啟動 roscore：

```
$ initros1
$ roscore
```

現在，進入各個 `multimaster_fkie` 套件資料夾並在各個電腦中執行以下指令：

```
$ rosrun fkie_master_discovery master_discovery _mcast_group:=220.0.0.251
```

在此，`mcast_group` 代表使用 `netsat` 指令得到的多播 IP 地址。

如果網路設定正確，應可在各電腦上看到代表各 roscore 的 `master_discovery` 節點，如下圖：

pc1 與 pc2 的 master_discovery 節點內容

現在，為了同步各個 ROS 主端的主題，請在各電腦上執行 `master_sync` 節點。如先前所見，`multimaster_fkie` 套件已經設定完成，接著用一些範例讓您更理解它。

多機器人使用案例

讓我們在電腦上啟動一個機器人模擬，並在另一台電腦上透過遙控器來控制。在此將使用在 " 範例 - 使用群組 / 名稱空間生成多機器人 " 這一段中的相同機器人。假設先前的設定不再修改，讓我們在一台電腦上啟動多台機器人：

1. 在 pc1 中，執行以下指令：

```
$ initros1
$ roslaunch robot_description robotbase_simulation.launch
```

2. 然後，在另一終端機中啟動 master_discovery 節點：

```
$ initros1
$ source devel_isolated/setup.bash
$ rosrun fkie_master_discovery master_discovery
_mcast_group:=224.0.0.251
```

3. 在另一終端機中，啟動 master_sync 節點來同步所有主題：

```
$ initros1
$ source devel_isolated/setup.bash
$ rosrun fkie_master_sync master_sync
```

   現在，在 pc2 中執行必要的指令。在 pc2 中，假設您已在一終端機中啟動 roscore，接著要在每個終端機中逐一運行 master_discovery 及 master_sync 節點。

4. 在一終端機中，執行以下指令：

```
$ initros1
$ rosrun fkie_master_discovery master_discovery
_mcast_group:=224.0.0.251
```

5. 在另一終端機中，執行以下指令：

```
$ initros1
$ rosrun fkie_master_sync master_sync
```

所有主題同步完成之後，應可看到類似下圖的視窗：

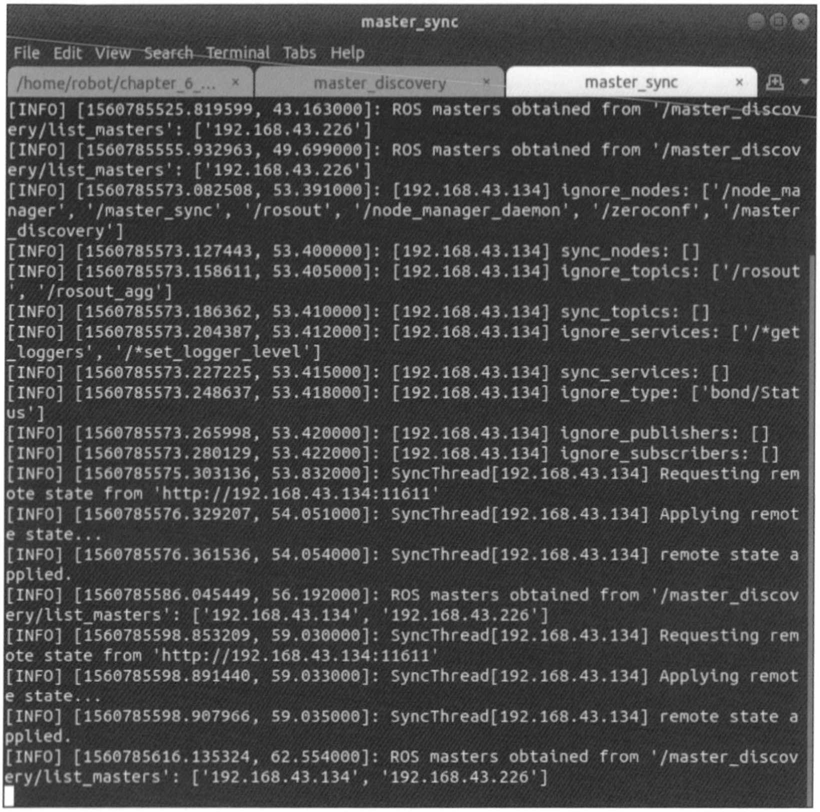

```
master_sync
File Edit View Search Terminal Tabs Help
/home/robot/chapter_6_... ×   master_discovery ×   master_sync ×
[INFO] [1560785525.819599, 43.163000]: ROS masters obtained from '/master_discov
ery/list_masters': ['192.168.43.226']
[INFO] [1560785555.932963, 49.699000]: ROS masters obtained from '/master_discov
ery/list_masters': ['192.168.43.226']
[INFO] [1560785573.082508, 53.391000]: [192.168.43.134] ignore_nodes: ['/node_ma
nager', '/master_sync', '/rosout', '/node_manager_daemon', '/zeroconf', '/master
_discovery']
[INFO] [1560785573.127443, 53.400000]: [192.168.43.134] sync_nodes: []
[INFO] [1560785573.158611, 53.405000]: [192.168.43.134] ignore_topics: ['/rosout
', '/rosout_agg']
[INFO] [1560785573.186362, 53.410000]: [192.168.43.134] sync_topics: []
[INFO] [1560785573.204387, 53.412000]: [192.168.43.134] ignore_services: ['/*get
_loggers', '/*set_logger_level']
[INFO] [1560785573.227225, 53.415000]: [192.168.43.134] sync_services: []
[INFO] [1560785573.248637, 53.418000]: [192.168.43.134] ignore_type: ['bond/Stat
us']
[INFO] [1560785573.265998, 53.420000]: [192.168.43.134] ignore_publishers: []
[INFO] [1560785573.280129, 53.422000]: [192.168.43.134] ignore_subscribers: []
[INFO] [1560785575.303136, 53.832000]: SyncThread[192.168.43.134] Requesting rem
ote state from 'http://192.168.43.134:11611'
[INFO] [1560785576.329207, 54.051000]: SyncThread[192.168.43.134] Applying remot
e state...
[INFO] [1560785576.361536, 54.054000]: SyncThread[192.168.43.134] remote state a
pplied.
[INFO] [1560785586.045449, 56.192000]: ROS masters obtained from '/master_discov
ery/list_masters': ['192.168.43.134', '192.168.43.226']
[INFO] [1560785598.853209, 59.030000]: SyncThread[192.168.43.134] Requesting rem
ote state from 'http://192.168.43.134:11611'
[INFO] [1560785598.891440, 59.033000]: SyncThread[192.168.43.134] Applying remot
e state...
[INFO] [1560785598.907966, 59.035000]: SyncThread[192.168.43.134] remote state a
pplied.
[INFO] [1560785616.135324, 62.554000]: ROS masters obtained from '/master_discov
ery/list_masters': ['192.168.43.134', '192.168.43.226']
```

multimaster_fkie 主題同步完成

6. 現在執行 `$ rostopic list` 指令，應該會同時看到 `/robot1` 與 `/robot2` 主題。使用以下指令並搭配正確主題名稱來移動機器人，機器人應該會動起來喔：

```
$ rosrun rqt_robot_steering rqt_robot_steering
```

在 Gazebo 中模擬機器人移動的畫面如下：

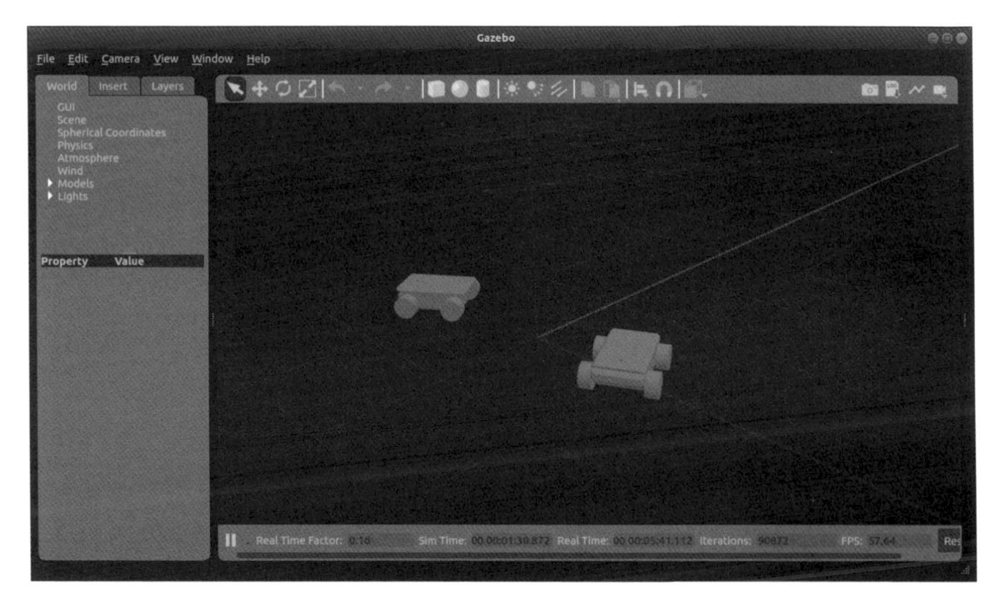

在 gazebo 中移動的機器人

如果需要選擇特定的主題來同步，請檢查 `master_sync.launch` 檔中的必要參數清單。用 `sync_topics` 這個 `rosparam` 來指定目標主題就可以了。

總結

在本章中，您了解了多個機器人在 ROS 中的最佳通訊方式。首先介紹了在相同網路中的節點如何通訊與其限制，接著是讓相同網路中的機器人使用名稱空間來通訊與其限制。最後則是談到，具備多個 roscore 的機器人如何透過 `multimaster_fkie` 套件來通訊，這有助於讓我們的機器人應用更豐富。本章讓我們知道了相同或不同種類的機器人如何進行通訊。

下一章要談談，ROS 如何搭配最新款式的嵌入式硬體。

7 在嵌入式平台上運行 ROS 與控制方法

您現在已經知道如何在模擬環境中建置機器人，還有如何使用 ROS 框架來控制它們。另外也學會了如何處理複雜的機器人任務，並讓多個機器人彼此通訊。所有這些概念都在虛擬環境中測試過了，還滿意吧？如果您想知道如何讓它們與實體的機器人一起工作，或者自己組裝一台並經由 ROS 框架來控制它們的話，本章會幫您達成。

對機器人技術感興趣的任何人都一定會熟悉 Arduino 和 Raspberry Pi 這類名稱。此類開發板可用來單獨或在控制迴路中讀取與其連接的感測器來控制機器人致動器。但是，這些開發板到底是什麼？如何使用它們？它們彼此之間有何不同？為何挑選板子為什麼很重要？這些問題的答案是很實務導向的，到了本章結束時您應該就能回答。

本章會談談如何在 ROS 中使用這類嵌入式控制板與運算單元。首先要認識不同微控制器及處理器的運作方式，接著是用實際範例介紹一些機器人技術社群常用的開發板。隨後，您會學習如何在這些板子上設定 ROS，並在您的專題中運用它們。

本章主題如下：

- 認識嵌入式開發板
- 微控制器板簡介
- 單板電腦 (SBC) 簡介
- Debian 與 Ubuntu
- 在單板電腦上設定 ROS
- 從 ROS 來控制 GPIO 腳位
- 各種單板電腦評測
- 認識 Alexa 並與 ROS 連接

技術要求

本章技術要求如下：

- 在 Ubuntu 18.04（Bionic）上的 ROS Melodic Morenia
- 時間軸及測試平台：
  - **估計學習時間**：平均 150 分鐘
  - **專題建置時間（包括編譯及執行時間）**：平均 90-120 分鐘（取決於設置指定需求的硬體板）
  - **專題測試平台**：HP Pavilion 筆記型電腦（Intel® Core ™ i7-4510U CPU @ 2.00 GHz、8 GB 記憶體及 64 位元 OS、GNOME-3.28.2）

本章程式碼請由此取得：*https://github.com/PacktPubiishing/ROs-Robotics-Projects-SecondEdition/tree/master/chapter_7_ws*。

先從認識不同類型的嵌入式開發板開始。

認識嵌入式開發板

如果某個應用的軟體是被嵌入在特定設計目的硬體上，則該應用被稱為嵌入式系統應用。嵌入式系統在多數日常小工具和電子產品中都可以找到，例如行動電話、廚房電器與消費者電子產品。它們通常是為特定目的而設計的，以嵌入式系統出名的這類應用之一就是機器人。

而執行這類軟體（又稱為韌體），且針對特定目的所設計的硬體板，就是我們所說的嵌入式開發板者。它們分兩種：

- **基於微控制器**（**Microcontroller**）：在基於微控制器的板子中，硬體包含了 CPU、記憶體單元、可連接周邊裝置的 I/O 腳位與通訊介面，全部都包含在單一晶片中。
- **基於微處理器**（**Microprocessor**）：在基於微處理器的板子中，硬體主要就只剩下 CPU 了。通訊介面、周邊裝置連接與計時器的其他元件還是有，但是以單獨模組來呈現。

還有另一種類似這兩者的組合，稱為系統單晶片（System on Chip, SoC）。它們的尺寸非常精巧迷你，通常用於小尺寸的產品。現行市售的微處理器板，或稱為單板電腦（Single Board Computer, SBC），就會包含一顆 SoC 與其他元件。下表為簡單的比較：

	微控制器（MCU）	微處理器（MPU）	系統單晶片（SoC）
作業系統	無	有	它可基於 MCU 或 MPU。如果為 MPU，則須為輕量化的作業系統。
資料 / 計算寬度	4、8、16、32 位元	16、32、64 位元	16、32、64 位元
時脈	≤ MHz	GHz	MHz – GHz
記憶體（RAM）	常以 KB 為單位，以 MB 為單位很少	512 MB 至數 GB	MB – GB
記憶體（ROM）	KB 至 MB（FLASH、EEPROM）	MB 至 TB（FLASH、SSD、HDD）	MB 至 TB（FLASH、SSD、HDD）
成本	低	高	高
範例	Atmel 8051 微控制器、PIC、ATMEGA 序列微控制器	x86、Raspberry Pi、BeagleBone black	Cypress PSoc、Qualcomm Snapdragon.

嵌入式開發板的比較

接著談談嵌入式開發板的一些基本概念。

重要概念

一般嵌入式系統在架構上會由許多其他元件所組成。由於本書聚焦在機器人技術，因此會帶您理解與機器人技術有關的嵌入式系統：

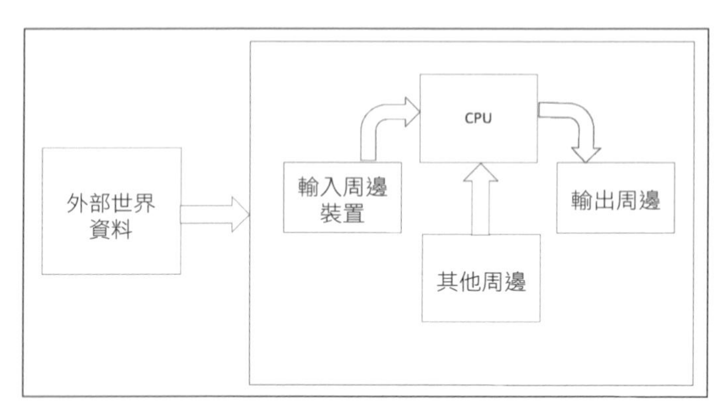

簡易嵌入式系統示意圖

由上圖可見，主要元件如下：

- **輸入周邊**：可提供環境資訊的感測器，例如雷射雷達、攝影機、超音波或紅外線感測器。搖桿或鍵盤透過介面的使用者互動也可算為輸入周邊的一部份。
- **輸出周邊**：致動器，例如可轉動的輪子、特定機構的連桿動作、LCD 螢幕或顯示器。
- **CPU**：計算模型或執行演算法就一定需要它，還需要記憶體以暫時或永久地儲存這些運算資訊。
- **其他周邊**：出現在系統個別元件之間或與網路中其他系統之間的通訊介面，例如 SPI、I2C 或 RS-485；或 USB 與網路介面，例如乙太網路或 Wi-Fi。

包含這些硬體元件與建置於其上之軟體層的整個嵌入式區塊，後續就會被用於我們的機器人應用。如在「了解嵌入式開發板」這段所述，它們的類型包括微控制器、微處理器或 SoC。此區塊支援的技術，讓我們可了解由環境所感知的資訊、對此類資料作運算並轉換為必要的控制動作。現在來談談在機器人技術中，微控制器與微處理器有何不同。

微控制器與微處理器在機器人技術中有何不同？

微控制器通常以單一或特定行程為目標，而微處理器則是以同時執行多個行程為目標。這是有可能的，因為微處理器的作業系統可以同時執行多個行程，然而裸機運行（沒有作業系統）的微控制器就做不到了。在機器人技術中，微控制器常用於經由馬達驅動器電路來控制致動器，或把感測器資訊回傳給系統。

微處理器通常可以同時做到這兩件事，使應用看起來像是個即時系統。微控制器也比微處理器便宜，且有時比處理器快很多。然而，微處理器可滿足特定應用所需的繁重運算，例如影像處理或模型訓練，而微控制器就無法做到了。機器人常常是把微控制器與微處理器系統兩者組合起來，因為機器人包含了各自負責特定功能的多個區塊。這樣的組合會產生一個獨立於機器人、模組化、高效率與可容錯的解決方案。

選擇此類板子之重要事項

目前市面上有非常多款以微控制器和微處理器的板子，功能百變且本身各有優勢。它們通常取決於應用的所需求。挑選微控制器板需要注意的規格如下：

- 微控制器類型
- 數位與類比 I/O 腳位數量
- 記憶體
- 時脈速度
- 工作電壓
- 每伏特可提供之電流

而挑選微處理器開發板需要注意的規格如下：

- SoC
- CPU 與 GPU
- 記憶體（RAM 及 ROM）
- GPIO 腳位數量

- 支援哪些網路功能
- USB 埠

選擇此類板子時最重要的事項如下：

- 了解應用與終端使用者的需求
- 根據需求來檢驗硬體與軟體元件
- 設計及開發具有可用功能的應用
- 虛擬評估應用並最終確定需求
- 選擇可滿足需求、正確功能、有長期支援以及可升級功能的板子
- 將應用部署於這片板子上

現在，來看看市面上一些有趣的微控制器與微電腦開發板。

微控制器板簡介

本段將介紹一些可用於機器人的熱門微控制器與微電腦開發板：

- Arduino Mega
- STM32
- ESP8266
- 支援 ROS 的嵌入式開發板

Arduino Mega

Arduino 為可用於機器人的熱門嵌入式控制器板之一，常見於電子產品專題與機器人原型設計。這類板子主要都有 AVR 系列的控制器，其腳位都是對應到 Arduino 板子上的腳位。Arduino 開發板受歡迎的主要原因在於其程式設計方式與易於開發各種原型。Arduino API 與套件非常容易使用，因此不需大費周章就能為我們的應用設計出一款原型。Arduino 的 IDE 是以 Wiring（*http://wiring.org.co/*）軟體框架為基礎，可用簡化的 C/C++ 程式語言來開發。程式碼使用 C/C++ 編譯器編譯。下圖為 Arduino Mega 這款常見的 Arduino 開發板：

Arduino Mega（來源：*https://www.flickr.com/photos/arakus/8114424657*。
圖片來自 Arkadiusz Sikorski。Creative Common CC-BY-SA 2.0 授權）

有多款 Arduino 板任您挑選，下一段要介紹如何挑選最適合的。

如何選擇用於機器人的 Arduino 板

以下是一些 Arduino 板的重要規格，在挑選用於機器人的板子時相當重要：

- **時脈速度**：幾乎所有 Arduino 板的速度都不到 100 MHz。多數的板載控制器為 8 MHz 與 16 MHz。如果要作一些重量級運算，例如在單晶片上實作 PID 演算法，則 Arduino 可能不是最佳選擇，特別是在您期望較高的速率時。Arduino 最適合用於簡單的機器人控制。它最擅長的任務包括：控制馬達驅動器與伺服機、讀取類比感測器、使用像是通用異步接收及發射器（UART）、積體電路匯流排（I2C）與序列周邊介面（SPI）這類通訊協定來與不同序列裝置溝通。
- **GPIO 腳位**：Arduino 板為開發者提供不同種類的 I/O 腳位，例如通用輸入 / 輸出（GPIO）、類比數位轉換器（ADC）、脈衝頻寬調變（PWM）、I2C、UART 與 SPI 腳位。您可根據腳位需求來選擇合適的 Arduino 板。腳位數量從 9 支到 54 支都有。板子上的腳位數量愈多，板子尺寸當然也愈大。
- **工作電壓準位**：有以 TTL（5V）及 CMOS（3.3V）電壓準位下運作的 Arduino 板。舉例來說，如果機器人感測器只能在 3.3V 模式下運作，而我們的板子為 5V 的話，就要須使用電位轉換器把 3.3V 轉換為等價的 5V，或改用以 3.3V 運作的 Arduino 也可以。大部份的 Arduino 板都可由 USB 埠供電開機。

- **快閃記憶體**：快閃記憶體在選擇 Arduino 板時也是關鍵之一。相較於嵌入式 C 語言與組合程言，由 Arduino IDE 產生的 hex 檔可能沒有特別經過最佳化。如果您的程式碼較大，最好挑選快閃記憶體較大（例如 256 KB）的板子。大部份的入門 Arduino 板的快閃記憶體只有 32 KB，因此在選擇板子前一定要注意這個問題。
- **價格**：最後一個要素當然是板子的價格。如果您只是要開發原型，那選哪些板子就相對自由。但如果要用來製作產品的話，就要好好考慮成本才行。

現在來看看另一款稱為 STM32 的板子。

STM32

如果 Arduino 無法滿足您的機器人應用，該怎麼辦呢？不用擔心，還有以 ARM 架構為基礎的進階控制板，例如 NUCLEO 是基於 STM32 微控制器的開發板，還有 Launchpad 是基於 Texas Instrument（TI）微控制器的板子。STM32 為 STMicroelectronics（*http://www.st.com/content/st_com/en.html*）公司的 32 位元微控制器家族之一。

該公司生產各種 ARM 架構的微控制器，例如 Cortex-M 系列。STM32 控制器提供比 Arduino 板更高的時脈速度。STM32 控制器的時脈範圍在 24 MHz 到 216 MHz 之間，且快閃記憶體有 16 KB 到 2 MB。簡言之相較於 Arduino，STM32 控制器的功能更多，設定上也更細緻。大部份的板子以 3.3V 運作，GPIO 腳位的功能也非常多。您現在在擔心價錢，對吧？但是它的價錢也不貴：在 $2 到 $20 美金之間。市面上有些開發用途的板子方便您測試這些控制器，例如以下：

- **STM32 nucleo 板**：nucleo 板很適合原型設計。它們相容於 Arduino 接頭，並可使用稱為 Mbed（*https://www.mbed.com/en/*）的類 Arduino 環境來開發。
- **STM32 探索套件**：這些板子很便宜，還有內建了一些元件，像是加速度計、麥克風及 LCD。雖然 Mbed 環境不支援這些板子，但可使用 IAR、Keil、及 Code Composer Studio（CCS）來編寫程式。
- **完整開發板**：這種板子價格相對偏高，但可測試控制器的所有功能。

- **Arduino 相容板**：這類板子具備 STM32 控制器，並相容於 Arduino 接頭，例如 Maple、OLIMEXINO-STM32 與 Netduino 等。這些板子有些可使用與 Arduino 相同的 Wiring 語言來開發。市面上最常見的一款 STM32 板為 STM32F103C8/T6，外觀類似 Arduino Mini，如下圖：

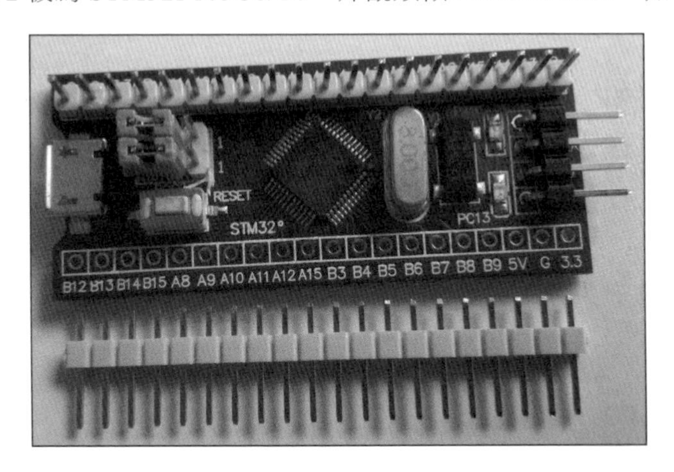

STM32F103C8/T6（來源：*https://fr.m.wikipedia.org/wiki/Fichier:Core_Learning_Board_module_Arduino_STM32_F103_C8T6.jpg*。圖片來自 Popolon。Creative Common CC-BY-SA 4.0 授權）

下一個板子是 ESP8266。

ESP8266

另一款在物聯網領域相當熱門的微控制器是 ESP8266 晶片。它實際是一個具備微控制器功能的 Wi-Fi 晶片。它具有一個 L-106 這款 32 位元且基於 RISC 的 Tensilica 微控制器，速度為 80 MHz 或可超頻到 160 MHz。同一晶片上還嵌入了數位周邊介面、天線與電源模組。

它的功能包括 2.4 GHz Wi-Fi（802.11 b/g/n，支援 WPA/WPA2）、16 支 GPIO 腳位、10 位元 ADC 與通訊介面（I2C、SPI、I2S、UART 與 PWM）。I2S 與 UART 是與部分 GPIO 共享腳位。記憶體有 64 KB 的開機 ROM、32 KB 指令 RAM 與 80 KB 使用者資料 RAM。另外還有有 32 KB 指令快取 RAM 和 16 KB ETS 系統資料 RAM。外部快閃記憶體則可透過 SPI 介面來存取。

ESP8266 板子的尺寸型態相當多元，並各自有不同的 SDK（軟體開發套件）。例如，在 ESP8266 SoC 上就可執行 NodeMCU 這款以 Lua 腳本語言為基礎的韌體。

現在，來看看一些支援 ROS 的嵌入式開發板。

ROS支援的嵌入式開發板

ROS社群推出了一些有趣的嵌入式開發板，可直接整合各種感測器及致動器，並提供基於 ROS 的訊息來與其他 ROS 元件介接。接著要介紹的幾款板子包含 Robotis 公司的 OpenCR 與 Vanadium labs 公司的 Arbotix-Pro 控制器。

OpenCR

OpenCR，或所謂開放原始碼控制模組（control module），是基於 STM32F7 系列晶片的嵌入式開發板，具備可進行浮點運算的超強 ARM Cortex-M7。它有板載的 IMU（MPU9250），18 支 GPIO 腳位、6 個 PWM I/O 腳位與各種通訊埠，包含 USB、幾個 UART、3 個 RS485 與 CAN 埠，以及相容於 Arduino 板的 32 腳接頭，可以搭配各種 Arduino 擴充板。OpenCR 板如下圖：

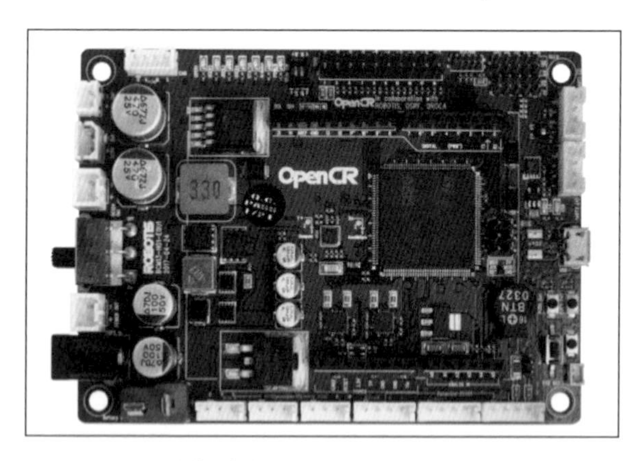

OpenCR 開發板（來源：*http://wiki.ros.org/opencr*，影像：ros.org，Creative Commons CC-BY-3.0 授權）

腳位規格詳細資料請參考：*http://emanual.robotis.com/docs/en/parts/controller/opencrio/#layoutpin-map*。Turtlebot 3 機器人就是使用這片板子，且它的 ROS 套件整合方式很像 Arduino 與 ROS 連接的方式。以下連結說明類似 Arduino 的微控制器如何接上 ROS：*http://wiki.ros.org/rosserial_arduino*。

關於這片板子的更多資訊請參考：*http://emanual.robotis.com/docs/en/parts/controller/opencr10/*。

Arbotix-Pro

Arbotix-Pro 是另一款支援 ROS 的控制器，是以 STM32F103 Cortex M3 這款 32 位元 ARM 微處理器為基礎。它有 16 支與周邊互動的 GPIO 腳位，以及 TTL 或 I2C 這類的通訊匯流排。它也有板載的加速度計 / 陀螺儀感測器，與一個 USB 埠、UART 和支援 XBee 通訊的介面。此板是為了能控制 Dynamixel 機器人致動器而誕生的，且支援 TTL 或 RS-485 兩種通訊方式，因此能夠控制 AX、MX 及 Dynamixel-PRO 致動器。使用專用的 60 安培 MOSFET 來獨立對致動器供電，並可在運行、關機或發生錯誤時啟動節能選項。關於這片板子的更多資訊請參考：*https://www. trossenrobotics.com/arbotix-pro*。

Arbotix ROS 套件說明請參考：*http://wiki.ros.org/arbotix*。

先前介紹板子的規格比較如下表。

比較表

簡單比較一下之前介紹的板子規格，方便您快速參考：

內容	Arduino Mega	STM32F103C8/T6	ESP8266	OpenCR	Arbotix Pro
微控制器	ATMega 2560	ARM Cortex-M3	Tensilica L106 32 位元處理器	STM32F746ZGT6 / 有 FPU 的 32 位元 ARM Cortex®-M7	STM32F103RE Cortex M3 32 位元 ARM
工作電壓	5V	2V ~ 3.6V	2.5V ~ 3.6V	5V	2V ~ 3.6V
數位 I/O 腳位數量	54	37	16	8	
PWM I/O 腳位數量	15	12	-	6	16 支 ADC/GPIO
類比 I/O 腳位數量	16	10	1	6	
快閃記憶體	256 KB	64 KB	外部快閃 (通常是 512 KB 至 4 MB)	2 MB	512 KB
時脈速度	16 MHz	72 MHz	24 MHz 至 52 MHz	216 MHz	72 MHz

上述 MCU 開發板之規格比較

了解微控制器板的基礎知識之後，接著要介紹單板電腦。

單板電腦簡介

先前段落介紹了一系列不同功能的微控制器板，它們都是把所有元件嵌入在單一晶片上。如果想要機器人或無人機執行最新的演算法來規畫路徑或避障時，該怎麼辦呢？微控制器板可幫助我們讀取感測器訊號並發送訊號來控制致動器，但是要給它一些簡單數學函式庫才能理解與處理感測器。

如果想要執行大量運算、長時間記錄傳入的感測器值、然後對這些已存入數值進行各類運算時怎辦？這就是單板電腦（single board computer, SBC）發揮長處的地方啦，它可載入作業系統，並在相當精巧的體積中做到近乎當下桌上型電腦的運算效能。它們無法立即取代現代電腦，因為桌上型電腦可以加裝各種能解決問題的元件，例如 GPU 或高階網路卡。

另一方面，單板電腦已見於許多簡易的應用中了，例如機器人、無人機、自動提款機、虛擬吃角子老虎機或廣告展示電視。如今，市面上已有大量這類的單板電腦，且功能不斷推陳出新，例如支援 GPU 或具備 2 GB 以上的 RAM。實際上，有些板子已經支援像是機器學習演算法這類的最新運算技術，或預先載入了某些深度學習神經網路。

讓我們來看看一些有趣的單板電腦與其功能，它們可以分成兩類：

- CPU 板
- GPU 板

讓我們從 CPU 板開始。

CPU 單板電腦

來瞧瞧以下常見的 CPU 單板電腦，並比較一下功能：

- Tinkerboard S
- BeagleBone Black
- Raspberry Pi

Tinkerboard S

現行市面上諸多單板電腦之一，是華碩公司的 Tinkerboard S，它是 Tinkerboard 之後的第二代板。由於其硬體配置與 Raspberry Pi（等等會介紹）相同，因此這片板子已被社群廣泛使用，

這片功能強大的板子要價 $90 美金，具備一顆基於 ARM 架構的四核心處理器（Rockchip RK3288）、2GB 的 LPDDR3 雙通道記憶體、板載 16 GB eMMC 與 SD 卡介面（3.0）以便有更好的作業系統、應用程式與檔案存取速度。這片板子特色在於另一顆基於 ARM 架構的 Mali ™ -T760 MP4 GPU，特色是支援電腦視覺、手勢識別、影像穩定與相關運算的強大節能設計。

其他功能還包括 H.264 與 H.265 格式播放，以及 HD 與 UHD 視訊播放。相較於其他只支援基本乙太網路的對手，這片板子支援 Gigabyte 乙太網路。Tinkerboard S 實體照片如下圖：

Tinkerboard S（來源：*https://www.flickr.eom/photos/120586634@N05/32268232742*。圖片來自 Gareth Halfacree。Creative Common CC-BY-SA 2.0 授權）

它的 40 支 GPIO 腳位根據不同功能標示了對應的顏色，有助於初學者辨識各腳位的功能。它也有相容性更好且支援主從模式的增強型 I2S 介面，並支援顯示器、觸控螢幕與 Raspberry Pi 攝影機等。這片單板電腦所執行的 TinkerOS 作業系統是以 Debian 9 系統為基礎，之後會介紹如何在這款作業系統上設置 ROS。

BeagleBone Black

BeagleBone Black 板是由 Beagleboard 協會所推出之一款低成本、良好社群支援，大小與信用卡差不多的一款單板電腦。它有一顆 AM335x 1GHz ARM® Cortex-A8 處理器並支援 512 MB DDR3 RAM，並有板載的 4 GB 8 位元 eMMC 快閃記憶體來存放作業系統。

其他功能包括 PowerVR SGX530 這款支援 3D 圖形加速的 GPU、NEON 浮點加速器與兩個 32 位元的 PRU 微控制器。此板有兩排各 46 支的 I/O 腳位、一個 USB 從端接頭、乙太網路孔與 HDMI 接頭。BeagleBone Black 實體照片如下圖：

BeagleBone Black（來源：*https://www.flickr.eom/photos/120586634@N05/14491195107*。
圖片：Gareth Halfacree。Creative Common CC-BY-SA 2.0 授權）

Beaglebone Blue 是另一款功能更豐富的機器人專用板，具備相同的處理器但功能更多，例如 Wi-Fi、藍牙、支援氣壓計的 IMU、具備充電指示 LED 的整流 2-cell LiPo 電池、可連接 4 個 DC 馬達和編碼器的 H 橋馬達驅動器、8 個伺服機以及所有周邊裝置常用的匯流排，例如 GPS、DSM2 無線電、UART、SPI、I2C、1.8V 類比腳位與 3.3V GPIO 腳位等。

此板支援稱為 Armbian 這款 Debian 作業系統，也支援 Ubuntu 作業系統，後續在設置 ROS 時會介紹。

Raspberry Pi

您一定聽說過 Raspberry Pi 對吧，本書的上一版也談過這片板子。這是最常用的單板電腦，並且擁有龐大的粉絲群（社群支援）。它在使用和設置上都很簡單，最新版本為 Raspberry pi 4（如下圖所示）。

Pi 4 要價 $40 美金，具備 Broadcom BCM2711 這款四核心 Cortex-A72（ARM v8）的 64 位元 SoC，速度為 1.5GHz，可選擇 1、2 或 4 GB LPDDR4-3200 SDRAM，並都具有 40 支 GPIO 腳位。相較於舊版本，Pi 4 支援 Gigabit 乙太網路、2.4/5.0 GHz IEEE 802.11ac 無線網路以及藍牙 5.0。它有兩個 micro HDMI 規格的顯示器埠，支援 4K 解析度，硬體視訊解碼可達 4Kp60：

Raspberry Pi 4（來源：*https://commons.wikimedia.Org/wiki/File:Raspberry_Pi_4_Model_B_-_Side.jpg*。圖片來自 Laserlicht。Creative Common CC-BY-SA 4.0 授權）

這片板子搭配的作業系統為 Raspbian，延伸自標準的 Debian 作業系統，另外也可運行 Ubuntu。

比較表

簡單比較一下上述的單板電腦規格，方便您快速參考：

內容	**Tinkerboard S**	**BeagleBone Black**	**Raspberry pi 4**
處理器	Rockchip 四核心 RK3288 處理器	Sitara AM3358BZCZ100 1 GHz	Broadcom BCM2711、四核心 Cortex-A72(ARM v8)64 位元 SoC@1.5GHz
記憶體	2 GB 雙通道 DDR3	512 MB DDR3L 800MHZ SDRAM / 4 GB 快閃記憶體 - 8 位元 嵌入式 MMC	1 GB、2 GB 或 4 GB LPDDR4-3200 SDRAM
接頭	4 x USB 2.0、RTL GB LAN、802.11 b/g/n、藍牙 V4.0 + EDR	1 x USB 2.0、10/100 Mbit-RJ45	2 x USB 3.0 埠、2 x USB 2.0 埠、Gigabit 乙太網路、2.4 GHz 及 5.0 GHz IEEE 802.11ac 無線、藍牙 5.0、BLE
GPIO	28 支 GPIO	28 支 GPIO	28 支 GPIO
SD 卡支援	是	是	是

上述單板電腦規格比較

接著來看看一些熱門的 GPU 開發板。

GPU 板

相較於那些只支援最低程度 GPU 的單板電腦，已經有多款單板電腦具備搭高檔 GPU 功能，像是即時影像處理、電腦視覺算法、訓練最新的神經網路與特徵擷取等等。來看看這些 NVIDIA 公司的板子：

- Jetson TX2
- Jetson Nano

Jetson TX2

本書編寫時，Jetson TX2 為 NVIDIA 公司生產之最高效也最快速的運算板之一。本板的主要用途是針對各種 AI 運算。相較於正規桌上電腦 GPU，它的功耗幾乎不到 7.5 瓦，最高也不過 15 瓦。它有基於 256 核心 NVIDIA Pascal ™ GPU 架構、具有 256 個 NVIDIA CUDA 核心的 GPU 處理器，且有兩個雙核心 NVIDIA Denver 64 位元 CPU 和四核心 ARM® Cortex®-A57 MPCore CPU 處理器。它帶有 8 GB 128 位元 LPDDR4 記憶體，且可達 1866 MHx - 59.7 GB/s 資料傳輸率。另外也有 32 GB eMMC 5.1 的板載儲存空間。

相較於前述板子，這片板子貴到有點誇張。不過，也只有這片板子可直接執行各種 AI 演算法，其他板子就做不到了。

Jetson Nano

NVIDIA 後續推出了 Jetson Nano，目標是取代其他單板電腦的平價方案。它要價 $99 美金的強力小電腦，可以同時執行多款神經網路做到像是影像分類、物件偵測、圖像分割以及語音處理等應用。它帶有 128 核心 Maxwell GPU 與四核心 ARM A57@1.43 GHz CPU，以及 4 GB 64 位元 LPDDR4 25.6 GB/s 記憶體。雖然沒有 eMMC，但可透過 micro SD 卡插槽做為儲存空間與運行作業系統。支援 Gigabit 乙太網路、HDMI 2 與 eDP 1.4 顯示器埠，並支援 I2C、I2S、SPI 及 UART。運行功耗只有 5 瓦。Jetson Nano 實體照片如下圖：

Jetson Nano

現在，來比較一下 Jetson Nano 與 Jetson TX2。

比較表

Jetson Nano 與 Jetson TX2 兩款市售 GPU 單板電腦規格如下表：

內容	**Jetson Nano**	**Jetson TX2**
GPU	128 核心 NVIDIA Maxwell ™ GPU	256 核心 NVIDIA Pascal ™ GPU
CPU	Quad 核心 ARM®Cortex®-A57 MPCore	雙核心 NVIDIA Denver 2 64 位元 CPU 及四核心 ARM®Cortex®-A57 MPCore
記憶體	4GB 64 位元 LPDDR4 記憶體 1600MHz - 25.6 GB/s	8 GB 128 位元 LPDDR4 記憶體 1866MHz - 59.7 GB/s
運算速度	472 GFLOPs	1.3 TFLOPs
儲存空間	16GB eMMC	32GB eMMC
功耗	5W /10W	7.5W /15W

上述 GPU 單板電腦規格比較

下一段要談談 Debian 與 Ubuntu 這兩款作業系統的差異。

Debian 與 Ubuntu

在開始在這些板子上設置 ROS 之前，先來認識兩款社群之中最常用的 Linux 版本：Debian 與 Ubuntu。

如您所知，本書專題都是 Ubuntu 系統上安裝 ROS。因此，現在您應該熟悉 Ubuntu 才對。但 Debian 有何不同？其實差異不大，您只要知道 Ubuntu 實際上是衍生自 Debian。Debian 是基於 Linux 內核的最古老作業系統之一，並扮演了大部份較新 Linux 版本的基礎。Ubuntu 由一家名為 Canonical 的私人公司發行，目標是推出一款適合日常作業的好用 Linux。下圖是 Ubuntu 衍生自 Debian 的過程：

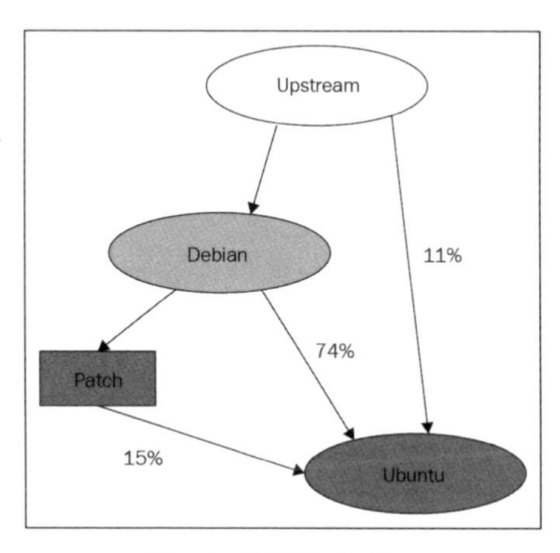

Ubuntu 衍生自 Debian

兩者之間的一些顯著差異是根據軟件套件、易用性或靈活性、穩定性與支援程度而定。儘管 Ubuntu 使用其圖形化介面來安裝套件相當方便，而 Debian 則須手動安裝套件。但是相較於 Ubuntu，Debian 在安裝或升級套件時非常可靠，因為它不需要處理一些會被當作錯誤的新附加套件，也省去了惱人的黑畫面或各種錯誤訊息彈出視窗的提示音。簡單來說，兩者各有所長啦。

在單板電腦方面，Debian 比 Ubuntu 更受到開放原始碼社群廣泛支持，最近也推出了 ARM 為基礎的作業系統。但值得注意的是，對於 ROS 而言，Ubuntu 被認為是更好的選項，因為 ROS 主要是在 Ubuntu 之上開發的。儘管現在 Debian 已經支援 ROS，但是 Debian 內核是最古老的版本之一，且不一定支援新的硬體。因此，Ubuntu 可能比 Debian 略勝一籌。後續段落將介紹如何在 Debian 和 Ubuntu 上設置 ROS。

先從在 Tinkerboard S 上設置 ROS 開始吧。

在 Tinkerboard S 上設置 ROS

本段要介紹如何在 Tinkerboard S 上設置 ROS，先在單板電腦上設置稱為 Armbian 的 Debian 作業系統，接著才是 Ubuntu。隨後，就會在這兩款作業系統上安裝 ROS。先來看看一些前置條件。

前置條件

為了在這片單板電腦上設定作業系統，請先準備以下硬體：

- SD 卡
- 額定電源供應器
- 避免靜電接觸的外殼，但非必須

在軟體要求方面，假設您使用 Ubuntu 筆記電腦，您會需要稱為 Etcher 的開放原始碼的作業系統映像檔燒錄程式。請由此下載：*https://www.balena.io/etcher/*。它不需要安裝，因此下載後請將檔案解壓縮到適當路徑，再執行應用程式就好。接著介紹如何在 Tinkerboard 上的 Debian 與 Armbian 作業系統上設置 ROS。

安裝 Tinkerboard Debian 作業系統

有趣的是，如果是正規的安裝步驟，ROS 反而無法順利在作業系統上執行。以下步驟說明如何在 Armbian 上安裝 ROS，以及使用現成的 Ubuntu 16.04 與 ROS Kinetic 映像檔。

請根據以下步驟在 Tinkerboard 的 Debian 作業系統上設置 ROS：

1. 請根據以下步驟來安裝作業系統：

    A. 由此下載 Tinkerboard 的 Debian 作業系統版映像檔：*https://dlcdnets.asus.com/pub/ASUS/mb/Linux/Tinker_Board_2GB/20190821-tinker-board-linaro-stretch-alip-v2.0.11.img.zip*。

    B. 映像檔下載好之後，將 SD 卡插入電腦並開啟 Etcher 燒錄程式。

C. 選擇下載的映像檔與指定的 SD 卡路徑，點擊 Flash!。應該會看到以下畫面：

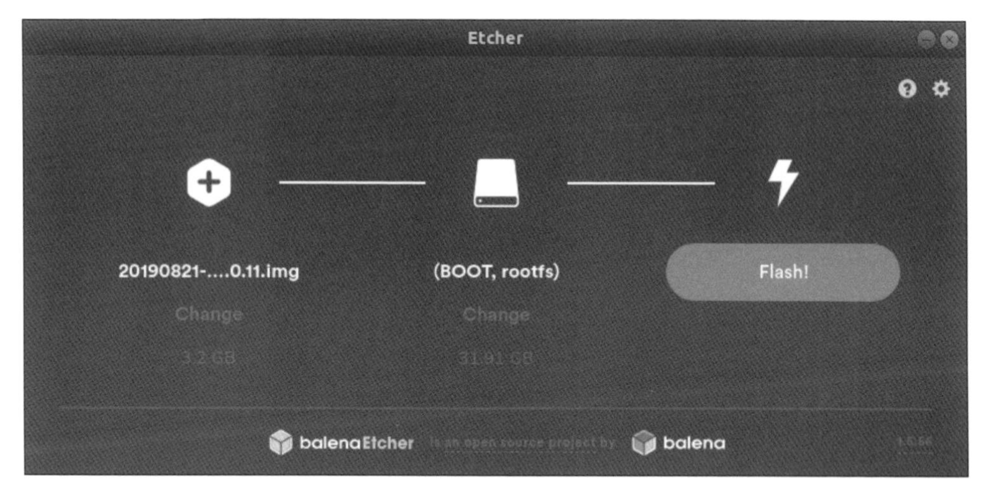

Etcher 軟體畫面

D. 完成後，將 SD 卡插入單板電腦。

2. 根據以下步驟來載入作業系統：

A. SD 卡確實裝入單板電腦之後，請用適當的電源供應器讓單板電腦開機。

B. 會看到一連串系統訊息，最後順利載入作業系統。

您也試著在此作業系統中去控制板子的 GPIO 腳位，這在後續段落會談到。為了使用 ROS，還要接著設定 Armbian，並在其上安裝 ROS。

安裝 Armbian 與 ROS

請根據以下步驟在 Armbian 作業系統上設置 ROS：

1. 請根據以下步驟來安裝作業系統：

   A. 由此下載 Armbian Bionic 版映像檔：
   https://dl.armbian.com/tinkerboard/ Ubuntu_bionic_default_desktop.7z。

   B. 映像檔下載好之後，將 SD 卡插入電腦並開啟 Etcher 燒錄程式。

   C. 選擇下載的映像檔與指定的 SD 卡路徑，點擊 Flash!。

   D. 完成後，將 SD 卡插入單板電腦。

2. 根據以下步驟來載入作業系統：

   A. SD卡確實裝入單板電腦之後，請用適當的電源供應器讓單板電腦開機。

   B. 會看到一連串系統訊息。作業系統啟動後會看到以下畫面：

載入 Armbian 作業系統的 Tinkerboard

3. 請根據以下步驟在 Armbian 上安裝 ROS：

 A. 使用以下指令來設置 sources.list，確保 Tinkerboard 可接受來自 packages.ros.org 的軟體：

```
$ sudo sh -c 'echo "deb http://packages.ros.org/ros/ubuntu
(lsb_release -sc) main" > /etc/apt/sources.list.d/ros-latest.list'
```

 B. 使用以下指令設置金鑰：

```
$ sudo apt-key adv --keyserver
'hkp://keyserver.ubuntu.com:80' --recv-key
C1CF6E31E6BADE8868B172B4F42ED6FBAB17C654
```

 C. 使用以下指令確保 Debian 套件為最新：

```
$ sudo apt-get update
```

 D. 使用以下指令安裝 ROS-desktop：

```
$ sudo apt-get install ros-melodic-desktop
```

 E. 使用以下指令初始化 rosdep：

```
$ sudo rosdep init
$ rosdep update
```

 F. 初始化後，使用以下指令設置環境：

```
$ echo "source /opt/ros/melodic/setup.bash" >> ~/.bashrc
$ source ~/.bashrc
```

 G. 現在已順利在 Armbian 作業系統上安裝好 ROS。請執行 roscore 指令來檢查已安裝的 ROS 版本。應可看到類似下圖的終端機輸出畫面：

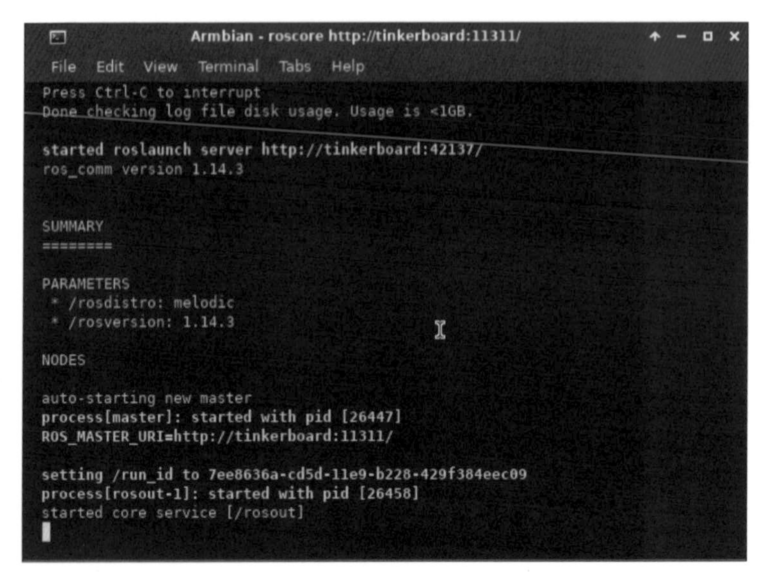

在 Armbian 作業系統上執行 ROS（roscore）

在 Armbian 上設置 ROS 完畢之後，接著看看如何使用已預先載入的現成 ROS 映像檔。

使用現成的 ROS 映像檔來安裝

有一款名為 CORE2-ROS 的映像檔，是由 Husarion 這家專攻機器人快速開發平台的公司所提供。這是一款在 Ubuntu 16.04 搭配 ROS Kinetic 的預先建置好的映像檔。請由以下連結下載映像檔並用 Etcher 燒錄即可：*https://husarion.com/downloads/*。

更多資訊請參考：*https://husarion.com/index.html*

現在來看看如何在 BeagleBone Black 上設置 ROS。

在 BeagleBone Black 上設置 ROS

現在要介紹如何在 BeagleBone Black 上設置 ROS。先在單板電腦上設置 Debian 作業系統，接著才是 Ubuntu。來看看一些前置條件。

前置條件

為了在這片單板電腦上設定作業系統，請先準備以下硬體：

- SD 卡
- 額定電源供應器
- 避免靜電接觸的外殼，但非必須

在軟體要求方面，假設您使用 Ubuntu 筆記電腦，您會需要稱為 Etcher 的開放原始碼的作業系統映像檔燒錄程式。請由此下載：*https://www.balena.io/etcher/*。它不需要安裝，因此下載後請將檔案解壓縮到適當路徑，再執行應用程式就好。

安裝 Debian 作業系統

於 Debian 作業系統上安裝 ROS 相當有難度，無法一鍵到底。如果您想在 BeagleBone Black 上使用 ROS 的話，建議您根據後續段落的 Ubuntu 設置說明來安裝 ROS。

如果您有興趣在 Debian 上安裝 ROS 的話，請先安裝好 Debian 作業之後，再根據本連結說明來操作：*http://wiki.ros.org/melodic/Installation/Debian*。

請根據以下步驟在 BeagleBone Black 的 Debian 作業系統上設置 ROS：

1. 請根據以下步驟來安裝作業系統：

   A. 由此下載 BeagleBone Black 專用的 Debian 作業系統版映像檔：*http://beagleboard. org/latest-images/*。本書採用 Debian 9.5 2018-10-07 4GB SD LXQT（*http://debian.beagleboard.org/images/bone-debian-9.5-lxqt-armhf-2018-10-07-4gb.img.xz*）。

B. 映像檔下載好之後，將 SD 卡插入電腦並開啟 Etcher 燒錄程式。

C. 選擇下載的映像檔與指定的 SD 卡路徑，點擊 Flash!。

D. 完成後，將 SD 卡插入單板電腦。

2. 根據以下步驟來載入作業系統：

A. SD 卡確實裝入單板電腦之後，請用適當的電源供應器讓單板電腦開機。

B. 由於現在是使用 BeagleBone Black，您需要把映像檔寫入板載的 eMMC。請用以下使用者帳號密碼來登入板子：

```
username: Debian
password: temppwd
```

C. 現在，使用 Nano 編輯器打開 `/boot/uEnv.txt` 檔編輯：

```
$ sudo nano /boot/uEnv.txt
```

D. 移除 # 符號來移除以下這一行的註解：

```
$ cmdline=init=/opt/scripts/tools/eMMC/init-eMMC-flasher- v3.sh
```

E. 現在重新啟動系統。您應該看到板子的 LED 燈不斷閃動，代表正在把作業系統寫入 eMMC。不再閃動之後，移除 SD 卡並再次啟動板子。

安裝 Ubuntu 與 ROS

前一段的做法是從 SD 卡將作業系統燒錄到 eMMC。但如果要在 BeagleBone Black 上設置 Ubuntu 的話，就不需要把作業系統寫入 eMMC 了。反而，每次對板子供電時都可由 SD 卡來開機：

1. 請根據以下步驟來安裝作業系統：

A. 由此下載 Ubuntu arm-based Bionic 版映像檔：*https://rcn-ee.com/rootfs/2019-04-10/microsd/bbxm- ubuntu-18.04.2-console-armhf-2019-04-10-2gb.img.xz*。

B. 映像檔下載好之後，將 SD 卡插入電腦並開啟 Etcher 燒錄程式。

C. 選擇下載的映像檔與指定的 SD 卡路徑，點擊 Flash!。應該會看到以下畫面：

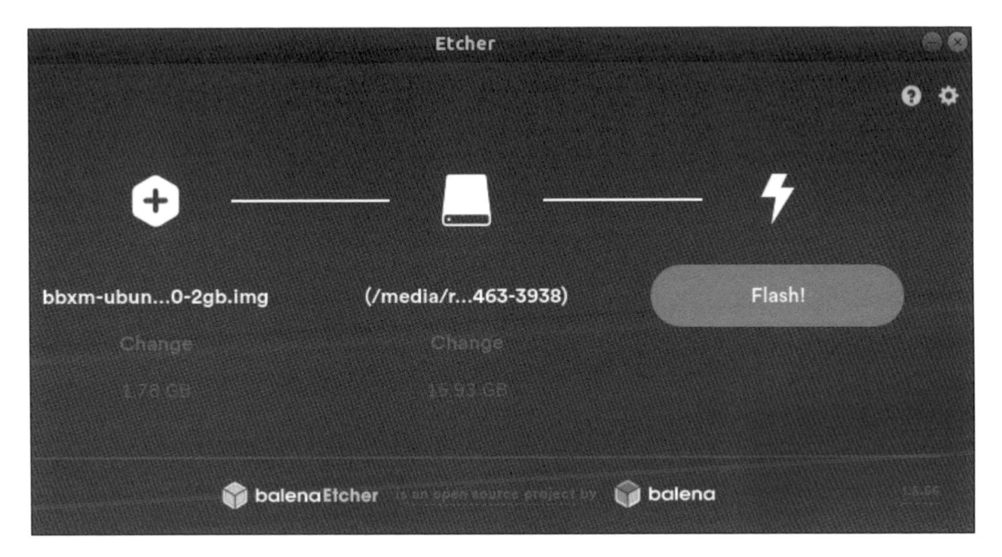

Etcher 軟體畫面

完成後，將 SD 卡插入單板電腦。

2. 根據以下步驟來載入作業系統：

 A. SD卡確實裝入單板電腦之後，請用適當的電源供應器讓單板電腦開機。開機時請按住開機鈕，直到使用者 LED 開始閃爍。

 B. 會看到一連串系統訊息。作業系統啟動後，會看到說明了臨時登入訊息的終端畫面。

 C. 用以下使用者帳號密碼登入：

```
Username: ubuntu
Password: ubuntu
```

D. 請注意，在此不會出現任何圖形化使用者介面，因此需要安裝輕量級的 GUI 讓後續操作更方便。請用以下指令安裝 LDXE desktop：

```
$ sudo apt-get install lxde
```

E. 請記住，如果要從 micro SD 而不是 eMMC 啟動，開機時請都要按著開機按鈕，直到 LED 開始閃爍。

3. 正如在 " 安裝 Armbian 和 ROS" 這段中所述，安裝 ROS 非常簡單。請回顧該段的所有步驟即可。

現在，來看看如何在 Raspberry Pi 3/4 上設置 ROS。

在 Raspberry Pi 3/4 上設置 ROS

Raspberry Pi 3/4 的作業系統設定方式相當類似也很方便。由於使用者眾多與應用層面廣泛，Raspberry Pi 支援了一系列的作業系統。本書將介紹如何設置機器人專題常用的作業系統：Raspbian 與 Ubuntu MATE。首先來看看前置條件。

前置條件

為了在這片單板電腦上設定作業系統，請先準備以下硬體：

- SD 卡
- 額定電源供應器
- 避免靜電接觸的外殼，但非必須

在軟體要求方面，假設您使用 Ubuntu 筆記電腦，您會需要稱為 Etcher 的開放原始碼的作業系統映像檔燒錄程式。請由此下載：*https://www.balena.io/etcher/*。它不需要安裝，因此下載後請將檔案解壓縮到適當路徑，再執行應用程式就好。接著介紹如何在 Tinkerboard 上的 Debian 與 Armbian 作業系統上設置 ROS。現在，讓我們學習安裝 Raspbian 與 ROS。

安裝 Raspbian 與 ROS

請根據以下步驟在 Raspbian 作業系統上設置 ROS：

1. 請根據以下步驟來安裝作業系統：

   A. 由此下載 Raspbian 作業系統映像檔：*https://downloads.raspberrypi.org/raspbian_full_latest*。

   B. 映像檔下載好之後，將 SD 卡插入電腦並開啟 Etcher 燒錄程式。

   C. 選擇下載的映像檔與指定的 SD 卡路徑，點擊 Flash!。

2. 開機之前請確認 SD 卡已確實插入單板電腦上。使用適當的電源供應器讓單板電腦開機。一切順利應可看到以下桌面畫面：

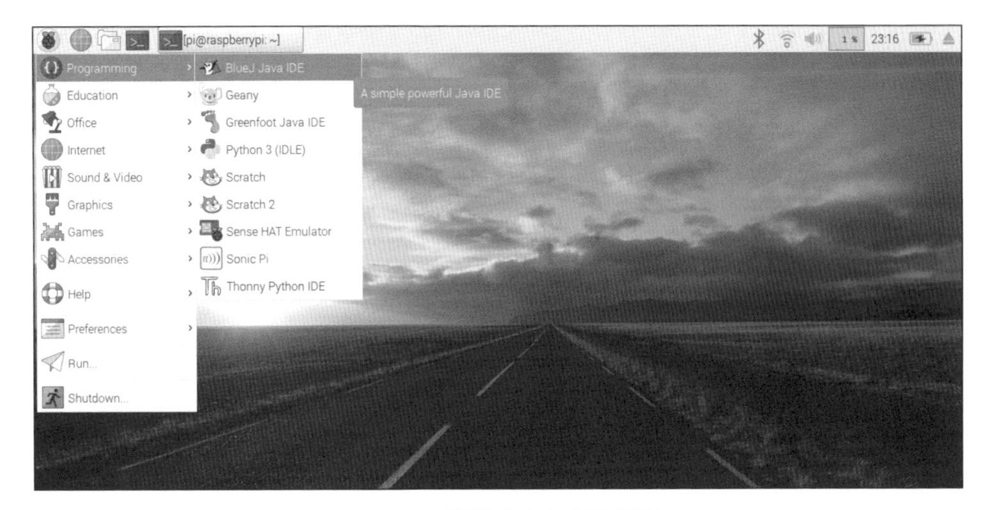

Raspbian 開機成功之桌面畫面

3. 接著要安裝 ROS 就很簡單了，請根據本頁面步驟操作即可：*http://wiki.ros.org/melodic/Installation/Debian*。

安裝 Ubuntu 與 ROS

請根據以下步驟在 Ubuntu MATE 上設置 ROS：

1. 請根據以下步驟來安裝作業系統：

    A. 由此下載 Ubuntu MATE bionic arm64-based 版映像檔：*https://ubuntu-mate.org/raspberry-pi/ubuntu-mate-18.04.2-beta1-desktop-arm64+raspi3-ext4.img.xz*。

    B. 映像檔下載好之後，將 SD 卡插入電腦並開啟 Etcher 燒錄程式。

    C. 選擇下載的映像檔與指定的 SD 卡路徑，點擊 Flash!。

2. 開機前請確認 SD 卡已確實插入單板電腦上。使用適當的電源供應器讓單板電腦開機，一切順利應可看到以下桌面畫面（圖中的文字與數字不重要）：

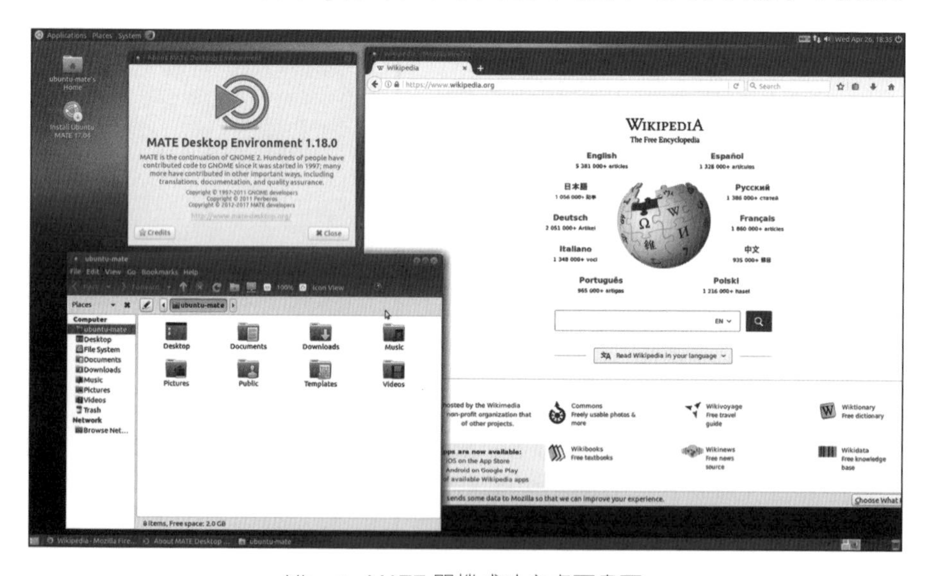

Ubuntu MATE 開機成功之桌面畫面

3. 如在「安裝 Armbian 與 ROS」這一段所述，在 Ubuntu MATE 上安裝 ROS 並不難。請根據該段的相同步驟操作即可。

最後，要介紹如何在 Jetson Nano 上設置 ROS。

在 Jetson Nano 上設置 ROS

本段要介紹如何在 Jetson Nano 這款以 GPU 為基礎的單板電腦上設置 ROS。由於 Nano 的作業系統是 Ubuntu，所以做法很簡單。請根據以下步驟操作：

1. 請根據以下步驟來安裝 OS：

   A. 由此下載作業系統映像檔：*https://developer.nvidia.com/jetson-nano-sd-card-image-r322*。

   B. 映像檔下載好之後，將 SD 卡插入電腦並開啟 Etcher 燒錄程式。

   C. 選擇下載的映像檔與指定的 SD 卡路徑，點擊 Flash!。

2. 開機之前請確認 SD 卡已確實插入單板電腦上。使用適當的電源供應器讓單板電腦開機。一切順利應可看到以下桌面畫面：

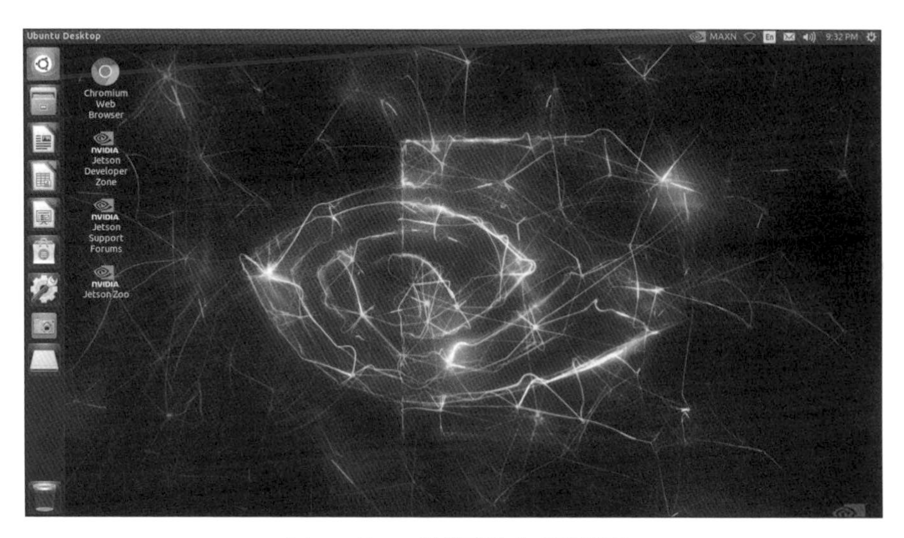

Jetson Nano 開機成功之桌面畫面

3. 如在「安裝 Armbian 與 ROS」這一段所述，在 Jetson Nano 的 Ubuntu 上安裝 ROS 並不難。請根據該段的相同步驟操作即可。

現在要學習如何使用 ROS 來控制各款單板電腦的 GPIO 腳位。

從 ROS 來控制 GPIO 腳位

現在，您已經了解如何在各款單板電腦上設置不同的作業系統與 ROS，接著要介紹如何控制各個板子的 GPIO 腳位，這樣就能控制各種輸入輸出周邊裝置了。我們會把它們寫成為 ROS 節點，使得它們可與其他 ROS 應用整合。現在來說明各個板子的做法，先從 Tinkerboard S 開始吧。

Tinkerboard S

Tinkerboard 提供了 shell、Python 以及 C 語言的 GPIO API。由於本書目標為 ROS，因此要將說明如何使用 Python 來控制 GPIO 腳位。關於 Tinkerboard 詳細的 GPIO 腳位資訊請參考：*https://tinkerboarding.co.uk/wiki/index.php/GPIO#Python*。

Tinkerboard 有自己的 Python GPIO 函式庫（*http://github.com/TinkerBoard/gpio_lib_python*）來控制自身的 GPIO 腳位。請用以下指令來安裝這個函式庫：

```
$ sudo apt-get install python-dev
$ git clone http://github.com/TinkerBoard/gpio_lib_python --depth 1
GPIO_API_for_Python
$ cd GPIO_API_for_Python/
$ sudo python setup.py install
```

函式庫安裝好之後，來看看如何透過 ROS 主題來控制 LED 閃爍。完整程式碼請由此取得：*https://github.com/PacktPublishing/ROS-Robotics-Projects-SecondEdition/blob/master/chapter_7_ws/tinkerboard_gpio.py*。以下為本範例重點：

```
...

import ASUS.GPIO as GPIO

GPIO.setwarnings(False)
GPIO.setmode(GPIO.ASUS)
GPIO.setup(LED,GPIO.OUT)

...
```

```
def ledBlink(data):
 if data.data = true:
    GPIO.output(LED, GPIO.HIGH)
    time.sleep(0.5)
    GPIO.output(LED, GPIO.LOW)
    time.sleep(0.5)
 else:
    GPIO.cleanup()
...
```

上述程式碼用到了先前安裝的 `ASUS.GPIO` 函式庫。在 `import` 語法之後，將腳位模式設定為 `GPIO.ASUS`。接著，定義我們要控制的 GPIO 腳位為 `OUT`，也就是輸出（因為本範例是控制 LED 閃爍，如果是接開關元件的話，就要改為 `IN`）。隨後，當 `/led_status` 主題收到 `true` 或 `false` 的布林值時就透過函式來控制 LED 閃爍。

BeagleBone Black

BeagleBone Black 可使用 Adafruit 公司的 Python GPIO 函式庫，與 Tinkerboard 的函式庫相當類似。

關於 BeagleBone Black 詳細的 GPIO 腳位資訊請參考：*https://learn.adafruit.com/setting-up-io-python-library-on-beaglebone-black/pin-details*。

在 Ubuntu 中可透過 `pip` 套件管理器來安裝，請根據以下步驟操作：

1. 更新與安裝相依套件：

```
$ sudo apt-get update
$ sudo apt-get install build-essential python-dev python-setuptools
python-pip python-smbus -y
```

2. 使用 pip 指令安裝該函式庫：

```
$ sudo pip install Adafruit_BBIO
```

如果是 Debian，請取得其 github 並根據以下步驟手動安裝：

1. 更新及安裝相依套件：

```
$ sudo apt-get update
$ sudo apt-get install build-essential python-dev python-setuptools
python-pip python-smbus -y
```

2. 附置工作空間並手動安裝函式庫：

```
$ git clone git://github.com/adafruit/adafruit-beaglebone-io-python.git
$ cd adafruit-beaglebone-io-python
$ sudo python setup.py install
```

函式庫安裝好之後，來看看如何透過 ROS 主題來控制 LED 閃爍。完整程式碼請由此取得：*https://github.com/PacktPublishing/ROS-Robotics-Projects-SecondEdition/blob/master/chapter_7_ws/beagleboneblack_gpio.py*。以下為本範例重點：

```
...

import Adafruit_BBIO.GPIO as GPIO

LED = "P8_10"
GPIO.setup(LED,GPIO.OUT)

def ledBlink(data):
 if data.data = true:
    GPIO.output(LED, GPIO.HIGH)
    time.sleep(0.5)
    GPIO.output(LED, GPIO.LOW)
    time.sleep(0.5)
else:
    GPIO.cleanup()

...
```

上述程式碼用到了先前安裝的 `Adafruit_BBIO.GPIO` 函式庫。在 `import` 語法之後，定義所要控制的 GPIO 腳位為 `OUT`，也就是輸出（因為本範例是控制 LED

閃爍，如果是接開關元件的話，就要改為 `IN`）。隨後，當 `/led_status` 主題收到 `true` 或 `false` 的布林值時就透過函式來控制 LED 閃爍。

Raspberry Pi 3/4

要控制 Raspberry Pi 3/4 的 GPIO 腳位相當簡單。GPIO zero（*https://gpiozero.readthedocs.io/*）、pigpio（*http://abyz.me.uk/rpi/pigpio/*）與 WiringPi（*http://wiringpi.com/*）等函式庫都可用來控制 Pi 的 GPIO 腳位。本範例將使用 GPIO zero 來與 ROS 互動。Raspberry Pi GPIO 的腳位說明如下：

Raspberry Pi2 GPIO Header

Pin#	NAME	NAME	Pin#
01	3.3v DC Power	DC Power 5v	02
03	GPIO02 (SDA1 , I^2C)	DC Power 5v	04
05	GPIO03 (SCL1 , I^2C)	Ground	06
07	GPIO04 (GPIO_GCLK)	(TXD0) GPIO14	08
09	Ground	(RXD0) GPIO15	10
11	GPIO17 (GPIO_GEN0)	(GPIO_GEN1) GPIO18	12
13	GPIO27 (GPIO_GEN2)	Ground	14
15	GPIO22 (GPIO_GEN3)	(GPIO_GEN4) GPIO23	16
17	3.3v DC Power	(GPIO_GEN5) GPIO24	18
19	GPIO10 (SPI_MOSI)	Ground	20
21	GPIO09 (SPI_MISO)	(GPIO_GEN6) GPIO25	22
23	GPIO11 (SPI_CLK)	(SPI_CE0_N) GPIO08	24
25	Ground	(SPI_CE1_N) GPIO07	26
27	ID_SD (I^2C ID EEPROM)	(I^2C ID EEPROM) ID_SC	28
29	GPIO05	Ground	30
31	GPIO06	GPIO12	32
33	GPIO13	Ground	34
35	GPIO19	GPIO16	36
37	GPIO26	GPIO20	38
39	Ground	GPIO21	40

Early Models (pins 01–26) / Late Models (pins 27–40)

Rev. 1
26/01/2014

Raspberry Pi GPIO 腳位輸出（來源：*https://learn.sparkfun.com/tutorials/raspberry-gpio/gpio-pinout*。Creative Common CC-BY-SA 4.0 授權）

關於 Raspberry Pi 詳細的 GPIO 腳位資訊請參考：*https://learn.sparkfun.com/tutorials/raspberry-gpio/gpio-pinout*。

請用以下指令來安裝 GPIO 函式庫：

```
$ sudo apt update
$ sudo apt install python-gpiozero
```

若已安裝 Python 3，也可用以下指令：

```
$ sudo apt install python3-gpiozero
```

如果您的 Pi 是使用其他作業系統，請用 pip 來安裝：

```
$ sudo pip install gpiozero #for python 2
```

或者使用以下指令：

```
$ sudo pip3 install gpiozero #for python 3
```

函式庫安裝好之後，來看看如何透過 ROS 主題來控制 LED 閃爍。完整程式碼請由此取得：*https://github.com/PacktPublishing/ROS-Robotics-Projects-SecondEdition/blob/master/chapter_7_ws/raspberrypi_gpio.py*。以下為本範例重點：

```
...

from gpiozero import LED

LED = LED(17)
GPIO.setup(LED,GPIO.OUT)

def ledBlink(data):
 if data.data = true:
    LED.blink()
 else:
    print("Waiting for blink command...")
...
```

上述程式碼用到了先前安裝的 `gpiozero` 函式庫。在 `import` 語法之後，定義所要控制的 GPIO 腳位為 `OUT`，也就是輸出（因為本範例是控制 LED 閃爍，如果是接開關元件的話，就要改為 `IN`）。隨後，當 `/led_status` 主題收到 `true` 或 `false` 的布林值時就透過函式來控制 LED 閃爍。

Jetson Nano

Jetson Nano 中可透過專屬的 Jetson GPIO Python 函式庫（*https://github.com/NVIDIA/jetson-gpio*）來控制 GPIO 腳位。只要用 pip 指令就可以安裝這個函式庫：

```
$ sudo pip install Jetson.GPIO
```

函式庫安裝好之後，來看看如何透過 ROS 主題來控制 LED 閃爍。完整程式碼請由此取得：*https://github.com/PacktPublishing/ROS-Robotics-Projects-SecondEdition/blob/master/chapter_7_ws/jetsonnano_gpio.py*。查看以下程式碼的重要細節：

```
...

import RPi.GPIO as GPIO

LED = 12
GPIO.setup(LED,GPIO.OUT)

def ledBlink(data):
 if data.data = true:
    GPIO.output(LED, GPIO.HIGH)
    time.sleep(0.5)
    GPIO.output(LED, GPIO.LOW)
    time.sleep(0.5)
 else:
    GPIO.cleanup()

...
```

上述程式碼用到了先前安裝的 RPi.GPIO 函式庫。在 import 語法之後，定義所要控制的 GPIO 腳位為 OUT，也就是輸出（因為本範例是控制 LED 閃爍，如果是接開關元件的話，就要改為 IN）。隨後，當 /led_status 主題收到 true 或 false 的布林值時就透過函式來控制 LED 閃爍。下一段將進行各款嵌入式開發板的性能大評比。

評測嵌入式開發板

您已經認識了一些嵌入式主機板，是否會好奇哪一款適用於您的機器人專題呢？哪款板子具備最佳電力輸出與容量來運行您的專案呢？這些問題都可透過名為評測的簡單測試來回答。評測（benchmarking 或 benchmark）是用來檢驗及判斷嵌入式開發板性能的一種測試，包含一連串篩選項目，例如 CPU 時脈、圖形效能與記憶體等等。

請注意，評測不會給出準確的結果，而是針對我們想要理解的單板電腦規格（之前都介紹過了）劃分一個明確的分界。網路上有很多這類的評測，您可以找到在此看到與專題有關的一些測試。在此用使用 PTS 這款評測套件（*http://www.phoronix-test-suite.com/*），其評測結果會自動發佈到 *openbenchmarking.org* 網站上，使用者可將其評測結果公開或私下存放。

看看有哪些東西吧。

機器學習測試包（`https://openbenchmarking.org/suite/pts/machine-learning`）主要用於當紅的圖形識別與運算學習演算法，並包含下列測試群組的完整套件：

- Caffe（`https://openbenchmarking.org/test/pts/caffe`）為當前支援 AlexNet 及 GoogleNet 模型之 Caffe 深度學習框架的評測。
- Shoc（`https://openbenchmarking.org/test/pts/shoc`）為 Vetter 之 Scalable HeterOgeneous 計算評測包的 CUDA 及 OpenCL 版。
- R benchmark（`https://openbenchmarking.org/test/pts/rbenchmark`）為總體 R 效能的快速效能調查。
- NumPy（`https://openbenchmarking.org/test/pts/numpy`）用來得到總體 NumPy 效能。
- scikit-learn（`https://openbenchmarking.org/test/pts/scikit-learn`）用來得到 scikit-learn 效能。
- PlaIdML（`https://openbenchmarking.org/test/pts/plaidml`）使用 PlaIdML 深度學習框架來進行評測。

- Leela chess zero（`https://openbenchmarking.org/test/pts/lczero`）為一款經由神經網路自動化的棋奕引擎，它特別用於 OpenCL、CUDA + cuDNN 與 BLAS（基於 CPU）評測。

其他個別測試案例如下：

- SciMark（`https://openbenchmarking.org/test/pts/scimark2-1.3.2`）可用於科學及數值運算的測試。該測試由快速傅里葉轉換、Jacobi 逐次超鬆弛、蒙特卡洛、稀疏矩陣乘法和密集 LU 矩陣分解等評測組成。
- PyBench（`https://openbenchmarking.org/test/pts/pybench-1.1.3`）可測試不同函式的平均執行時間，例如 BuiltinFunctionCalls 及 NestedForLoops。該測試每次運行 PyBench 20 回。
- OpenSSL（`https://openbenchmarking.org/test/pts/openssl-1.9.0`）為實作 Secure Sockets Layer（SSL）與 Transport Layer Security（TLS）協定的開放原始碼工具包，會測試 RSA 4096 位元的運行效能。
- Himeno Benchmark（`https://openbenchmarking.org/test/pts/himeno-1.1.0`）為使用點 - 賈可比法之壓力卜瓦松線性求解器。

還有其他各種測試可能符合您的需求：*https://openbenchmarking.org/*。執行這些測試很簡單，請根據以下步驟安裝它們即可：

1. 使用以下指令更新 Debian 系統且安裝必要的相依套件：

```
$ sudo apt-get update
$ sudo apt-get install php5-cli
```

2. 下載並安裝 PTS：

```
$ git clone
https://github.com/phoronix-test-suite/phoronix-test-suite/
$ cd phoronix-test-suite
$ git checkout v5.8.1
$ sudo ./install-sh
```

3. 使用以下指令安裝指定測試包，就可進行測試。注意在執行評測時，關鍵字需使用 `benchmark` 而不是 `install`：

```
phoronix-test-suite install pts/<TEST>
phoronix-test-suite benchmark pts/<TEST>
```

4. 使用以下指令執行 PyBench 測試：

```
phoronix-test-suite install pts/pybench
phoronix-test-suite benchmark pts/pybench
```

除非為圖形測試，應把 GUI 關掉（例如 X server 關閉方式：*http://askubuntu.com/questions/66058/how-to-shut-down-x*）。按下 *Ctrl* + *Alt* + *F1* 進入不同的控制台且輸入 `$ sudo service lightdm stop`。

下一段將介紹 Alexa，並把它連接到 ROS。

認識 Alexa 並與 ROS 連接

在介紹 Alexa 之前，請用您的 Amazon 帳戶登入 *https://echosim.io/welcome*，如果還沒有帳戶的話，就趕快註冊一個。設置帳戶完成後，在網頁上使用麥克風詢問以下問題，並聽聽它說了什麼（譯註：語音輸入目前只有英語、德語與日語）：

- What is Alexa?
- How is it useful?

有趣吧？我確定 Alexa 新手一定會這麼個覺得吧，但是在另一方面，若是您已看過與例如 `OK Google` 或 `Hey Siri` 等其他語音服務的話，它其實相當普通。

Alexa 是 Amazon 公司（*https://www.amazon.com/*）的一款智慧雲端語音服務。它可作為語音服務 API 使用，也可在通過 Amazon 認證的裝置上運作，讓人們更方便與各種日常科技來互動，裝置清單請參考：*https://www.amazon.com/Amazon-Echo-And-Alexa-Devices/b?ie=UTF8node= 9818047011*。我們可以運用 Amazon 的工具來開發基於語音的簡單體驗（Amazon 稱為技能，skill）：*https://developer.amazon.com/alexa*。

為了與 Alexa 互動，讓我們看看建立 Alexa 技能集的簡單方式（*https://developer.amazon.com/public/solutions/alexa/alexa-skills-kit*）。

建置 Alexa 技能前置條件

請根據以下步驟來建置技能：

1. 在此會用到 Flask-Ask 這套 Python 微型框架（*https://flask-ask.readthedocs.io/en/latest/*），它讓開發各種 Alexa 技能變得更簡單。

   它事實上是一套能夠快速又簡便地建置各種 Alexa 技能的 Flask 擴充套件，但您不需要先具備 Flask 相關知識也能開發（*https://www.fullstackpython.com/flask.html*）。請用 `pip` 指令來安裝 `flask-ask`：

   ```
   $ pip install flask-ask
   ```

2. 建立一個 Alexa 的開發者帳戶（*https://developer.amazon.com/*）。建立和試用 Alexa 技能都是免費的。Alexa 技能可在公共 HTTPS 伺服器或者是 Lambda 上（*https://aws.amazon.com/lambda/*）運行。

3. 對本範例來說，會用到 ngrok 這個開放原始碼命令列小程式（*http://ngrok.com/*），它可開啟一個連通本機端的安全通道，並在 HTTPS 端點上開放它。

4. 請建立一個 ngrok帳戶，並根據網頁的設置與安裝步驟來操作（*https://dashboard.ngrok.com/get-started*），如下圖：

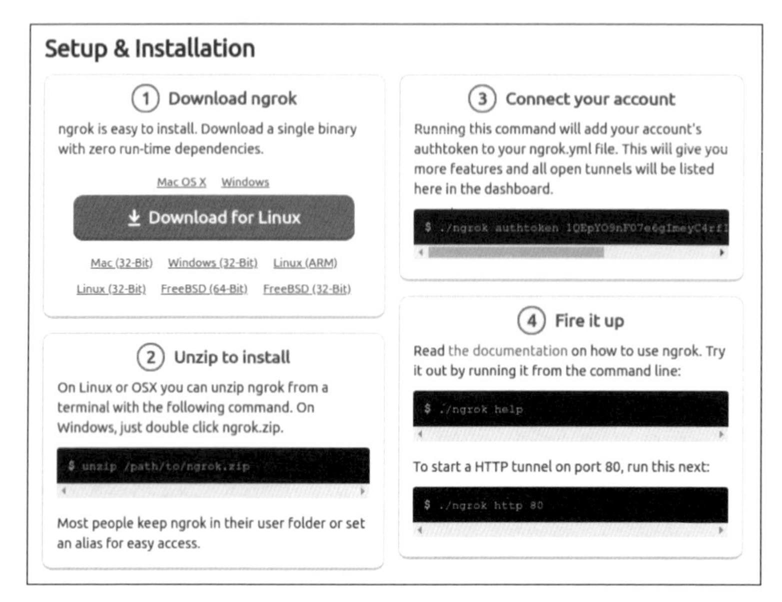

設置與安裝 ngrok

現在，來看看如何建立 Alexa 技能。

建立技能

先前步驟完成之後，請根據以下步驟來建立 Alexa 技能。

建立 `alexa_ros_test.py` 檔，接著把 github（*https://github.com/PacktPublishing/ROS-Robotics-Projects-SecondEdition/blob/master/chapter_7_ws/alexa_ros_test.py*）上的程式碼複製到其中。以下為本範例重點：

```
...

threading.Thread(target=lambda: rospy.init_node('test_code', disable_
signals=True)).start()
pub = rospy.Publisher('test_pub', String, queue_size=1)

app = Flask( name     )
ask = Ask(app, "/")
logging.getLogger("flask_ask").setLevel(logging.DEBUG)
```

```
@ask.launch
def launch():
    welcome_msg = render_template('welcome')
    return question(welcome_msg)

@ask.intent('HelloIntent')
def hello(firstname):
    text = render_template('hello', firstname=firstname)
    pub.publish(firstname)
    return statement(text).simple_card('Hello', text)

...
```

上述程式碼使用了 Flask 的 `render_template` 匯入 YAML 檔中的自定義回應。我們以平行執行緒來啟動 ROS 節點並初始化主題、app 與記錄器，接著建立一個裝飾器來以啟動（`def launch()`）與回應訊息（`def hello()`）。最後就建立這個 app。

建立另一個 `template.yaml` 檔案，並加入以下內容：

```
welcome: Welcome, This is a simple test code to evaluate one of my
abilities. How do I call you?
hello: Hello, {{ firstname }}
```

現在，在一終端機中運行 `roscore`，並用以下指令在另一終端機中運行 Python 程式：

```
$ python code.py
```

在另一終端機中運行 Python 程式時，確保您已呼叫 `initros1`，否則可能產生與 ROS 有關的錯誤。

在新的終端機中，啟動 ngrok 來在 port `5000` 建立一個連本機端的公共 HTTPS 端點：

```
$ ./ngrok http 5000
```

應可看到以下畫面：

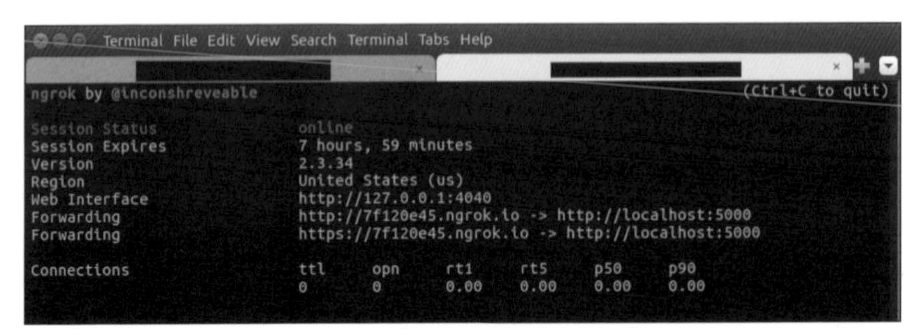

ngrok 狀態訊息

記下最後一個 HTTPS 端點連結（例如上圖的 *https://7f120e45.ngrok.io*）。完成後，開啟 Alexa 開發者帳戶網頁（*https://developer. amazon.com/alexa/console/ask?*）並執行以下步驟：

請注意，每次關閉 ngrok 終端機，再次啟動後都會產生新端點。

1. 在 Alexa 開發者帳戶網頁中，選擇 **Create Skill**。**Skill Name** 輸入 `Alexa ros`，並選擇自定義模型與 **Provision your own** 選項，作為託管該技能後端資源的方法。

2. 選擇 **Start from scratch**，應可看到以下畫面（圖中的文字與數字不重要）：

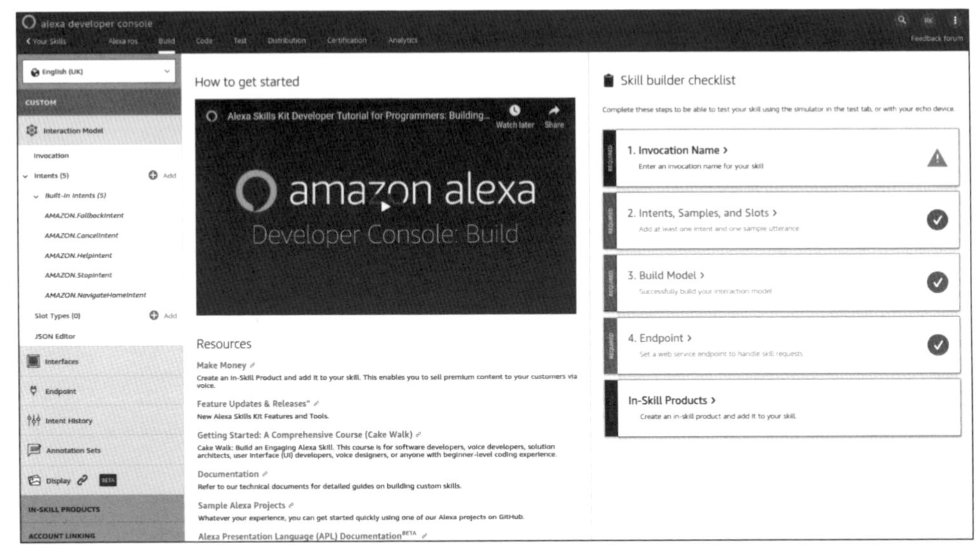

Alexa 開發者頁面

3. 選擇在右側的 **Invocation Name**，名稱設定為 `test code`。

   完成後，在左側選擇 **Intents** 來增加新的意圖。建立名稱為 `HelloIntent` 的自定義意圖，並根據下圖加入一些表達用語。再者，確保 **slot** 類型為 `AMAZON.firstname`，如下圖所示：

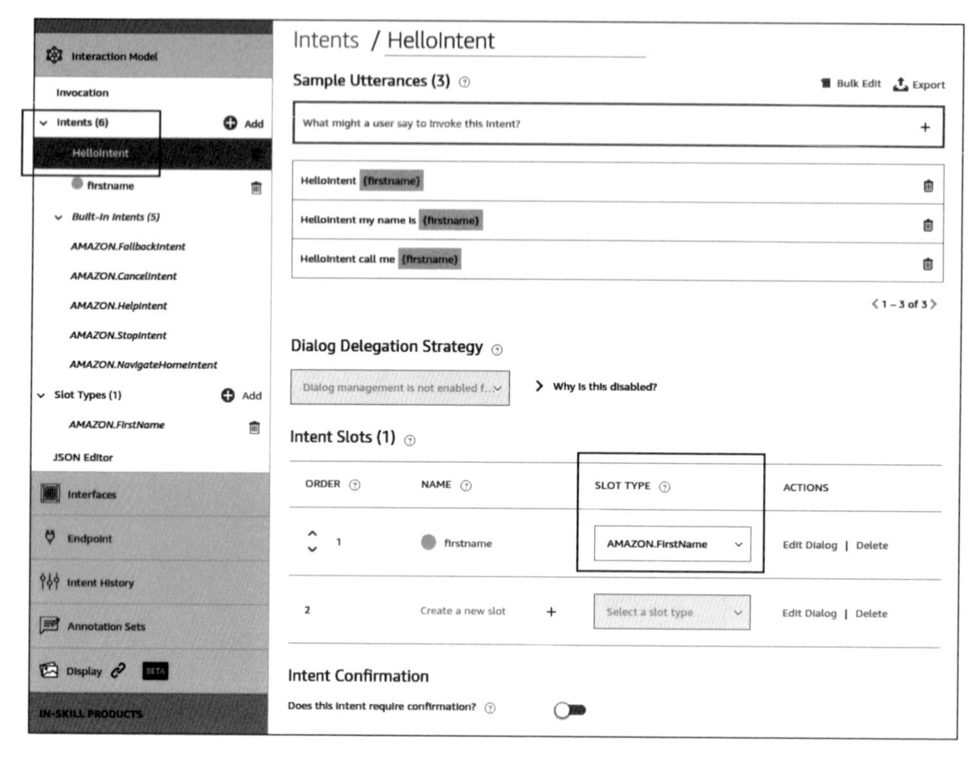

表達用語參考畫面

4. 完成了！點選 **Build Model** 來儲存並建置模型。完成後會看到以下畫面：

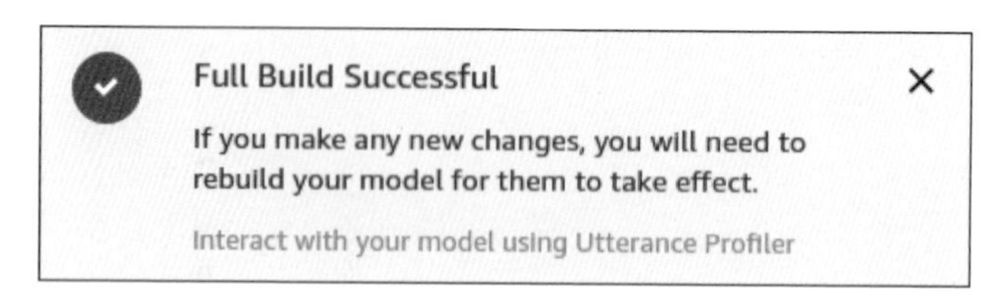

建置成功

5. 建置成功後，到在左側的 **Endpoint** 且選擇 **HTTPS** 單選按鈕。請把之前在 ngrok 終端機看到的 `https` 端點連結輸入 `Default Region` 欄位中。

6. 選擇 **My development endpoint is a sub-domain of a domain that has a wild card certificate**... 選項。完成後，點選 **Save Endpoints** 按鈕來儲存端點。

7. 一切就緒！假設 `roscore`、Python 程式（`alexa_ros_test.py`）與 ngrok 都順利啟動的話，請在開發者網頁上切換到 **Test** 標籤來開始測試。

8. 在 **Test** 標籤中，選擇下拉式選單的 **Development**。現在，Alexa 模擬器已經可以使用了，請輸入以下指令來試試看：

```
Alexa, launch test code
```

Alexa 應該會回答：*Welcome, this is a simple test code to evaluate one of my abilities. What do I call you?*，因為我們已在 YAML 檔中將其設定為模板。

鍵入：`Alexa, Call me ROS.`

Alexa 應該會回答：*Hello ROS*。

應該也可以看到被發佈作為 `rostopic` 的資料，如下圖（圖中的文字與數字不重要）：

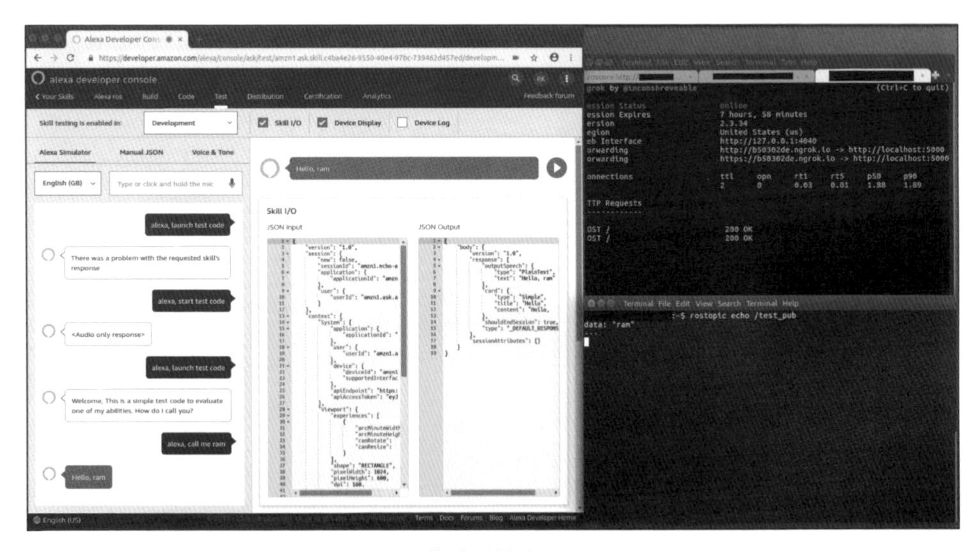

整體測試畫面

就這樣！您現在已經成功建立了 Alexa 技能，也知道如何用 ROS 發佈簡單的資料。您可運用嵌入式主機板的 GPIO API 用法，並讓板子連上 Alexa，這樣 Alexa 就可以控制與其連接的裝置了。

總結

本章介紹了微控制器、微處理器及單板電腦之間的差異。在了解這些差異後，接著就介紹機器人社群愛用的板子。再者，我們介紹了使用 ROS 來操作這些板子，並透過其 GPIO 腳位來控制例如馬達或感測器等外部周邊裝置。不同類型的 GPU 開發板也是本章主要內容，它們比標準單板電腦來得更厲害。為了選出一款能用於任何應用的嵌入式開發板，建議使用評測工具，您可根據評測結果來選擇一款最適合的板子。最後，我們也知道了如何使用 Alexa 建立技能，且使它與 ROS 連接。本章重點在於告訴您如何在板子上安裝 ROS，並將其硬體性能充分運用於機器人專題之中。

下一章要說明，如何藉由強化學習這款超有名的機器學習技術來賦予機器人智慧。

8
強化學習與機器人

到目前為止，我們已看到機器人或一組機器人如何完成某一個應用。我們從建立機器人開始，定義連結，並編寫程式讓機器人能針對特定應用採用適當方式來完成任務，也知道如何讓多台機器人協同作業來完成相同的任務。如果能夠賦予機器人如同人一樣的智慧，讓它們能夠了解在環境中執行的動作來感知、思考和行動，這會產生什麼不一樣的變化呢？本章將介紹機器學習領域中最重要的主題之一，稱為強化學習，它可說是人工智慧的機器人方案的基石。

本章將介紹何謂強化學習、它對於機器人的用途、用到了哪些演算法（例如 Q- 學習與 SARSA）、基於 ROS 的強化學習套件，還有一些機器人（例如 TurtleBot）的模擬範例。

本章內容如下：

- 機器學習
- 認識強化學習
- 馬可夫決策過程 (MDP) 與貝爾曼方程式
- 強化學習演算法
- 在 ROS 中的強化學習

技術要求

本章技術要求如下：

- 具備 ROS Melodic Morenia 的 Ubuntu 18.04（Bionic）作業系統，另外也要 Gazebo 9 與 ROS-2 Dashing Diademata
- ROS 套件：OpenAI Gym、gym-gazebo 與 gym-gazebo2
- 時間軸及測試平台：
  - **估計學習時間**：平均 120 分鐘
  - **專題建置時間（包括編譯及執行時間）**：平均 60-90 分鐘
  - **專題測試平台**：HP Pavilion 筆記型電腦（Intel® Core ™ i7-4510U CPU @ 2.00 GHz、8 GB 記憶體及 64 位元 OS、GNOME-3.28.2）

本章範例程式碼請由此取得：***https://github.com/PacktPubiishing/ROs-Robotics-Projects-SecondEdition/tree/master/chapter_8_ws/taxi_problem***。

先來認識機器學習吧。

機器學習簡介

在深入主題之前，讓我們了解什麼是機器學習。機器學習為人工智慧的一個子領域，且顧名思義，是讓機器藉由預先準備好的資料集或過去已處理的資訊，使其具備自我學習的能力。您可能會想到的下一個問題是，機器如何學習？或是何訓練機器去做到學習這件事？機器學習領域主要是由三種不同的學習類型所構成：

- 監督式學習
- 非監督式學習
- 強化學習

讓我們從監督式學習開始一一介紹吧。

監督式學習

在監督式學習中，使用者要對機器提供多組輸入 / 輸出作為訓練資料，也就是說，餵入機器的資料視為已標記的訓練用資料。只要機器遇到類似於先前所訓練過的輸入，它便能根據從訓練資料中學到的標記來定義輸出，或對輸出進行分類。基於標記完成的資料集，機器就能在新的資料集中找到各種模式。

監督式學習的最佳範例之一為分類（classification），在此我們可將特定物體標記為一系列的資料集。根據所標記的特徵以及餵給機器的資料（訓練資料）準確度，機器就能把較新的資料集這些目標來分類。監督式學習的另一範例為迴歸（regression）。根據訓練資料集與某些參數的相關性，系統可預測一個輸出結果。監督式學習常見的情境包括天氣預報或病人的醫療異常事件。

非監督式學習

非監督式學習可說是最有趣的學習演算法之一，也正被廣泛研究著。透過非監督式學習，機器就能在沒有任何標記的情況下，對指定資料集進行分組或分群。這個特性在機器處理大量資料時特別有用，因為機器無法事先知道資料是什麼（因為沒有標記），但還是能根據某些相似或相異的特徵來分群資料。

非監督式學習在現實生活中更有用，因為與監督式學習相比，它需要的人工介入程度更少或甚至不需要。非監督式學習有時可以作為處理監督式學習問題的第一步。非監督式學習在例如網絡推薦系統的應用中很有用，例如零售業就能根據使用者的興趣或分析來提供建議。這樣一來，各零售業巨頭就能根據銷售數量來預測產品需求。

強化學習

人們常常把強化學習與監督式學習混為一談。不同於監督式學習，強化學習是一種讓機器邊做邊學，而且不需要訓練資料的學習技術。機器會直接與應用進行互動來了解該應用的內容，並且會儲存一連串的歷史資訊，還會具備一個獎勵系統來指出機器到底做對還是做錯了。

強化學習常見於遊戲領域，其中電腦會試著去了解使用者的動作，並做出適當的回應來確保它會贏。強化學習也在自駕車及機器人技術中被大量測試。由於本章將特別聚焦在機器人技術，因此也會更深入探討這項學習技術。如果機器已充分了解與其互動的環境，強化學習可變成監督式學習。後續在 " 探索與利用 " 這一段會更深入討論這個觀點。

現在，讓我們進一步深入本章的主要概念：強化學習。

認識強化學習

如前所述，強化學習是一種邊做邊學的學習技術。在此用一個簡單的比喻來理解強化學習：一個九個月大的小寶寶試圖起身行走。

下圖是這個比喻：

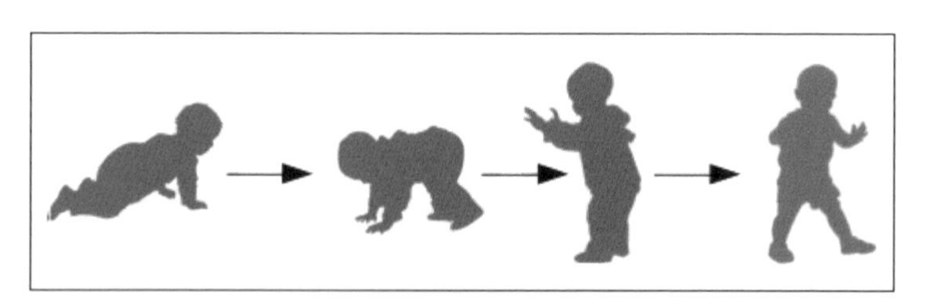

小寶寶行走比喻

小寶寶要做的第一步是試著把雙腿壓向地面來起身，然後平衡自己並站穩。如果成功，您會在小寶寶的臉上看到微笑。現在，小寶寶向前邁出了一步，並試著再次保持平衡。如果在過程中失去了平衡並跌倒，則小寶寶可能會皺眉或哭泣。如果沒有行走動機，小寶寶則可能會放棄行走，但者可能再次起身行走。如果小寶寶成功向前邁出了兩步，您可能會看到他展現燦爛的笑容以及發出一些表示快樂的聲音。走的步數愈多，小寶寶就會變得愈有信心，最終就會一直走路，有時甚至能跑起來：

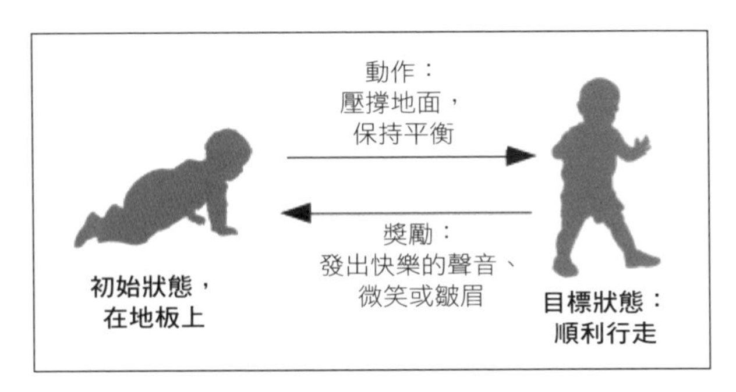

遷移圖示

首先，小寶寶稱為代理（agent），代理可身處的兩個狀態如上圖。代理的目標是要在客廳或臥室等環境中起身行走。代理可採取或進行的步驟，像是起身、平衡與行走，稱為動作。代理的微笑或皺眉則稱為獎勵（包含正面與負面獎勵），且小寶寶走路時發出的快樂聲音可能表明代理做對事情的獎勵。起身行走或留在地上等代理再度接收的動機，則可用來說明強化學習的探索 - 利用概念。這是什麼意思？現在來詳細看看吧。

探索與利用

想像一下，小寶寶正在行走來找到一條通往玩具的道路，並最終進入了臥室。在此，小寶寶已經看到了幾個玩具，這自然會讓他們感到開心開心。如果小寶寶嘗試走到臥室外面，並朝向有一大籃玩具的儲藏室走去，會如何呢？顯然，小寶寶會比在只有較少玩具的臥室中更快樂。

小寶寶以隨機方式走入臥室，且在找到玩具後安定下來的前述場景稱為利用（exploit）。小寶寶已看到了一些玩具，這會讓他們很開心。但是，如果小寶寶試著去搜索臥室外面，最終可能會走進儲藏室，這裡面的玩具比臥室更多，這會讓小寶寶更快樂及滿足，這稱為探索（explore）。如前所述，小寶寶在此可能找到使它大喜過望（獎勵突然大增）的一大堆玩具，但也可能連一個玩具都沒有找到，讓小寶寶生氣不開心（獎勵減少）。

這就是強化學習更加有趣的原因。根據代理與環境的互動方式，代理可妥善利用讓獎勵穩定增加，或者可進行探索，結果是獎勵大幅增加或減少。兩者各有好壞。如果代理的訓練目標是以較少的時間（或世代）來增加獎勵，則建議利用。如果代理不必擔心獎勵增加所花費的時間，反而希望在整個環境中多多嘗試的話，則建議探索。強化學習有一些用於決定探索或利用的演算法，這可用著名的多臂吃角子老虎機問題解決。

強化學習公式

現在逐一來介紹強化學習包含的重要元件：

- **代理**：代理可執行必要的步驟（或動作）來與環境互動。
- **環境**：環境為代理進行互動的對象。環境類型包含確定性型、隨機型、完全可觀察型、連續型、離散型與其他等等。
- **狀態**：狀態為代理當下展現或駐留於其中的狀況或位置。狀態通常為代理執行特定動作之後的結果。
- **動作**：代理與環境互動時所做的事情。
- **獎勵**：代理執行某個動作來遷移到某個狀態的結果。獎勵可為正面或負面。

強化學習問題請參考下圖：

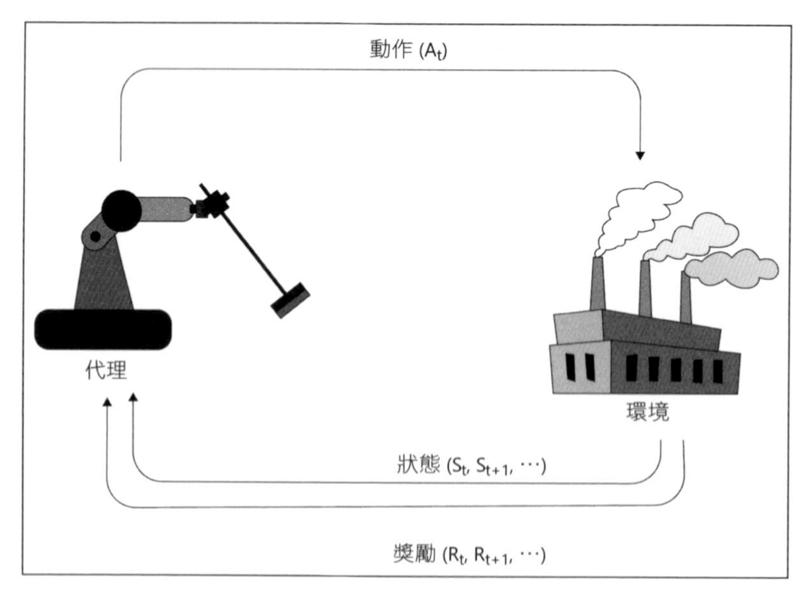

代理與環境 - 強化學習示意圖

如上圖，強化學習演算法整體運作流程如下：

1. 假設代理是一隻移動機械手，可在環境中的一處移動到另一處。
2. 假設代理狀態為初始狀態（S_t）時，代理執行動作（A_t）來與環境互動。這可比喻為機器人決定向前移動。
3. 做為該動作的結果，代理從初始狀態遷移到另一個（S_{t+1}）且收到獎勵（R_t）。這代表機器人已從一點移到另一點而沒有任何阻礙，因此可將這段軌跡視為有效路徑。
4. 根據收到的獎勵，代理可明白剛剛所做的動作是對的還是錯的。
5. 如果所做動作是對的，代理可繼續相同的動作（A_t）以增加獎勵（R_{t+1}）。如果所做動作是錯的，把動作 - 狀態這組結果保存在歷史中，並繼續嘗試不同的動作。
6. 現在，繼續循環下去（回到步驟 1，在此代理再度執行動作來與環境互動）。因此用此方式，如果機器人的目標是要達到某一目的地，對於機器人所做的每一個動作來說，它都會讀取狀態與獎勵來評估該動作是否成功。這樣，機器人經過一系列這樣的循環檢查，最終就可達到目標。

現在來瞧瞧強化學習平台。

強化學習平台

有許多強化學習平台可用於在模擬環境中實驗強化學習問題。我們可建置並定義環境與代理，接著模擬出代理的某些行為來觀察看代理如何學習解決問題。以下是一些現成的學習平台：

- **OpenAI Gym**：這是一款用於實驗強化學習演算法的最常用工具包。它不但簡單易用，還有預先建置好的環境與代理。它是開放原始碼且支援例如 TensorFlow、Theano 和 Keras 等框架。後續章節會介紹如何使用 OpenAI Gym 套件來支援 ROS。更多資訊請參考：*https://github.com/openai/gym*。

- **OpenAI Universe**：為 OpenAI Gym 的延伸。這款工具提供媲美一般電腦遊戲中那些更逼真又複雜的環境。更多資訊請參考：*https://github.com/openai/universe*。
- **DeepMind Lab**：這是可讓使用者自行定義的另一款酷炫工具，提供了超逼真的科幻風格環境。更多資訊請參考：*https://github.com/deepmind/lab*。
- **ViZDoom**：這是基於毀滅戰士（Doom）這款個人電腦遊戲的工具，支持多重代理，但也限於唯一一種環境（當然就是毀滅戰士）。更多資訊請參考：*https://github.com/mwydmuch/ViZDoom*。
- **Project Malmo**：這是建置於 Minecraft 這款由微軟公司推出的遊戲之上的尖端實驗平台，支援各種強化學習及 AI 的研究。更多資訊請參考：*https://github.com/Microsoft/malmo*。

現在，來看看強化學習如何應用於機器人吧。

機器人技術的強化學習

對機器手臂這類工業機器人來說，最複雜的任務是要在受限的空間中進行運動學任務規劃。要做的任務像是從籃子或貨架挑出物體、將不對稱的元件組裝於另一個之上、嘗試進入侷限空間與進行焊接這樣的敏感任務。等等，現在在說什麼？這些事情不是都已到位，機器人在這些應用中也都做得很好，不是嗎？沒錯啦，但是實際狀況是：機器人藉由人類工作者的引導下移動到侷限空間中的某個位置。有時，這僅僅是因為環境的數學建模很複雜，只好使用機器人運動學來解決。但也正因如此，機器手臂很難自行解決逆運動學規劃，還可能與環境發生碰撞，並造成環境及工件受損。

這就是強化學習大展身手的地方了。機器人最初可借助於人類工人來了解應用和環境以及學會各種軌跡。一旦學會了，機器人就可以在沒有任何人類干預的情況下自行運作。

以下連結是機器手臂開門的研究，其中了討論 Google 在此領域所做的貢獻：*https://spectrum.ieee.org/automaton/robotics/artificial-intelligence/google-wants-robots-to-acquire-newskills-by-learning-from-each-other*

不只是工業級機器手臂：強化學習還能導入不同的應用，例如讓移動機器人規畫導航，或讓無人機在高載重的情況下自我穩定。

下一段將介紹 MDP 與貝爾曼方程式。

MDP與貝爾曼方程式

為了解決各種強化學習問題，問題應被定義或建模為 MDP（馬可夫決策過程，Markov Decision Process）。馬可夫性質定義如下：未來只與現在有關，而與過去無關。這代表系統不仰賴任何過去歷史資料，而其未來只取決於現在的資料。降雨預測是最佳的解釋範例。在此用一個比喻來說明，不是實際的降雨估計模型。

估計降雨的方法相當多，有的需要歷史資料才能預測雨量，但有的也不需要。在此不會 " 測量 " 任何東西，而是去 " 預測 " 是否會下雨。因此，以這個比喻來說明 MDP 方程式的話，方程式需要當下狀態來了解未來，而不取決於過去 — 您可得知當下狀態，並預測下一個狀態。如果當下狀態是多雲，則下一個狀態就有一定的機會為下雨，這與前一個狀態（不論是晴天或多雲）無關。

MDP 模型簡單來說就是個元組：(S_t , A_t , $P^a_{ss'}$, R_t , γ^k)，在此 S_t 為狀態空間、A_t 為動作清單、$P^a_{ss'}$ 為狀態機率遷移、R_t 為獎勵，γ^k而為折扣因子。來看這些新名詞。

狀態機率遷移函數由本方程式來決定：

$$P^a_{ss'} = \mathbb{P}[S_{t+1} = s' | S_t = s, A_t = a]$$

指定狀態及動作，此方程式會產出獎勵：

$$R^a_s = \Sigma[R_{t+1} | S_t = s, A_t = a]$$，或者

$$R^a_s = \sum_{k=0}^{\infty} \gamma^k R_{t+k+1}$$

γ^k 引進折扣因子，是因為代理收到的獎勵有可能永無止境。因此，該因子是用來控制立即與未來獎勵的手段。γ^k 值接近零的話，會讓代理較重視即時的獎勵，而值接近 1 的話，會讓代理重視未來的獎勵。請注意，前者所需的世代（或時間）數量比後者來得更少。

強化學習的目的是幫助代理找到最佳的策略函數與價值函數，讓代理做到獎勵最大化並更接近目標：

- **策略函數**（π）：策略（policy）是代理決定執行哪個動作並從當下狀態遷移出去的方式。映射此遷移的函數被稱為策略函數。
- **價值函數**（V^π）：價值（value）函數協助代理決定到底要留在特定狀態，或遷移到另一個狀態。價值函數通常是指代理從初始狀態從最初狀態開始所收到的總獎勵。

使用強化學習解決這類問題時，前述兩項定義是最關鍵的。它們有助於權衡代理的"探索"或"利用"本質。幫助代理選擇合適動作的一些策略包含 ϵ -greedy、ϵ -soft 與 softmax。關於不同策略的討論超出本章的範疇，但還是會介紹如何解出這些價值函數。價值函數（V^π）的表示如下：

$$V^\pi = E_\pi[R_t|S_t = s]$$，或者

$$V^\pi(s) = E_\pi[\sum_{k=0}^{\infty} \gamma^k R_{t+k+1}|S_t = s]$$

從前述方程式可知，顯然價值函數取決於策略，也當然會隨著選定的策略而大幅變動。這些價值函數通常是獎勵的集合，或表格中隨著狀態而改變的數值。選擇結果通常就是價值最高的狀態。如果表格除了動作之外，還包含了狀態與價值的話，該表格就稱為 Q 表，而狀態 - 動作的價值函數就稱為 Q- 函數，如下所示：

$$Q^\pi(s,a) = E_\pi[\sum_{k=0}^{\infty} \gamma^k R_{t+k+1}|S_t = s, A_t = a]$$

貝爾曼方程式可用來找出最佳的價值函數，最終方程式如下：

$$V^{\pi}(s)=\sum_{a}\pi(s,a)\sum_{s'}\mathbb{P}^{a}_{ss'}[R^{a}_{ss'}+\gamma V^{\pi}(s')]$$

在此，$\pi(s,a)$ 為針對指定狀態與動作的策略。

Q- 函數方程式如下：

$$Q^{\pi}(s,a)=\sum_{s'}\mathbb{P}^{a}_{ss'}[R^{a}_{ss'}+\gamma\sum_{a'}Q^{\pi}(s',a')]$$

上述方程式也被稱為貝爾曼最佳方程式。

了解強化學習的基礎知識之後，接著來談談一些強化學習演算法。

強化學習演算法

MDP模型的解法相當多元，其中之一是透過蒙地卡羅預測。該方法助於預測價值函數以及進一步優化這些價值函數的控制方法。此方法只用於有時間限制的任務或世代型任務。此一方法的問題在於當環境太大或所需世代太久的話，價值函數的最佳化時間也要花更多時間。本段落不會討論蒙地卡羅法，反之要來看看更有趣的無模型學習技術，這實際上是蒙地卡羅法與動態規畫法的組合。這項技術稱為時間差分（temporal difference）學習。這種學習可應用於非世代性任務，而不需要事先知道任何模型資訊。接著用一個範例來詳細討論此技術。

計程車問題比喻

以著名的計程車問題來說，OpenAI Gym 已將其建成一個測試環境（*https://gym.openai.com/envs/Taxi-v2/*）。計程車環境如下：

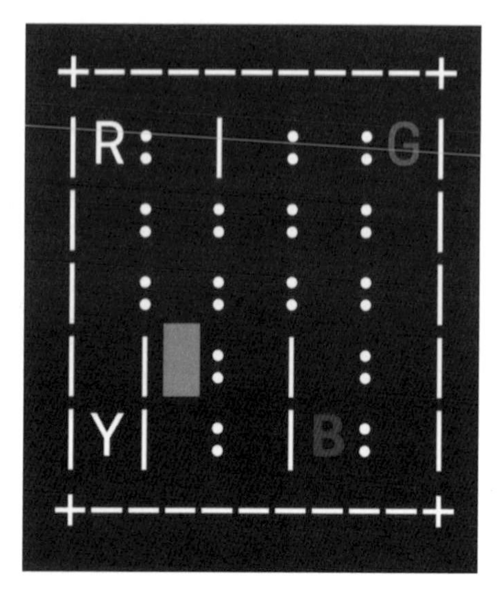

計程車環境

這是一個 5 x 5 的方格式環境，其中有標記為 **R**、**G**、**Y** 和 **B** 等數個位置。綠色遊標就是計程車，它有六個可能的動作：

- 向南移動（向下）
- 向北移動（向上）
- 向東移動（向右）
- 向西移動（向左）
- 乘客上車
- 乘客下車

上車下車的位置都是隨機決定的，並分別以藍色與紫色來表示。計程車的目的是從空間中的任何位置移動到上車位置，接著再開到下車位置。

下一段將介紹時間差分（TD）預測。

TD 預測

現在用一個範例來說明 TD 預測方程式的數學表達式：

$$V(s) \leftarrow V(s) + \alpha(r + \gamma V(s') - V(s))$$

前述方程式代表當下狀態的價值 $V(s)$，為當下狀態的價值 $V(s)$ 加上學習率 α 乘以 TD 誤差。等等！ TD 誤差是什麼？說明如下：

$$r + \gamma V(s') - V(s)$$

它是這兩者的差：當下狀態價值與預測之狀態獎勵，其中預測之狀態獎勵為所有預測狀態的獎勵總和，再加上預測狀態價值乘以折扣因子。預測之狀態獎勵也稱為 TD 目標。評估價值函數的 TD 演算法如下所示：

```
輸入：要被評估的策略 π

Initialize V(s) arbitrarily
 Repeat (for each episode):
  Initialize S
  Repeat (for each step of episode):
    A ← action given by π for S
    Take action A, observe R, S'
    V(S) ← V(S) + α[R + γV(S) - V(S')]
    S ← S'
  until S is Terminal
```

演算法說明

演算法先從初始化一個空值（一般來說都是 `0`）開始。然後對於每一個世代來說，狀態（`S`）都會被初始化，接著是一個涵蓋了所有時間步驟的迴圈，並根據策略梯度技術來選出一個動作（`A`）。然後，觀察更新後的狀態（`S'`）與收到的獎勵（`R`），並用上述的數學式（TD 方程式）來解出價值函數。最後，把更新後狀態（`S'`）指定為當下狀態（`S`），且迴圈繼續執行下去直到當下狀態（`S`）終止為止。

現在，在比喻中來實作這件事。在此把所有的狀態價值都初始化為零，如下表：

狀態	價值
(1, 1)	0
(1, 2)	0
(1, 3)	0
…	
(4, 4)	0

價值初始化為 0 的表格

假設計程車的位置在 (2, 2)，且每個動作的獎勵如下：

```
0- Move south : Reward= -1
1- Move north : Reward= -1
2- Move east : Reward= -1
3- Move west : Reward= -1
4- Pickup passenger : Reward= -10
5- Dropoff passenger : Reward= -10
```

學習率通常是一個介於 0 到 1 之間的小數，且不可為零，而先前介紹過的折扣因子也是這樣的小數，但是可為零。本範例假設學習率為 0.5，折扣率為 0.8。假設動作（例如向北）都是隨機被選擇（通常會用 ϵ-greedy 演算法來定義策略 π）。對於向北這個動作來說，獎勵為 -1 且下一個狀態或所謂的預測狀態（S'）為 (1, 2)。因此，(2, 2) 的價值函數如下：

```
V(S) ← 0+0.5*[(-1)+0.8*(0)-0]
 => V(S) ← -0.5
```

現在，表格更新如下：

狀態	價值
(1, 1)	0
(1, 2)	0
(1, 3)	0
…	0
(2, 2)	-0.5
…	
(4, 4)	0

更新後的表格

同樣，演算法會不斷計算下去，直到該世代結束為止。

因此，TD 預測比蒙地卡羅法與動態規劃有優勢，但是隨機產生策略這個做法可能會讓 TD 預測耗費更多時間才能解決問題。在前述範例中，計程車可能得到許多負面的獎勵，而可能需要一些時間才能產生一個完美的解決方案。有許多方法都可做到價值預測最佳化。下一段將介紹 TD 控制，它正是為此而生。

TD 控制

如前述，TD 控制可用來最佳化價值函數。TD 控制技術有兩種：

- 離線學習（off-policy learning）：Q- 學習
- 線上學習（on-policy learning）：SARSA

來好好認識它們吧。

離線學習 - Q- 學習演算法

最常見也最有名的一款離線學習技術就是 Q- 學習演算法。記得先前介紹過的 Q- 函數嗎？在此不再只儲存各狀態的價值，Q- 學習演算法會儲存指定價值對應的動作與狀態，這個值就稱為 Q 值，而包含 Q 值並不斷被更新的表格就稱為 Q 表。

Q- 學習方程式如下：

$$Q(s,a) \leftarrow Q(s,a) + \alpha(r + \gamma_{max} Q(s',a') - Q(s,a))$$

上述方程式類似於先前的 TD 預測方程式。差別在於它包含了一組狀態 - 動作 $Q(s,a)$，而不是之前的價值 $V(s)$。再者，您可能已經注意到，Q- 學習演算法運用了 max 函數來取得價值最高的狀態 - 動作組的價值與該組本身。Q- 學習演算法說明如下：

```
Initialize Q(s, a), for all s ∈ S, a ∈ A(s), arbitrarily, and Q(Terminal-
state, ) = 0
 Repeat (for each episode):
   Initialize S
```

```
Repeat (for each step of episode):
  Choose A from S using policy derived from Q (e.g., e-greedy)
  Take action A, observe R, S'
  Q(S, A) ← Q(S, A) + α[R + γ max Q(S', a') - Q(S, A)]
  S ← S'
until S is Terminal
```

演算法說明

演算法首先會初始化 Q- 函數 Q(S, A) 的值（一般來說都是 0）。然後對於每一個世代來說，狀態（S）都會被初始化，接著是一個涵蓋了所有時間步驟的迴圈，並根據策略梯度技術來選出一個動作（A）。然後，觀察更新後的狀態（S'）與收到的獎勵（R），並用 Q- 學習方程式來更新 Q 表。最後，把更新後狀態（S'）指定為當下狀態（S），且迴圈繼續執行下去，直到當下狀態（S）結束為止。

現在，在比喻中來實作這件事。讓表格的所有內容都為零開始：

狀態	價值
(0, 0)	[0., 0., 0., 0., 0., 0.],
(0, 1)	[0., 0., 0., 0., 0., 0.],
(0, 2)	[0., 0., 0., 0., 0., 0.],
...,	
(4, 2)	[0., 0., 0., 0., 0., 0.],
(4, 3)	[0., 0., 0., 0., 0., 0.],
(4, 4)	[0., 0., 0., 0., 0., 0.]]

初始化完成的 Q 表

應注意，動作相對於每個狀態映射。在此一共定義了 500 個可能的狀態與 6 個動作；因此，您會看到一個大小為 500 x 6 零矩陣。使用 e-greedy 技術來選定動作（後續會用程式碼來介紹）。假設在計程車環境中，上車位置為 Y 且下車位置為 B。在此指定學習率為 0.4 且折扣因子為 0.9，且計程車位在 (2, 2)。這在程式碼中會用一個數字來表示（例如 241，後續就會看到）。如果隨機選擇的動作為向東（也就是 2）。也就是說，下一個狀態為 (2, 3)，而方程式計算如下：

```
Q(2,2;2) ← 0 + 0.4*[(-1)+0.999*max(0,0,0,0,0)-0]
  => Q(2,2;2) ← -0.4
```

表格更新如下：

狀態	價值
(0,0)	[0., 0., 0., 0., 0., 0.],
(0,1)	[0., 0., 0., 0., 0., 0.],
(0,2)	[0., 0., 0., 0., 0., 0.],
...,	
(2,2)	[0., 0., -0.4, 0., 0., 0.]
...,	
(4,2)	[0., 0., 0., 0., 0., 0.],
(4,3)	[0., 0., 0., 0., 0., 0.],
(4,4)	[0., 0., 0., 0., 0., 0.]]

更新後的 Q 表

同樣，表格會以一定的時間間隔來更新。時間間隔更精確來說，計程車採取的每一個動作都視為一個步驟。我們讓計程車最多可嘗試 2,500 步來達到目標。這 2,500 步構成一個世代。因此，計程車會嘗試 2,500 個動作來達到目標。如果成功，則獎勵被記錄下來。如果用了這麼多步依然無法成功，則該世代不給予任何獎勵。

Q 表最後看起來像這樣：

狀態	價值
(0,0)	[1. 1. 1. 1. 1. 1.],
(0,1)	[-3.04742139 -3.5606193 -3.30365009 -2.97499059 12.88138434 -5.56063984],
(0,2)	[-2.56061413 -2.2901822 -2.30513928 -2.3851121 14.91018981 -5.56063984],
...,	
(4,2)	[-0.94623903 15.92611592 -1.16857666 -1.25517116 -5.40064 -5.56063984],
(4,3)	[-2.25446383 -2.28775779 -2.35535871 -2.49162523 -5.40064 -5.56063984],
(4,4)	[-0.28086999 0.19936016 -0.34455025 0.1196 -5.40064 -5.56063984]]

經過 3,000 個世代之後的 Q 表，價值已更新

上述說明可用程式碼改寫，如下：

```
alpha = 0.4
gamma = 0.999
epsilon = 0.9
episodes = 3000
max_steps = 2500

def qlearning(alpha, gamma, epsilon, episodes, max_steps):
    env = gym.make('Taxi-v2')
    n_states, n_actions = env.observation_space.n, env.action_space.n
    Q = numpy.zeros((n_states, n_actions))
    timestep_reward = []
    for episode in range(episodes):
        print "Episode: ", episode
        s = env.reset()
        a = epsilon_greedy(n_actions)
        t = 0
        total_reward = 0
        done = False
        while t < max_steps:
            t += 1
            s_, reward, done, info = env.step(a)
            total_reward += reward
            a_ = np.argmax(Q[s_, :])
            if done:
                Q[s, a] += alpha * ( reward - Q[s, a] )
            else:
                Q[s, a] += alpha * ( reward + (gamma * Q[s_, a_]) - Q[s, a]
)
            s, a = s_, a_
    return timestep_reward
```

epsilon_greedy 函數定義如下：

```
def epsilon_greedy(n_actions):
 action = np.random.randint(0, n_actions)
 return action
```

程式碼應該相當易懂，可能有一些新登場的 Gym API 但應該沒什麼問題。`gym.make()` 是用來選擇可用的 OpenAI Gym 環境，本範例是選擇 `Taxi-v2`。代理在環境中通常有一個初始位置。使用 `reset()` 實例呼叫就能讀取該位置。如果想要檢視環境的話，可使用 `render()` 實例呼叫。`'step()'` 是另一個有趣的實例呼叫，它可回傳當下的狀態、獎勵（如果狀態已完成）與機率資訊。有了這些 API 之後，OpenAI Gym 讓我們做事更輕鬆了呢。

接著來看看同一個範例如何藉由線上學習技術來完成。

線上學習 - SARSA 演算法

SARSA（**State, Action, Reward, State, Action** 的縮寫）技術是一種線上學習技術。SARSA 與 Q- 學習兩者有一個重要的差異。Q- 學習是透過 epsilon greedy 技術來選定策略（例如，動作），而在計算該狀態的 Q 值時，則是根據該狀態中所有動作之最大可用 Q 值來選擇下一個狀態動作。反之在 SARSA 中，會再度使用 epsilon greedy 技術來選擇某個狀態動作，而不像 Q- 學習那樣使用 max 函數。SARSA- 學習方程式如下：

$$Q(s,a) \leftarrow Q(s,a) + \alpha(r + \gamma Q(s',a') - Q(s,a))$$

這個方程式與先前的 TD 預測方程式相當類似。如前所述，唯一的差別是不使用 max 函數，而是隨機選出一組狀態 - 動作。SARSA 演算法如下所示：

```
Initialize Q(s, a), for all s   S, a   A(s), arbitrarily, and Q(Terminal-
state, ) = 0
 Repeat (for each episode):
   Initialize S
   Choose A from S using policy derived from Q (e.g., e-greedy)
   Repeat (for each step of episode):
     Take action A, observe R, S'
     Choose A' from S'using policy derived from Q (e.g., e-greedy)
     Q(S, A) ← Q(S, A) + α[R + γQ(S', A) − Q(S, A)]
     S ← S'; A ← A';
until S is Terminal
```

演算法說明

演算法先從初始化 Q- 函數 Q(S, A) 的值（一般來說都是 0）開始。然後對於每一個世代來說，狀態（S）都會被初始化，接著是根據策略梯度技術（例如，e-greedy 方法）從指定清單選出動作、再進入一個涵蓋了所有時間步驟的迴圈，並在其中檢查選定動作的更新狀態（S'）與獎勵（r）。然後，使用策略梯度技術從指定清單再次選出新的動作（A'），並用方程式來更新 Q 表。最後，把更新後狀態（S'）指定為當下狀態（S），迴圈繼續執行下去直到當下狀態（S）結束為止。

現在，在比喻中來實作這件事。讓表格的所有內容都為零開始：

狀態	價值
(0,0)	[0., 0., 0., 0., 0., 0.],
(0,1)	[0., 0., 0., 0., 0., 0.],
(0,2)	[0., 0., 0., 0., 0., 0.],
...,	
(4,2)	[0., 0., 0., 0., 0., 0.],
(4,3)	[0., 0., 0., 0., 0., 0.],
(4,4)	[0., 0., 0., 0., 0., 0.]]

初始化完成的 Q 表

代入與 Q- 學習相同的條件，方程式計算如下：

```
Q(2,2;2) ← 0 + 0.4*[(-1)+0.999*(0)-0]
 => Q(2,2;2) ← -0.4
```

表格更新如下：

狀態	價值
(0,0)	[0., 0., 0., 0., 0., 0.],
(0,1)	[0., 0., 0., 0., 0., 0.],
(0,2)	[0., 0., 0., 0., 0., 0.],
...,	
(2,2)	[0., 0., -0.4, 0., 0., 0.]
...,	

(4,2)	[0., 0., 0., 0., 0., 0.],
(4,3)	[0., 0., 0., 0., 0., 0.],
(4,4)	[0., 0., 0., 0., 0., 0.]]

更新後的 Q 表

此範例與前者的差異不大，但您應可看出已不再使用 *max* 函數，而是用 e-greedy 技術來再次隨機選出一個動作。因此根據所提供的隨機數值，演算法可能耗時很久，但也可能立刻完成。同樣地，表格每經過一定的時間間隔之後就會更新一次（已在 " 解釋於離線學習 - Q- 學習演算法 " 這一段介紹過）。Q 表最後看起來像這樣：

狀態	值
(0,0)	[1. 1. 1. 1. 1. 1.],
(0,1)	[1.21294807 2.30485594 1.73831 2.84424473 9.01048181 -5.74954889],
(0,2)	[3.32374208 -2.67730041 2.0805796 1.83409763 8.14755201 -7.0017296],
...,	
(4,2)	[-0.94623903 10.93045652 -1.11443659 -1.1139482 -5.40064 -3.16039984],
(4,3)	[-6.75173275 2.75158375 -7.07323206 -7.49864668 -8.74536711 -11.97352065],
(4,4)	[-0.42404557 -0.35805959 -0.28086999 18.86740811 -5.40064 -5.56063984]]

經過 3,000 個世代之後的 Q 表，價值已更新

上述說明可用程式碼改寫，如下：

```
alpha = 0.4
gamma = 0.999
epsilon = 0.9
episodes = 3000
max_steps = 2500

def sarsa(alpha, gamma, epsilon, episodes, max_steps):
    env = gym.make('Taxi-v2')
    n_states, n_actions = env.observation_space.n, env.action_space.n
    Q = numpy.zeros((n_states, n_actions))
    timestep_reward = []
    for episode in range(episodes):
```

```
        print "Episode: ", episode
        s = env.reset()
        a = epsilon_greedy(n_actions)
        t = 0
        total_reward = 0
        done = False
        while t < max_steps:
            t += 1
            s_, reward, done, info = env.step(a)
            total_reward += reward
            a_ = epsilon_greedy(n_actions)
            if done:
                Q[s, a] += alpha * ( reward - Q[s, a] )
            else:
                Q[s, a] += alpha * ( reward + (gamma * Q[s_, a_]) - Q[s, a]
)
            s, a = s_, a_
    return timestep_reward
```

您可修改 a_ 變數，它也是透過 epsilon greedy 技術來選出下一個策略。看過這兩種演算法之後，接著要在模擬環境中來執行這個比喻。為此，我們需要安裝 OpenAI Gym、NumPy 與 pandas 函式庫。

安裝 OpenAI Gym、NumPy 及 pandas

請根據以下步驟來安裝 OpenAI Gym、NumPy 與 pandas：

1. 如果您已安裝 Python 3.5，請用 pip 指令來安裝 gym：

   ```
   $ pip install gym
   ```

   如果看到 Permission denied 錯誤，請用更高權限執行：

   ```
   $ pip install gym -U
   ```

2. 對於此範例，請用以下指令來安裝 NumPy 與 pandas：

   ```
   $ python -m pip install --user numpy scipy matplotlib ipython
   jupyter pandas sympy nose
   ```

或用以下指令也可以：

```
$ sudo apt-get install python-numpy python-scipy python-matplotlib
ipython ipython-notebook python-pandas python-sympy python-nose
```

設定完成之後，實際來看看這兩種演算法吧。

實際執行 Q- 學習與 SARSA

我們已經用數學角度介紹過這兩種演算法了，接著要看看它們在模擬環境中跑起來如何。在此將使用 OpenAI Gym 函式庫中現成的 `Taxi-v2` 環境。

完整程式碼請由本書 github 取得：*https://github.com/PacktPublishing/ROS-Robotics-Projects-SecondEdition/tree/master/chapter_8_ws/taxi_problem*。

使用以下指令來測試 Q- 學習：

```
$ python taxi_qlearn.py
```

或用以下指令來測試 SARSA：

```
$ python taxi_sarsa.py
```

您應可看到這些世代的一連串訓練階段。完成之後就開始畫圖，您就能實際看到計程車的模擬效果了，如下圖：

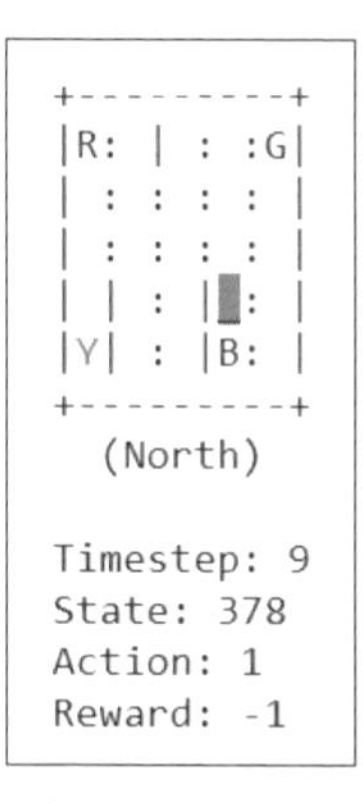

計程車模擬畫面

如您所見，計程車會以能力所及的最快方式到達上車區與下車區。再者，您也可看到兩個程式的效果差異不大。過了一段時間之後，兩個程式的得分也難分高下，收到的獎勵也相當接近。

介紹過各種強化學習演算法之後，現在要深入學習如何在 ROS 進行強化學習。

ROS 中的強化學習

到目前為止，我們已經知道如何在 OpenAI Gym 中實作 Q- 學習與 SARSA 這類的強化學習演算法了。現在要用以下套件範例來介紹如何在 ROS 中進行強化學習。

- Erlerobot 的 `gym-gazebo`
- Acutronic robotics 的 `gym-gazebo2`

快來看看吧。

gym-gazebo

`gym-gazebo` 為 Gazebo 的一款 OpenAI Gym 擴充套件。此擴充套件結合了用 ROS 與 Gazebo 兩者，能以多種強化學習演算法來訓練機器人。前幾章已談過如何使用 ROS 與 Gazebo 在模擬環境中做到一定程度以上的虛擬實境，藉此解決機器人應用或證明概念可行性。這款擴充套件可讓我們運用上述兩者在模擬環境中控制機器人。`gym-gazebo` 的功能方塊圖如下：

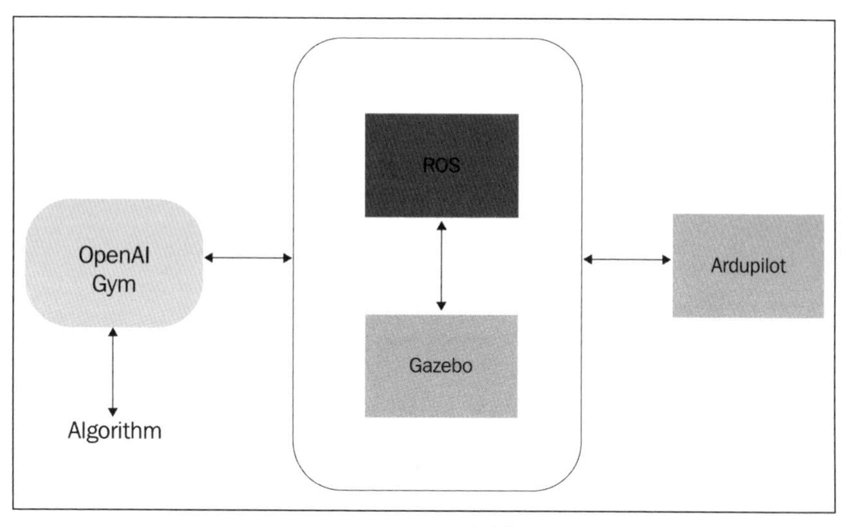

gym-gazebo 架構

上圖是 gym-gazebo 的底層架構，它包含三個主要區塊，我們已知道 Gazebo 與 ROS 的優點了，而第三個方塊運用了 OpenAI Gym 函式庫，並可協助定義 ROS 與 Gazebo 可理解的環境及機器人。其開發者已在該區塊中建立一系列 Gazebo 可理解的自定義環境。另一方面，通過第三章 " 建置工業移動機械手 " 中的外掛，ROS 也可以控制 Gazebo 中的機器人了。機器人是被定義為建立 Gazebo-ROS 兩者連接的 catkin 工作空間。該團隊已建立許多世界與環境了，不過本書只需要在單一環境中控制一台機器人就好。

更多資訊請參考本論文：*https://arxiv.org/pdf/1608.05742.pdf*。

現在來看看 TurtleBot 及其環境。

TurtleBot 與其環境

如先前內容所述，在 gym-gazebo 外掛中有許多現成可用的機器人與環境。在此，要介紹的是 TurtleBot 2 這款最常用的移動機器人研究平台。gym-gazebo 已包含了 TurtleBot 2 套件。我們將使用裝備了雷射感測器的 TurtleBot 2，如下圖：

裝備了雷射感測器的 TurtleBot

TurtleBot 2 共有四個可用的環境。本範例將使用 `GazeboCircuit2TurtlebotLIDAR-v0` 環境。環境中有多條直線軌道與 90 度轉彎，如下圖：

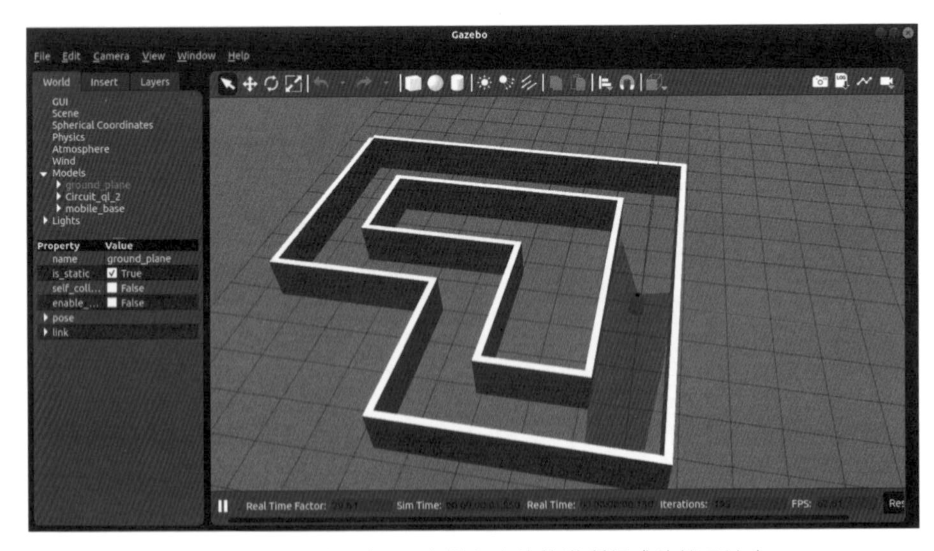

TurtleBot-2 環境—由 90 度彎與直線軌道所組成的簡易迷宮

TurtleBot 的目標是在環境內自由移動，而且不會撞到牆壁。TurtleBot 會試著運用雷射感測器來判斷並指出自身的狀態。TurtleBot 的動作包括向前、向左與向右移動，其直線速度為 0.3 m/s，角速度為 0.05 m/s。之所以採用較慢的速度是希望能加速學習過程。如果 TurtleBot 成功向前移動，則會收到 +5 的獎勵，如果它左轉或右轉，則獎勵為 +1，但如果撞到東西的話，獎勵為 -200。讓我們來學習如何操作 gym-gazebo 的 TurtleBot 範例。

安裝 gym-gazebo 及其相依套件

本段將說明如何安裝 gym-gazebo 與其相依套件，在此將由原始碼來安裝這些套件，請根據以下步驟操作：

1. 請用以下指令來安裝必要的相依套件：

```
$ sudo apt-get install python-pip python3-vcstool python3-pyqt4
pyqt5-dev-tools libbluetooth-dev libspnav-dev pyqt4-dev-tools
libcwiid-dev cmake gcc g++ qt4-qmake libqt4-dev libusb-dev libftdidev
python3-defusedxml python3-vcstool ros-melodic-octomap-msgs
ros-melodic-joy ros-melodic-geodesy ros-melodic-octomap-ros rosmelodic-
control-toolbox ros-melodic-pluginlib ros-melodictrajectory-
msgs ros-melodic-control-msgs ros-melodic-std-srvs rosmelodic-
nodelet ros-melodic-urdf ros-melodic-rviz ros-melodic-kdlconversions
ros-melodic-eigen-conversions ros-melodic-tf2-sensormsgs
ros-melodic-pcl-ros ros-melodic-navigation ros-melodic-sophu
```

2. 接著安裝 Python 相依套件：

```
$ sudo apt-get install python-skimage
$ sudo pip install h5py
$ sudo pip install kera
```

3. 如果您的電腦有 GPU 的話，請用這個指令 `$ pip install tensorflow-gpu`，否則請用本指令安裝 `$ pip install tensorflow`。

4. 現在，在工作空間中取得 gym-gazebo 套件並編譯它們：

```
$ mkdir ~/chapter_8_ws/
$ cd ~/chapter_8_ws/
$ git clone https://github.com/erlerobot/gym-gazebo
```

```
$ cd gym-gazebo
$ sudo pip install -e
```

5. 相依套件安裝完成之後，使用以下指令來編譯工作空間：

```
$ cd gym-gazebo/gym_gazebo/envs/installation
$ bash setup_melodic.bash
```

編譯成功後，應可看到以下畫面：

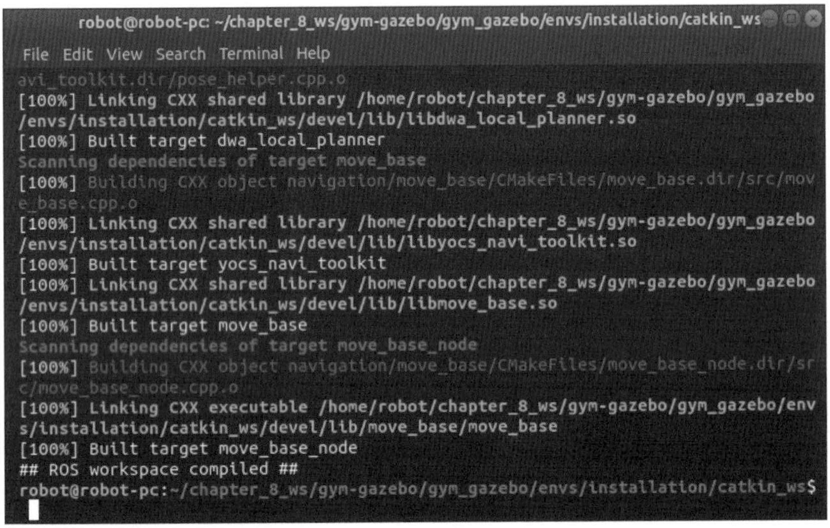

```
robot@robot-pc: ~/chapter_8_ws/gym-gazebo/gym_gazebo/envs/installation/catkin_ws
File Edit View Search Terminal Help
avi_toolkit.dir/pose_helper.cpp.o
[100%] Linking CXX shared library /home/robot/chapter_8_ws/gym-gazebo/gym_gazebo
/envs/installation/catkin_ws/devel/lib/libdwa_local_planner.so
[100%] Built target dwa_local_planner
Scanning dependencies of target move_base
[100%] Building CXX object navigation/move_base/CMakeFiles/move_base.dir/src/mov
e_base.cpp.o
[100%] Linking CXX shared library /home/robot/chapter_8_ws/gym-gazebo/gym_gazebo
/envs/installation/catkin_ws/devel/lib/libyocs_navi_toolkit.so
[100%] Built target yocs_navi_toolkit
[100%] Linking CXX shared library /home/robot/chapter_8_ws/gym-gazebo/gym_gazebo
/envs/installation/catkin_ws/devel/lib/libmove_base.so
[100%] Built target move_base
Scanning dependencies of target move_base_node
[100%] Building CXX object navigation/move_base/CMakeFiles/move_base_node.dir/sr
c/move_base_node.cpp.o
[100%] Linking CXX executable /home/robot/chapter_8_ws/gym-gazebo/gym_gazebo/env
s/installation/catkin_ws/devel/lib/move_base/move_base
[100%] Built target move_base_node
## ROS workspace compiled ##
robot@robot-pc:~/chapter_8_ws/gym-gazebo/gym_gazebo/envs/installation/catkin_ws$
```

gym-gazebo 編譯成功

看到以上畫面代表 gym-gazebo 編譯成功了，現在來測試 TurtleBot-2 環境吧。

測試 TurtleBot-2 環境

現在已準備好將訓練過程視覺化呈現了，請用以下指令來啟動本範例：

```
$ cd gym-gazebo/gym_gazebo/envs/installation/
$ bash turtlebot_setup.bash
$ cd gym-gazebo/examples/turtlebot
$ python circuit_turtlebot_lidar_qlearn.py
```

您應看到如下頁的終端機視窗，已經開始訓練了。如果想要實際看到 TurtleBot 自身的訓練過程，請用以下指令在另一個終端機中打開 gzclient：

```
$ cd gym-gazebo/gym_gazebo/envs/installation/
$ bash turtlebot_setup.bash
$ export GAZEBO_MASTER_URI=http://localhost:13853
$ gzclient
```

應可看到 TurtleBot 經過多個世代，並根據所收到的獎勵來學會如何在環境中導航移動，如下圖：

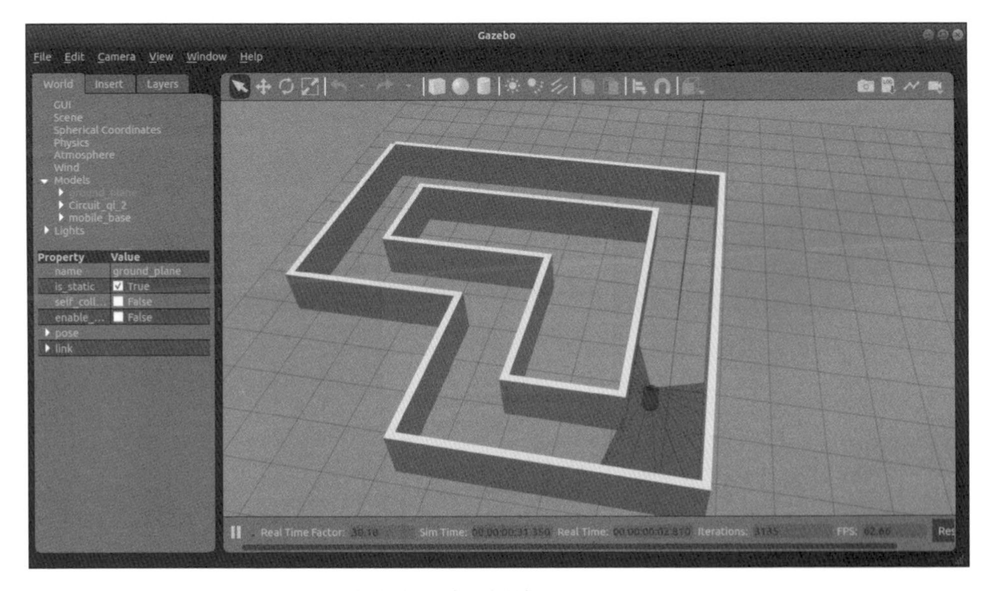

在指定環境下訓練 TurtleBot-2

例如經過 500 個世代之後，TurtleBot 應該可走完一半的環境而不會發生碰撞。而經過 2,000 個世代後，TurtleBot 就能在環境中順利逛完一圈而不會撞到任何東西了。

以下終端機畫面可看到幾個世代的獎勵值：

```
/home/robot/chapter_8_ws/gym-gazebo/gym_gazebo/envs/assets/launch/GazeboCircuit2TurtlebotLida...
File  Edit  View  Search  Terminal  Tabs  Help
/home/robot/chapter_8_ws/gym-gazebo/gym_g...  ×    robot@robot-pc: ~/chapter_8_ws/gym-gazebo/g...  ×
EP: 140 - [alpha: 0.2 - gamma: 0.8 - epsilon: 0.74] - Reward: -120     Time: 0:05:51
EP: 141 - [alpha: 0.2 - gamma: 0.8 - epsilon: 0.74] - Reward: -163     Time: 0:05:53
EP: 142 - [alpha: 0.2 - gamma: 0.8 - epsilon: 0.74] - Reward: -103     Time: 0:05:56
EP: 143 - [alpha: 0.2 - gamma: 0.8 - epsilon: 0.74] - Reward: -66    Time: 0:06:01
EP: 144 - [alpha: 0.2 - gamma: 0.8 - epsilon: 0.74] - Reward: -99    Time: 0:06:05
EP: 145 - [alpha: 0.2 - gamma: 0.8 - epsilon: 0.73] - Reward: -87    Time: 0:06:08
EP: 146 - [alpha: 0.2 - gamma: 0.8 - epsilon: 0.73] - Reward: -123     Time: 0:06:10
EP: 147 - [alpha: 0.2 - gamma: 0.8 - epsilon: 0.73] - Reward: -107     Time: 0:06:14
EP: 148 - [alpha: 0.2 - gamma: 0.8 - epsilon: 0.73] - Reward: -168     Time: 0:06:16
EP: 149 - [alpha: 0.2 - gamma: 0.8 - epsilon: 0.73] - Reward: -70    Time: 0:06:20
EP: 150 - [alpha: 0.2 - gamma: 0.8 - epsilon: 0.73] - Reward: -108     Time: 0:06:22
EP: 151 - [alpha: 0.2 - gamma: 0.8 - epsilon: 0.73] - Reward: -66    Time: 0:06:26
EP: 152 - [alpha: 0.2 - gamma: 0.8 - epsilon: 0.73] - Reward: -79    Time: 0:06:31
```

顯示特定世代獎勵值的終端機畫面

也可以把特定世代的獎勵畫成圖表：

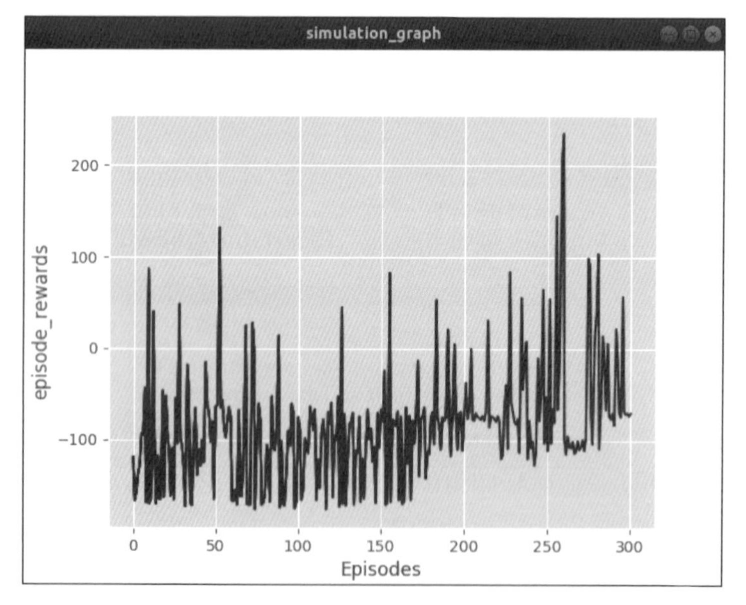

TurtleBot 的獎勵圖

明顯可看出，獎勵會隨著時間（或世代）逐漸增加。請參考上一段的論文，其中有更多評測結果以及與 SARSA 演算法之比較。

gym-gazebo2

關於 gym-gazebo 的一項重要訊息是其 Github 已封存且不再支援。不過，它已在 Ubuntu 18.04 測試完成，且可與 ROS-Melodic 正常工作。如果想知道如何在 ROS 中實作強化學習，這是個不錯的起點。

gym-gazebo 的重新設計升級版是由 Acutronic Robotics 公司所推出的 gym-gazebo2 外掛。新版本是以 ROS-2 為基礎架構，並使用稱為近端策略最佳化（Proximal Policy Optimization, PPO）的另一款強化學習技術來總結各個學習結果。其作者已在 MARA（模組化多關節機器手臂，Modular Articulated Robot ARM 的簡寫）這類相容於 ROS-2 的機器手臂上測試過了，且在實現運動學時的準確度可到毫米級。更多關於本外掛的資訊請參考這篇論文：*https://arxiv.org/pdf/1903.0 6278.pdf*。目前，只有一組機器人與環境被實作與測試過，因此來看看這個範例到底是如何運作的。下一段要介紹 MARA 與其環境。

MARA 與其環境

MARA 是一款使用 H-ROS 元件所建置的超酷協作型機器手臂，代表它內部的致動器、感測器及任何其他代表性模組都支援了 ROS-2。因此，各模組都可達到工業級的水準，像是確定性通訊及元件生命週期管理之類的 ROS 2 功能特徵。由於 H-ROS 自身的高整合度，機器手臂可連接多種感測器與致動器，系統升級也很簡便。這款機器手臂也支援多種工業夾爪。MARA 具備 6 自由度，負載為 3 kg，工具速度可達 1 m/s。機器手臂重約 21 kg，伸展距離達 0.65 公尺。

MARA 在此強化學習實作中共有四種環境：

- **MARA**：這是最簡單的環境，機器人的工具中心會試著移動到空間中的指定點。如果偵測到碰撞的話會重設該環境，但是碰撞並未建模到獎勵函數之中，也省略了工具的指向。

- **MARA Orient**：此環境考慮到機器手臂之端效器的平移與旋轉狀況，並會在偵測到碰撞時重設環境，但同樣也未建模到獎勵系統之中。
- **MARA Collision**：本環境類似第一個 MARA 環境（只有平移），但是碰撞已建模到獎勵函數之中。如果機器手臂撞到東西的話，它會受到處罰並被重設為初始姿勢。
- **MARA Collision Orient**：此環境為第二個 Collision 與第三個 Orient 的組合，在此考慮到機器手臂的平移與方向，碰撞也建模到獎勵函數中了。這是本套件中最複雜的環境實作之一。

讓看看如何運用這些套件吧。

安裝 gym-gazebo2 與相依套件

請根據以下步驟來安裝 gym-gazebo2：

1. 首先要安相依套件：

   A. 您需要安裝最新版本的 Gazebo，在本書編寫時為 9.9.0。請用以下指令來安裝：

   ```
   $ curl -sSL http://get.gazebosim.org | sh
   ```

   B. 安裝好最新的 Gazebo 之後，安裝下列 ROS-2 相依套件：

   ```
   $ sudo apt install -y ros-dashing-action-msgs ros-dashing-
   message-filters ros-dashing-yaml-cpp-vendor ros-dashing-
   urdf ros-dashing-rttest ros-dashing-tf2 ros-dashing-tf2-
   geometry-msgs ros-dashing-rclcpp-action ros-dashing-cv-
   bridge ros-dashing-image-transport ros-dashing-camera-info- manager
   ```

   C. 由於我們使用 Dashing Diademata 版，OpenSplice RMW 還不可用，因此請用以下指令安裝它：

   ```
   $ sudo apt install ros-dashing-rmw-opensplice-cpp
   ```

   D. 使用以下指令安裝 Python 相依套件：

   ```
   $ sudo apt install -y build-essential cmake git python3-
   colcon-common-extensions python3-pip python-rosdep python3-
   vcstool python3-sip-dev python3-numpy wget
   ```

E. 使用以下指令安裝 TensorFlow：

```
$ pip3 install tensorflow
```

F. 使用以下指令安裝附加公用程式，例如 transform3d、billard 與 psutil：

```
$ pip3 install transforms3d billiard psutil
```

G. 最後，使用以下指令安裝 FAST-RTPS 相依套件：

```
$ sudo apt install --no-install-recommends -y libasio-dev
libtinyxml2-dev
```

相依套件都安裝好之後，接著使用以下指令來編譯 MARA 工作空間：

```
mkdir -p ~/ros2_mara_ws/src
cd ~/ros2_mara_ws
wget
https://raw.githubusercontent.com/AcutronicRobotics/MARA/dashing/ma
ra-ros2.repos
vcs import src < mara-ros2.repos
wget
https://raw.githubusercontent.com/AcutronicRobotics/gym-gazebo2/das
hing/provision/additional-repos.repos
vcs import src < additional-repos.repos
# Avoid compiling erroneus package
touch
~/ros2_mara_ws/src/orocos_kinematics_dynamics/orocos_kinematics_dyn
amics/COLCON_IGNORE
# Generate HRIM dependencies
cd ~/ros2_mara_ws/src/HRIM
sudo pip3 install hrim
hrim generate models/actuator/servo/servo.xml
hrim generate models/actuator/gripper/gripper.xml
```

接著使用以下指令編譯 ROS 工作空間：

```
source /opt/ros/dashing/setup.bash
cd ~/ros2_mara_ws
colcon build --merge-install --packages-skip
```

```
individual_trajectories_bridge
# Remove warnings
touch ~/ros2_mara_ws/install/share/orocos_kdl/local_setup.sh
~/ros2_mara_ws/install/share/orocos_kdl/local_setup.bash
```

假設您已裝好 Open AI Gym，請使用以下指令安裝 gym-gazebo2 套件：

```
cd ~ && git clone -b dashing
https://github.com/AcutronicRobotics/gym-gazebo2
cd gym-gazebo2
pip3 install -e
```

如果有任何問題，請參考這裡的更新安裝說明：*https://github.com/AcutronicRobotics/gym-gazebo2/blob/dashing/INSTALL.md*

現在，讓我們來測試 MARA 環境吧。

測試 MARA 環境

先從訓練代理開始，請用 ppo2_mlp.py 腳本來訓練 MARA，指令如下：

```
$ cd ~/ros2learn/experiments/examples/MARA
$ python3 train_ppo2_mlp.py
```

請用 -h 引數來看看這份程式的所有可用指令。

機器手臂現在已經訓練好了，請用以下指令來測試訓練好的策略：

```
$ cd ~/ros2learn/experiments/examples/MARA
$ python3 run_ppo2_mlp.py -g -r -v 0.3
```

總結

本章介紹了何謂強化學習，以及它與其他機器學習演算法有何不同。我們特別單獨介紹了強化學習的重要組成，也透過範例幫助您更快上手。然後，使用適當的範例在實務與數學上示範了數種強化學習演算法。我們也知道了如何在 ROS 中實作強化學習，並在不同任務導向的環境中運用了像是 TurtleBot 2 與 MARA 機器手臂這類的機器人，讓您了解如何實作它們與其用途。本章簡單介紹了機器學習，以及它在 ROS 中的用途。

下一章將深入研究各種機器學習方法，讓代理在學習與達成目標等方面的效率更好。

9

使用 ROS 及 TensorFlow 的深度學習

您在網路上應該看過很多次深度學習相關的內容了。我們大多數人都不完全了解這種技術，而且許多人也在嘗試學習它。因此，本章將了解深度學習在機器人技術中的重要性，以及如何使用深度學習和 ROS 來實作機器人應用。首先要認識深度學習的工作原理和實作方式，然後簡單談一下深度學習的常用工具和函式庫。我們將學習如何安裝用於 Python 的 TensorFlow 並在 ROS 中嵌入這些 TensorFlow API。另外也會學習使用 ROS 和 TensorFlow 進行影像識別。最後則是使用這些函式庫的實務性範例，並與 ROS 來互動。

本章內容如下：

- 簡介深度學習與其應用
- 針對機器人的深度學習應用
- 用於深度學習的軟體框架及程式語言
- 開始使用 TensorFlow
- 安裝用於 Python 的 TensorFlow
- 在 ROS 中嵌入 TensorFlow API
- 使用 ROS 與 TensorFlow 進行影像辨識
- 簡介 scikit-learn

- 使用 scikit-learn 實作 SVM
- 在 ROS 節點上嵌入 SVM
- 實作 SVM-ROS 應用

技術要求

本章技術要求如下：

- 具備 ROS Melodic Morenia 的 Ubuntu 18.04 作業系統，另外也要 Gazebo 9
- ROS 套件：`cv_bridge` 與 `cv_camera`
- 函式庫：TensorFlow（0.12 與以上，2.0 尚未測試）、scikit-learn 與其他
- 時間軸及測試平台：
  - **估計學習時間**：平均 120 分鐘
  - **專題建置時間（包括編譯及執行時間）**：平均 60-90 分鐘
  - **專題測試平台**：HP Pavilion 筆記型電腦（Intel® Core ™ i7-4510U CPU @ 2.00 GHz、8 GB 記憶體及 64 位元 OS、GNOME-3.28.2）

本章範例程式碼請由此取得：*https://github.com/PacktPubiishing/ROs-Robotics-Projects-SecondEdition/tree/master/chapter_9_ws*。

本章先從認識深度學習與其應用開始。

簡介深度學習及其應用

深度學習到底是什麼？它是神經網路技術的當紅流行語。那麼神經網路又是什麼呢？類神經網路（Artificial Neural Network）為重現人腦神經元行為的電腦軟體模型。神經網路是分類資料的一種方法。例如，如果想要根據畫面中是否包含某個物體來分類影像，就可使用這個方法。

另外還有多種用於分類的電腦軟體模型，例如邏輯回歸與支援向量機（Support Vector Machine, SVM）；神經網路為其中之一。因此，我們為何不將其稱呼為神經網路，反而是深度學習呢？理由是在深度學習中用到了大量的人工神經網路。因此，您可能會接著問，為什麼以前做不到這件事呢？答案是：要建立大量的神經網路（多層感知器）需要大量的運算能力。那麼，為什麼現在才能作得到呢？因為廉價的運算硬體愈來愈容易取得了。但只要運算能力提升就能搞定嗎？不，我們大型的資料集來訓練才行。

當訓練大量的神經元時，它可以從輸入資料中學會各種特徵。學會這些特徵後，它就能預測某個東西或我們教過它的任何事物是否出現了。

為了教導神經網路，我們可採用監督式學習方法或非監督式學習方法。在監督式學習中，需要準備帶有輸入與其預期輸出的訓練資料集。這些數值將餵給神經網路，並調整神經元的權重。使得每次取得特定的輸入資料時，神經網路都能產生正確的預測輸出結果。那麼，非監督式學習又如何呢？這種演算法可由不具備對應輸出的輸入資料集中來學習。我們人腦的工作方式能以監督式或非監督式來運作，但以本章範例來說，非監督式學習更為重要。深度神經網路的主要應用在於分類與辨識各種目標，例如影像辨識與語音辨識。

本書要介紹的是用於打造可應用於機器人的深度學習應用所需的監督式學習技術。下一段將介紹針對機器人的深度學習應用。

針對機器人的深度學習應用

以下為可匯入深度學習技術的主要機器人應用領域：

- **基於深度學習的物件偵測器**：想像一個機器人想要從一堆東西中挑出特定的物體。解決這個問題的第一步是什麼？首先要辨識出這個物體，對吧？我們可使用像是分割與 Haar 訓練法這類的影像處理換算法來偵測某個物體，但是這些技術的問題在於它們的縮放彈性不佳，且無法使用於多個物體。改用深度學習演算法的話，就可用大型資料集來訓練大型的神經網路。相較於其他方法，它的準確度與縮放彈性都更棒。像 ImageNet（*http://image-net.org/*）這類擁有超大量影像資料集的網站，這些資料集就可用於訓練。另外也能取得別人訓練好的模型，不需要再訓練就能直接使用。在後續段落可看到基於 ImageNet 的影像辨識 ROS 節點。

- **語音辨識**：如果想用聲音來命令機器人執行某一任務，該怎麼辦？機器人能聽懂我們的語言嗎？當然聽不懂。但是使用深度學習技術，就能打造出比目前以隱藏式馬可夫（HMM）為基礎的辨識器更準確的語音辨識系統。百度（*http://research.baidu.com/*）與 Google（*http://research.google.com/pubs/SpeechProcessing.html*）等大公司正努力嘗試使用深度學習技術建立通用的語音辨識系統。
- **SLAM 與定位**：深度學習可用來執行移動機器人的 SLAM 與定位功能，效能比傳統方法更好。
- **自駕車**：深度學習方法之於自駕車是使用訓練過的網路來控制車子方向盤的新方式，可以把感測器資料送入網路並得到對應的方向盤控制結果。這類網路可在車輛行駛時同時進行自我學習。

Google 旗下的 DeepMind 是專攻深度強化學習的眾多公司之一。他們採用一種只需要原始像素和得分作為輸入，就能把 Atari 2600 遊戲機的各種遊戲玩到出神入化的方法（*https://deepmind.com/research/dqn/*）。AlphaGo 則是 DeepMind 開發的另一款電腦程式，它甚至可以戰勝專業的圍棋棋士（*https://deepmind.com/research/alphago/*）。

接著來認識一些深度學習函式庫吧。

深度學習函式庫

有多款熱門的深度學習函式庫已被用於研究與商業應用之中。依序介紹一下：

- **TensorFlow**：這是一款採用資料流程圖來進行數值運算的開放原始碼軟體函式庫。TensorFlow 函式庫（*https://www.tensorflow.org/*）專為機器智慧而設計，且由 Google Brain 小組所開發。這款函式庫的主要是用於執行機器學習與深度神經網路研究，但也可以用於許多其他領域。
- **Theano**：Theano 是另一款開放原始碼 Python 函式庫（*http://deeplearning.net/software/theano/*），它讓我們能夠熟練地簡化與評估像

是多維陣列這樣的數學式。Theano 實際上是由加拿大 Montreal 大學的機器學習小組所研發。

- **Torch**：Torch 是一款優先支援可搭配 GPU 的機器學習演算法的科學運算框架。它的執行效率相當好，是以 LuaJIT 語言為基礎並具備底層的 C/CUDA 實作（*http://torch.ch/*）。
- **Caffe**：Caffe（*http://caffe.berkeleyvision.org/*）是一款針對模組化、速度與表達式的深度學習函式庫。它由美國柏克萊大學的視覺與學習中心（BVLC）所開發。

下一段有助於我們快速上手 TensorFlow。

開始使用 TensorFlow

如前述，TensorFlow 是針對高速數值運算的開放原始碼函式庫，主要是搭配 Python 程式語言並由 Google 發佈。TensorFlow 可作為建立深度學習模型的基礎函式庫。TensorFlow 當然也可用於研發與生產系統。TensorFlow 的好處在於它不但可執行於單一 CPU 上，或是高達數百台機器組成的大型分散系統上運行也沒問題。但是在 GPU 與行動裝置上也 OK。

TensorFlow 函式庫詳細資訊請參考：
https://www.tensorflow. org/

現在來學習如何在 Ubuntu 18.04 LTS 上安裝 TensorFlow。

安裝 TensorFlow 於 Ubuntu 18.04 LTS 上

如果網路速度很快的話，安裝 TensorFlow 算是很輕鬆的事情。所需的主要工具是 `pip`，它是用於管理與安裝各種 Python 軟體套件的套件管理工具。

Linux 系統上的最新安裝指令請參考：
https://www.tensorflow. org/install/install_linux

請根據以下步驟來安裝 TensorFlow：

1. 以下為在 Ubuntu 上安裝 pip 的指令：

```
$ sudo apt-get install python-pip python-dev
```

2. pip 安裝完成之後，請用以下指令安裝 TensorFlow：

```
$ pip install tensorflow
```

   這會安裝最新的穩定版本 TensorFlow 函式庫。

   如果想要 GPU 版，則使用以下指令：

```
$ pip install tensorflow-gpu
```

3. 請用以下指令來設定稱為 TF_BINARY_URL 的 bash 變數，它可根據我們的組態來安裝正確的二元檔。以下變數是用於 Ubuntu 64 位元系統、Python 2.7 與 CPU（無 GPU）版本：

```
$ export
TF_BINARY_URL=https://storage.googleapis.com/tensorflow/linux/cpu/
tensorflow-0.11.0-cp27-none-linux_x86_64.whl
```

   如果您的系統裝有 NVIDIA GPU 的話就需要不同的二元檔。為了安裝此檔，可能需要另外安裝 CUDA toolkit 8.0 cuDNN v5，如以下所示：

```
$ export
TF_BINARY_URL=https://storage.googleapis.com/tensorflow/linux/gpu/
tensorflow-0.11.0-cp27-none-linux_x86_64.whl
```

可支援 NVIDIA 硬體加速的 TensorFlow 請參考：

- *http://www.nvidia.com/object/gpu-accelerated-applications-tensorflow-installation.html*
- *https://alliseesolutions.wordpress.com/2016/09/08/install-gpu-tensorflow-from-sources-w-ubuntu-16-04-and-cuda-8-0-rc/*

4. bash 變數定義完成後，使用以下指令安裝用於 Python 2 的二元檔：

```
$ sudo pip install --upgrade $TF_BINARY_URL
```

安裝 CuDNN 的詳細資料請參考：*https://developer.nvidia.com/cudnn*

一切順利的話，會看到以下終端機畫面：

```
robot@robot-pc:~$ sudo pip install --upgrade $TF_BINARY_URL
The directory '/home/robot/.cache/pip/http' or its parent directory is not owned
 by the current user and the cache has been disabled. Please check the permissio
ns and owner of that directory. If executing pip with sudo, you may want sudo's
-H flag.
The directory '/home/robot/.cache/pip' or its parent directory is not owned by
he current user and caching wheels has been disabled. check the permissions and
owner of that directory. If executing pip with sudo, you may want sudo's -H flag
.
Collecting tensorflow==0.11.0rc1 from https://storage.googleapis.com/tensorflow/
linux/cpu/tensorflow-0.11.0rc1-cp27-none-linux_x86_64.whl
  Downloading https://storage.googleapis.com/tensorflow/linux/cpu/tensorflow-0.1
1.0rc1-cp27-none-linux_x86_64.whl (39.8MB)
    100% |████████████████████████████████| 39.8MB 42kB/s
Collecting mock>=2.0.0 (from tensorflow==0.11.0rc1)
  Downloading mock-2.0.0-py2.py3-none-any.whl (56kB)
    100% |████████████████████████████████| 61kB 122kB/s
Collecting protobuf==3.0.0 (from tensorflow==0.11.0rc1)
  Downloading protobuf-3.0.0-py2.py3-none-any.whl (342kB)
    100% |████████████████████████████████| 348kB 176kB/s
Collecting numpy>=1.11.0 (from tensorflow==0.11.0rc1)
  Downloading numpy-1.11.2-cp27-cp27mu-manylinux1_x86_64.whl (15.3MB)
    67% |█████████████████████           | 10.4MB 321kB/s eta 0:00:16
```

TensorFlow 安裝畫面

如果一切都正確安裝的話，可用簡單的測試來檢查。請開啟 Python 終端機並執行以下數行，看看是否得到以下螢幕畫面所示的結果：

```
robot@robot-pc: ~
robot@robot-pc:~$ python
Python 2.7.11+ (default, Apr 17 2016, 14:00:29)
[GCC 5.3.1 20160413] on linux2
Type "help", "copyright", "credits" or "license" for more informati
on.
>>> import tensorflow as tf
>>> hello = tf.constant('Hello, TensorFlow!')
>>> sess = tf.Session()
>>> print(sess.run(hello))
Hello, TensorFlow!
>>> a = tf.constant(12)
>>> b = tf.constant(34)
>>> print(sess.run(a+b))
46
>>>
```

測試 TensorFlow 安裝

下一段會介紹這些程式碼。

以下是 TensorFlow 的 hello world：

```
import tensorflow as tf
hello = tf.constant('Hello, TensorFlow!')
sess = tf.Session()
print(sess.run(hello))
a = tf.constant(12)
b = tf.constant(34)
print(sess.run(a+b))
```

上圖就是這些程式碼的輸出結果，接著要介紹一些 TensorFlow 的重要概念。

TensorFlow 重要概念

在使用 TensorFlow 函式來開發程式之前，您應該了解它的運作概念。以下是用在 TensorFlow 中使用加法運算的 TensorFlow 概念方塊圖：

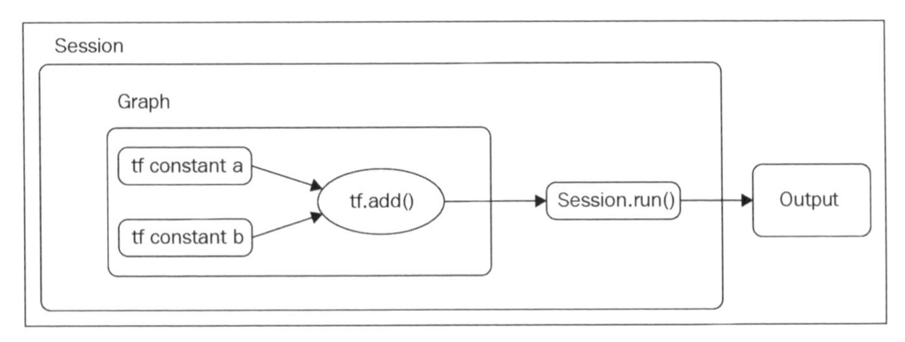

TensorFlow 概念方塊圖

讓我們來看看上圖中的各個重要概念。

Graph

TensorFlow 中的所有運算都是以 graph 來表示。Graph 可包含多個節點。graph 中的節點稱為運算（operation, op）。op 或節點可接收張量（tensor），而張量基本上就是多維陣列。例如，影像就是一種張量。因此簡單來說，TensorFlow graph 包含所有所需運算的描述。

在上述範例中，graph 中的 op 如下：

```
hello = tf.constant('Hello, TensorFlow!')
a = tf.constant(12)
b = tf.constant(34)
```

這些 `tf.constant()` 方法建立了一個常數 op，並作為一個節點被加入到 graph 之中。由上述語法可看到字串與整數被加入 graph 的作法。

Session

建置 graph 之後就要執行它，對吧？為了運算 graph，我們要把它放進 session。TensorFlow 中的 `Session` 類別可以把所有的 op 或節點放在像是 CPU 或 GPU 的運算裝置上。

以下是 TensorFlow 建立 Session 物件的方法：

```
sess = tf.Session()
```

為了運行 graph 中的各個 op，Session 類別提供多種執行整個 graph 的方法：

```
print(sess.run(hello))
```

以上語法會執行名為稱為 hello 的 op，並在終端機中顯示 Hello, TensorFlow。

變數

在執行期間，我們可能需要保留各個 op 的狀態，這就要用到 tf.Variable() 語法。來看看 tf.Variable() 的宣告方式。以下是建立名為 counter 的變數，並將其初始化為純量值 0：

```
state = tf.Variable(0, name="counter")
```

以下為賦值給變數的 op：

```
one = tf.constant(1)
update = tf.assign(state, one)
```

如果要操作變數的話，就要用以下函式將它們全部初始化：

```
init_op = tf.initialize_all_variables()
```

初始化完成之後，就要執行這個 graph 使其生效。請用以下程式碼來執行上述 op：

```
sess = tf.Session()
sess.run(init_op)
print(sess.run(state))
sess.run(update)
```

獲取（Fetch）

為了獲取 graph 的輸出，需要執行 Session 物件中的 run() 方法。我們可將 op 傳遞給 run() 方法，並接收其張量輸出結果：

```
a = tf.constant(12)
b = tf.constant(34)
add = tf.add(a,b)
sess = tf.Sessions()
result = sess.run(add)
print(result)
```

上述程式碼中的 `result` 值會是 12 + 34 = 46。

送入（Feed）

到目前為止，我們一直在處理常數及變數。在 graph 的執行期間也可以送入張量。以下是一個在執行期間送入張量的範例。為了送入張量，首先要用 `tf.placeholder()` 函式來定義 feed 物件。

在定義兩個 feed 物件後，來看看如何在 `sess.run()` 中使用它：

```
x = tf.placeholder(tf.float32)
y = tf.placeholder(tf.float32)

output = tf.mul(input1, input2)

with tf.Session() as sess:
  print(sess.run([output], feed_dict={x:[8.], y:[2.]}))

# output:
# [array([ 16.], dtype=float32)]
```

開始使用 TensorFlow 來開發程式吧。

第一個 TensorFlow 程式

寫一個簡單程式來執行矩陣運算，包含矩陣加法、乘法、純量乘法與 1 至 99 的純量乘法。本範例是為了示範先前介紹過的 TensorFlow 基本功能。

請由本書 GitHub 取得這個程式碼：*https://github.com/PacktPublishing/ROS-Robotics-Projects-SecondEdition/blob/master/chapter_9_ws/basic_tf_code.py*

如我們所知，必須匯入 tensorflow 模組才能存取它的 API，另外也要匯入 time 模組讓迴圈延遲指定時間：

```
import tensorflow as tf
import time
```

以下 TensorFlow 定義變數的方式，我們定義了 matrix_1 及 matrix_2 這兩個 3 x 3 矩陣變數：

```
matrix_1 = tf.Variable([[1,2,3],[4,5,6],[7,8,9]],name="mat1")
matrix_2 = tf.Variable([[1,2,3],[4,5,6],[7,8,9]],name="mat2")
```

除了上述矩陣變數以外，還定義了一個常數，以及名為 counter 的純量變數。這些數值都使用於純量乘法運算。counter 變數值會從 1 增加到 99，且各自與一個矩陣相乘：

```
scalar = tf.constant(5)
number = tf.Variable(1, name="counter")
```

以下說明如何在 tf 中定義字串，各字串都定義為常數：

```
add_msg = tf.constant("\nResult of matrix addition\n")
mul_msg = tf.constant("\nResult of matrix multiplication\n")
scalar_mul_msg = tf.constant("\nResult of scalar multiplication\n")
number_mul_msg = tf.constant("\nResult of Number multiplication\n")
```

以下為 graph 中執行運算的主要 op。第一行為兩個矩陣相加，第二行為兩個矩陣相乘，第三行為與一數值進行純量乘法，第四行為與一純量變數進行純量乘法。

程式碼如下：

```
mat_add = tf.add(matrix_1, matrix_2)
mat_mul = tf.matmul(matrix_1, matrix_2)
mat_scalar_mul = tf.mul(scalar, mat_mul)
mat_number_mul = tf.mul(number, mat_mul)
```

如果有 tf 變數宣告語法的話，則必須使用以下程式碼初始化它們：

```
init_op = tf.initialize_all_variables()
```

接著建立 Session() 物件：

```
sess = tf.Session()
```

有一件事先前沒討論過。我們可在任何裝置上根據自訂的優先權來進行運算，例如 CPU 或 GPU 優先。在此，可看到該裝置為 CPU：

```
tf.device("/cpu:0")
```

此行程式碼將運行 graph 以初始化所有變數：

```
sess.run(init_op)
```

以下迴圈中可看到 TensorFlow graph 的運行方式。此迴圈把每個 op 放進 run() 方法並取得對應的結果。為了能夠看到每個輸出，在迴圈中加入延遲時間：

```
for i in range(1,100):

  print "\nFor i =",i

  print(sess.run(add_msg))
  print(sess.run(mat_add))

  print(sess.run(mul_msg))
  print(sess.run(mat_mul))

  print(sess.run(scalar_mul_msg)) print(sess.run(mat_scalar_mul))
  update = tf.assign(number,tf.constant(i))
  sess.run(update)
  print(sess.run(number_mul_msg))
  print(sess.run(mat_number_mul))

  time.sleep(0.1)
```

在此運算後，必須關閉 Session() 物件來釋放資源：

```
sess.close()
```

以下為輸出畫面：

```
For i = 99

Result of matrix addition

[[ 2  4  6]
 [ 8 10 12]
 [14 16 18]]

Result of matrix multiplication

[[ 30  36  42]
 [ 66  81  96]
 [102 126 150]]

Result of scalar multiplication

[[150 180 210]
 [330 405 480]
 [510 630 750]]

Result of Number multiplication

[[ 2970  3564  4158]
 [ 6534  8019  9504]
 [10098 12474 14850]]
```

基本 TensorFlow 程式碼的輸出結果

了解 TensorFlow 的基本知識之後，讓我們學習如何使用 ROS 與 TensorFlow 來實行影像辨識。

使用 ROS 與 TensorFlow 進行影像辨識

討論過 TensorFlow 的基本知識後，接著要說明如何讓 ROS 與 TensorFlow 互動來做些正經工作。本段將使用這兩者來辨識影像。有一個小套件可運用使用 TensorFlow 與 ROS 來辨識影像，以下為這個 ROS 套件：*https://github.com/qboticslabs/rostensorflow*

本套件是來自：*https://github.com/OTL/rostensorflow*。該套件基本上包含 ROS Python 節點，訂閱來自 ROS 網路攝影機驅動程式的影像，使用 TensorFlow API 來辨識影像。該節點可顯示偵測到的物體與其機率。

影像辨識主要是用名為深度卷積網路的模型所達成的。這款神經網路模型在影像辨識領域的準確度非常高，在此將使用 Inception v3 這款改良後的模型（*https://arxiv.org/abs/1512.00567*）。

這款模型是針對 ImageNet 大規模視覺辨識挑戰賽（ILSVRC）（*http://image-net.org/challenges/LSVRC/2016/index*），並使用 2012 年之後的資料所訓練。

在運行節點時，它會下載訓練完成的 Inception v3 模型到電腦，並取得攝影機影像來分類物體。終端機畫面會顯示偵測到物體的名稱及機率。執行這個節點之前有一些前置條件要完成，來看一下怎麼做吧。

前置條件

為了運行 ROS 影像辨識節點，需要先安裝以下相依套件。第一個是 `cv-bridge`，它可將 ROS 影像訊息轉換成 OpenCV 影像資料型態，反向執行也沒問題。第二個是 `cv-camera`，它是一款 ROS 相機驅動程式。請用以下指令來安裝：

```
$ sudo apt-get install ros-melodic-cv-bridge ros-melodic-cv-camera
```

下一段將介紹 ROS 影像辨識節點。

ROS 影像辨識節點

請由上述 GitHub 下載這個 ROS 影像辨識套件；本書的程式包中也有。`image_recognition.py` 程式可發佈 `/result` 主題中的偵測結果，其形態為 `std_msgs/String`，並訂閱了來自 `/image`（`sensor_msgs/Image`）主題之 ROS 相機驅動程式的影像資料。

那麼，`image_recognition.py` 究竟如何運作的呢？首先，瞧瞧匯入此節點中的主要模組。如您所知，`rospy` 已包含了各種 ROS Python API。ROS 的相機驅動程式負責發佈 ROS 影像訊息，所以我們要從 `sensor_msgs` 匯入 `Image` 訊息來處理這些影像訊息。

為了把 ROS 影像轉換為 OpenCV 資料型態（反向也要能作到），我們需要 cv_bridge、numpy、tensorflow 以及用於分類影像的 tensorflow imagenet 模組，最後還要從 *https://www.tensorflow.org/* 下載 Inception v3 模型。

以下是匯入的套件：

```
import rospy
from sensor_msgs.msg import Image
from std_msgs.msg import String
from cv_bridge import CvBridge
import cv2
import numpy as np
import tensorflow as tf
from tensorflow.models.image.imagenet import classify_image
```

以下程式片段是 RosTensorFlow() 類別的建構子：

```
class RosTensorFlow():
    def __init__(self):
```

該建構子呼叫包含了可由 *https://www.tensorflow.org/* 下載訓練好的 Inception v3 模型的 API：

```
classify_image.maybe_download_and_extract()
```

現在要建立一個 TensorFlow 的 Session() 物件，再從既有的 GraphDef 檔建立 graph 並回傳一個處理器。本書範例中已包含該 GraphDef 檔：

```
self._session = tf.Session()
classify_image.create_graph()
```

本行負責建立用於 ROS-OpenCV 影像轉換的 cv_bridge 物件：

```
self._cv_bridge = CvBridge()
```

以下為節點的訂閱者與發佈者的處理器：

```
self._sub = rospy.Subscriber('image', Image, self.callback，queue_size=1)
        self._pub = rospy.Publisher('result', String, queue_size=1)
```

以下為辨識閾值與最高預測結果的相關參數：

```
self.score_threshold = rospy.get_param('~score_threshold', 0.1)
self.use_top_k = rospy.get_param('~use_top_k', 5)
```

以下為將 ROS 影像訊息轉換成 OpenCV 資料型態的影像回呼：

```
def callback(self, image_msg):
    cv_image = self._cv_bridge.imgmsg_to_cv2(image_msg, "bgr8")
    image_data = cv2.imencode('.jpg'，cv_image)[1].tostring()
```

以下程式碼會把 `image_data` 作為輸入送進 graph 來運行 `softmax` 張量。`softmax:0` 這個張量包含了 1,000 個標籤的標準化預測結果：

```
softmax_tensor = self._session.graph.get_tensor_by_name('softmax:0')
```

`DecodeJpeg/contents:0` 這個張量則包含了影像 JPEG 編碼的字串：

```
predictions = self._session.run(
    softmax_tensor，{'DecodeJpeg/contents:0'：image_data})
predictions = np.squeeze(predictions)
```

以下程式碼會查找相符的物件字串與其機率，並透過 `/result` 主題發佈出去：

```
node_lookup = classify_image.NodeLookup()
top_k = predictions.argsort()[-self.use_top_k:][::-1]
for node_id in top_k:
    human_string = node_lookup.id_to_string(node_id)
    score = predictions[node_id]
    if score > self.score_threshold:
        rospy.loginfo('%s (score = %.5f)' % (human_string, score))
        self._pub.publish(human_string)
```

以下為此節點的主要程式碼。它首先初始化該類別，並呼叫在 `RosTensorFlow()` 物件內部的 `main()` 方法。`main()` 方法會呼叫 `spin()` 來處理節點，並且只要有影像進入 `/image` 主題時執行回呼：

```
    def main(self):
        rospy.spin()
if __name__ == '__main__':
    rospy.init_node('rostensorflow')
```

```
tensor = RosTensorFlow()
tensor.main()
```

下一段要介紹如何執行 ROS 影像辨識節點。

執行 ROS 影像辨識節點

來看看如何運行影像辨識節點：

1. 首先將 UVC 網路攝影機接上電腦，再執行 `roscore`：

   ```
   $ roscore
   ```

2. 執行網路攝影機驅動程式：

   ```
   $ rosrun cv_camera cv_camera_node
   ```

3. 使用以下指令執行影像辨識節點：

   ```
   $ python image_recognition.py image:=/cv_camera/image_raw
   ```

   執行這個辨識節點時，它會下載 inception 模型並解壓縮到 `/tmp/imagenet` 資料夾中。或可由以下連結手動下載 Inception v3：*http://download.tensorflow.org/models/image/imagenet/inception-2015-12-05.tgz*。資料來源是 *https://www.tensorflow.org/datasets/catalog/overview#usage*，且遵循 Apache License Version 2.0（*https://www. apache.org/licenses/LICENSE-2.0*）授權。請將本檔案複製到 `/tmp/imagenet` 資料夾中：

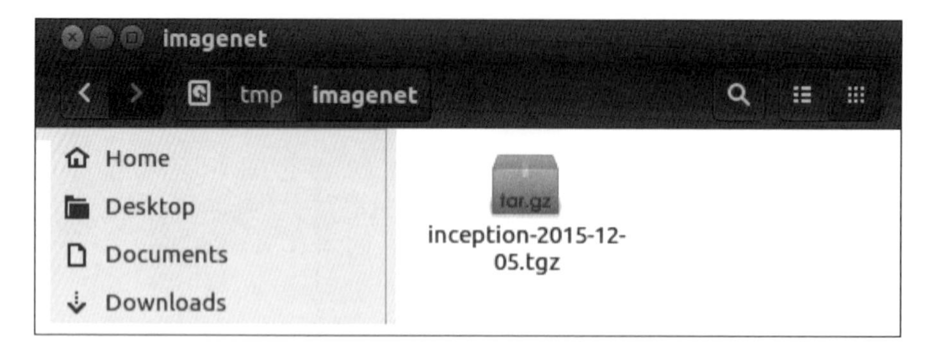

在 /tmp/imagenet 資料夾中的 inception 模型

4. echo 這個主題來看看結果：

```
$ rostopic echo /result
```

5. 使用以下指令來看看相機影像：

```
$ rosrun image_view image_view image:= /cv_camera/image_raw
```

以下是辨識器的輸出結果，它將畫面中的物體辨識為手機（cellphone）：

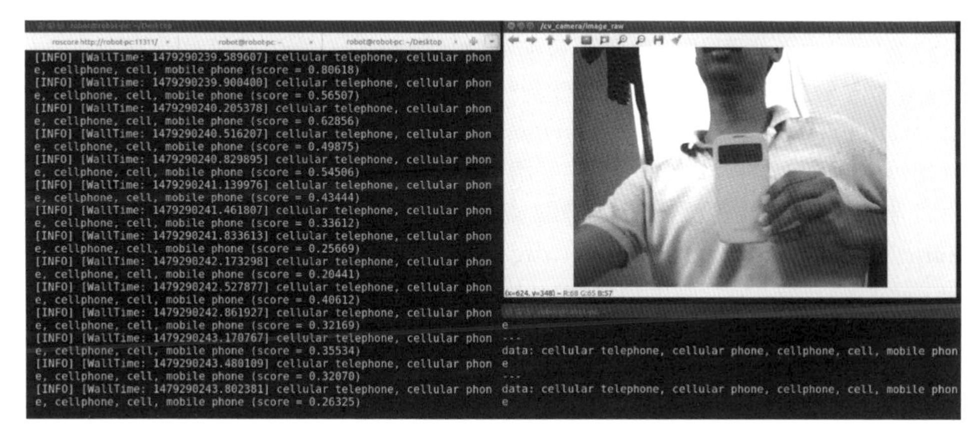

辨識器節點的輸出

接著，畫面中的物體被偵測為水瓶（water bottle）：

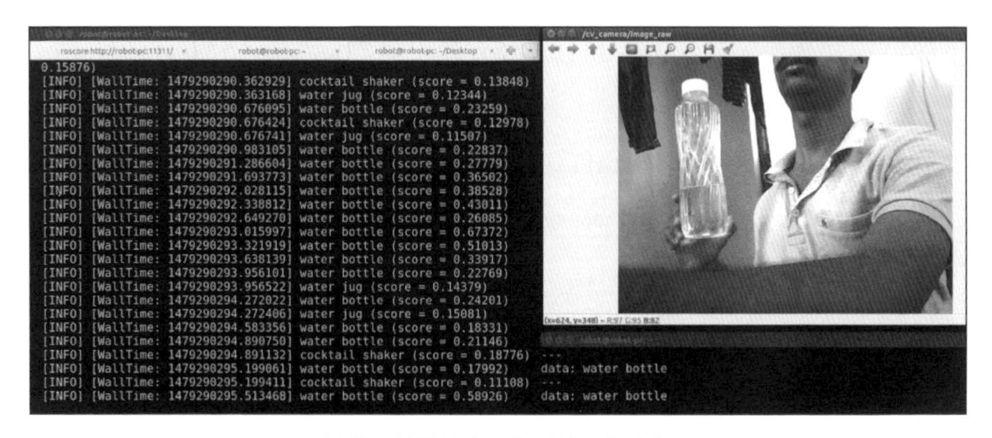

辨識器節點輸出，偵測結果為水瓶

現在來深入了解 scikit-learn。

簡介 scikit-learn

直到目前為止，我們都在討論深度神經網路以及其在機器人技術和影像處理的一些應用。除了神經網路以外，還有許多模型可用來分類資料和進行預測。在機器學習領域中，一般來說可使用監督或非監督式學習來教導模型。監督式學習是用資料集來訓練模型，但是非監督式學習則是要探索由彼此有某種關連性的觀察值所組成的群組，稱為叢集（cluster）。

有許多函式庫可搭配其他機器學習演算法。接著要介紹的函式庫就是 `scikit-learn`；它可搭配大部份的標準機器學習演算法，並用於實作我們自己的應用。scikit-learn（*http://scikit-learn.org/*）是一款最熱門的 scikit-learn 開放原始碼機器學習函式庫。它提供可用於執行分類、迴歸及分群等各種演算法的實作。它也提供各種函式來擷取資料集的特徵，訓練並評估模型。scikit-learn 是 SciPy（*https://www.scipy.org/*）這款熱門 python 科學性函式庫的延伸。scikit-learn 與其他常用的 Python 函式庫都緊密結合，例如 NumPy 與 Matplotlib。NumPy 在處理多維陣列的效率相當優異，而 Matplotlib 則可進行資料視覺化。scikit-learn 的文件非常豐富，並具備執行 SVM 及自然語言處理函式的包裝器。

接著要在 Ubuntu 18.04 LTS 上安裝 scikit-learn。

在 Ubuntu 18.04 LTS 上安裝 scikit-learn

在 Ubuntu 上安裝 scikit-learn 相當簡單直接，使用 `apt-get install` 或 `pip` 都可以。

以下指令可使用 `apt-get install` 來安裝 scikit-learn：

```
$ sudo apt-get install python-sklearn
```

或用 `pip` 指令來安裝：

```
$ sudo pip install scikit-learn
```

scikit-learn 安裝完畢後，請用以下指令在 Python 終端機來測試安裝是否正確：

```
>>> import sklearn
>>> sklearn. version
'0.19.1'
```

恭喜，scikit-learn 安裝好了！下一段要介紹 SVM 及其在機器人技術中有哪些應用。

認識 SVM 與其在機器人技術中的應用

scikit-learn 設置好了，下一步呢？實際上，我們將討論稱為 SVM（支援向量機，Support Vector Machine）的熱門機器學習技術，還有它在機器人技術中的應用。了解基本知識之後，就能使用 SVM 來實作 ROS 應用。

那麼，什麼是 SVM 呢？它是用於分類或迴歸運算的監督式機器學習演算法。在 SVM 中，我們會把各個資料項及其數值描繪在 n 維空間中。描繪之後，試著找到一個能分隔這些資料點的超平面來進行分類。這就是最簡單的分類方式！ SVM 在小型資料集的表現相當不錯，但是碰到大型資料集時就沒這麼厲害了。再者，當資料集中含有雜訊資料時，SVM 也不適用。SVM 已被廣泛使用於機器人領域中，特別是分類各種物體的電腦視覺應用，還有處理機器人的各種感測器資料。

下一段要介紹如何使用 scikit-learn 來實作 SVM，並打造出我們所要的應用。

實作 SVM-ROS 應用

本範例一共使用了三種方法來分類感測器的資料。假設感測器數值範圍是在在 0 到 30,000 之間，並具備一個資料集來整理感測器數值與其對應關係。例如，對於某一個感測器值，可指定其數值為 1、2 或 3。為了測試 SVM，需要另外建立名為虛擬感測器節點的 ROS 節點，它可發佈 0 至 30,000 的數值。訓練過的 SVM 模型可分類這些虛擬感測器值。該方法適用於任何一款感測器，並可分類其資料。在把 SVM 嵌入 ROS 之前，先看看以下使用 sklearn 來實作 SVM 的簡易 Python 程式碼。

首先要匯入 sklearn 與 numpy 模組。sklearn 模組包含了本程式碼所需的 svm 模組，以及用於產生多維陣列的 numpy：

```
from sklearn import svm
import numpy as np
```

訓練 SVM 時需要輸入（預測器）與輸出（目標）；在此，X 為輸入，y 為必要輸出：

```
X = np.array([[-1, -1], [-2, -1], [1, 1], [2, 1]])
y = np.array([1, 1, 2, 2])
```

在定義 X 與 y 之後，接著建立 SVM 分類（SVC）物件的實例，最後將 X 與 y 送入這個 SVC 物件就可以訓練模型了。在送入 X 與 y 後，可接著送入可能不屬於 X 的輸入，讓它根據這筆輸入來預測對應的 y 值：

```
model = svm.SVC(kernel='linear',C=1,gamma=1)
model.fit(X,y)
print(model.predict([[-0.8,-1]]))
```

上述程式碼的輸出結果為 1。

現在，我們將實作一個 ROS 應用來達到同樣的效果。在此要建立一個可發佈 0 到 30,000 之隨機值的虛擬感測器節點。ROS-SVM 節點將訂閱這些值並使用前述 API 來進行分類。SVM 中的學習是藉由一個 CSV 格式檔完成的。本應用的完整內容請參考本書的 GitHub：*https://github.com/PacktPublishing/ROS-Robotics-Projects-SecondEdition/tree/master/chapter_9_ws*；它被稱為 ros_ml。在 ros_ml/scripts 資料夾中可看到 ros_svm.py 與 virtual_sensor.py 等節點。

首先，瞧瞧虛擬感測器節點。此程式碼很簡單，無需解釋太多。它只負責產生 0 至 30,000 的隨機數且發佈到 /sensor_read 主題：

```
#!/usr/bin/env python
import rospy
from std_msgs.msg import Int32
import random

def send_data():
```

```
    rospy.init_node('virtual_sensor', anonymous=True)
  rospy.loginfo("Sending virtual sensor data")
  pub = rospy.Publisher('sensor_read', Int32, queue_size=1)
    rate = rospy.Rate(10) # 10hz

    while not rospy.is_shutdown():
      sensor_reading = random.randint(0,30000)
      pub.publish(sensor_reading)
      rate.sleep()

if --name-- == '--main--':
    try:
        send_data()
    except rospy.ROSInterruptException:
        pass
```

下一個節點是 `ros_svm.py`。此節點會讀取在 `ros_ml` 套件中的 `data` 資料夾的指定資料檔。當前資料檔的檔名為 `pos_readings.csv`，包含了感測器數值與目標值。以下是該檔的片段：

```
5125.5125.1
6210.6210.1
...............

10125.10125.2
6410.6410.2
5845.5845.2
................

14325.14325.3
16304.16304.3
18232.18232.3
..................
```

`ros_svm.py` 節點會讀取此檔、訓練 SVC，並預測來自虛擬感測器主題的各個數值。該節點包含 `Classify_Data()` 類別，其中包含了讀取 CSV 檔並使用 scikit API 來進行訓練及預測的方法。

一步步來看看這些節點是如何啟動的：

1. 啟動 roscore：

```
$ roscore
```

2. 切換到 ros_ml 的腳本資料夾：

```
$ roscd ros_ml/scripts
```

3. 執行 ROS SVM 分類器節點：

```
$ python ros_svm.py
```

4. 在另一終端機中執行虛擬感測器：

```
$ rosrun ros_ml virtual_sensor.py
```

以下是 SVM 節點的輸出：

```
[INFO] [WallTime: 1478795301.108411] Input = 3578        Prediction = 2
[INFO] [WallTime: 1478795301.208386] Input = 25929       Prediction = 3
[INFO] [WallTime: 1478795301.308298] Input = 2692        Prediction = 1
[INFO] [WallTime: 1478795301.408412] Input = 18532       Prediction = 3
[INFO] [WallTime: 1478795301.508338] Input = 23827       Prediction = 3
[INFO] [WallTime: 1478795301.608325] Input = 9525        Prediction = 2
[INFO] [WallTime: 1478795301.708314] Input = 16329       Prediction = 3
[INFO] [WallTime: 1478795301.808376] Input = 6160        Prediction = 2
[INFO] [WallTime: 1478795301.908370] Input = 3789        Prediction = 2
[INFO] [WallTime: 1478795302.008349] Input = 23066       Prediction = 3
[INFO] [WallTime: 1478795302.108361] Input = 11637       Prediction = 3
[INFO] [WallTime: 1478795302.208381] Input = 29517       Prediction = 3
[INFO] [WallTime: 1478795302.308438] Input = 25526       Prediction = 3
[INFO] [WallTime: 1478795302.408303] Input = 9828        Prediction = 2
[INFO] [WallTime: 1478795302.508341] Input = 14718       Prediction = 3
[INFO] [WallTime: 1478795302.608403] Input = 19248       Prediction = 3
[INFO] [WallTime: 1478795302.708343] Input = 29411       Prediction = 3
[INFO] [WallTime: 1478795302.808402] Input = 8170        Prediction = 2
[INFO] [WallTime: 1478795302.908326] Input = 8343        Prediction = 2
[INFO] [WallTime: 1478795303.008411] Input = 18324       Prediction = 3
[INFO] [WallTime: 1478795303.108378] Input = 14846       Prediction = 3
[INFO] [WallTime: 1478795303.208400] Input = 20526       Prediction = 3
[INFO] [WallTime: 1478795303.308316] Input = 18781       Prediction = 3
[INFO] [WallTime: 1478795303.408407] Input = 1716        Prediction = 1
[INFO] [WallTime: 1478795303.508380] Input = 28444       Prediction = 3
[INFO] [WallTime: 1478795303.608389] Input = 7272        Prediction = 2
[INFO] [WallTime: 1478795303.708434] Input = 22650       Prediction = 3
```

ROS-SVM 節點輸出

總結

本章主要討論可與 ROS 介接的各種機器學習技術與函式庫。先從機器學習與深度學習的基本知識開始，然後開始使用 TensorFlow。這是一款專攻於深度學習的開放原始碼 Python 函式庫。簡單介紹 TensorFlow 的基本程式之後，接著就是把這些功能與 ROS 結合起來做出一個影像辨識應用。

在討論 TensorFlow 與深度學習之前，我們先介紹了 scikit-learn 這款 Python 函式庫，它常用於各種機器學習應用。隨後介紹了什麼是 SVM，並用 scikit-learn 來實作它。隨後，我們使用 ROS 與 scikit-learn 完成了一個可以分類感測器資料的小範例。本章概述了如何把 Tensor Flow 加入 ROS 來完成各種深度學習應用。

下一章，我們要來談談自駕車的運作原理，並在 Gazebo 中進行模擬。

10

使用 ROS 打造自駕車

本章將討論機器人產業中如日中天的一項技術：無人駕駛或自駕車。許多人可能已經聽說過這種技術，本章第一段就要向還不知道的朋友簡單介紹一下。

本章先從典型自駕車的軟體方塊圖開始談起，隨後將學習如何在 ROS 中模擬與介接自駕車感測器。我們也會介紹如何在 ROS 中介接線控型汽車、將車輛虛擬視覺化呈現，還要讀取其感測器資訊。從頭開始打造一台真實的自駕車已超出本書範疇，但是本章還是會談到自駕車元件的抽象概念以及模擬教學。

本章主題如下：

- 自駕車簡介
- 典型自駕車的軟體方塊圖
- 在 ROS 中模擬及介接自駕車感測器
- 在 Gazebo 中模擬具備感測器的自駕車
- 在 ROS 中介接 DBW 汽車
- Udacity 開放原始碼自駕車專案簡介
- Udacity 開放原始碼自駕車模擬器

技術要求

本章技術要求如下：

- 具備 ROS Melodic Morenia 的 Ubuntu 18.04 作業系統，另外也要 Gazebo 9
- ROS 套件：`velodyne-simulator`、`sensor-sim-gazebo`、`hector-slam` 與其他套件
- 時間軸及測試平台：
  - **估計學習時間**：平均 120 分鐘
  - **專題建置時間（包括編譯及執行時間）**：平均 60~90 分鐘
  - **專題測試平台**：HP Pavilion 筆記型電腦（Intel® Core ™ i7-4510U CPU @ 2.00 GHz、8 GB 記憶體及 64 位元 OS、GNOME-3.28.2）

本章範例程式碼請由此取得：*https://github.com/PacktPublishing/ROS-Robotics-Projects-SecondEdition/tree/master/chapter_10_ws*。

現在，來認識自駕車吧。

自駕車簡介

想像一下，有一台不需要任何幫助就能自主駕駛的車子。自駕車好比一台可以思考並決定那一條導航路徑來到達目的地的車型機器人。您只需要指定目的地，這台機器人就會安全地帶您到達。如果要把一般的車輛變成車型機器人的話，就要加裝一些感測器才行。我們都知道，機器人至少要具備三個重要功能，就是感測、規劃和行動，自駕車也確實能滿足這些要求。我們將討論建置自駕車所需的所有元件。在開始打造自駕車之前，先來回顧自駕車發展的一些重要里程碑。

自主駕駛車的歷史

自動車的概念很早就萌芽了。人們早在 1930 年代就開始嘗試如何自動化汽車與飛機，但對於自駕車的關注在 2004 年至 2013 年才慢慢浮現出來。為了

鼓舞自駕車技術，美國國防部研究部門 DARPA 在 2004 年舉辦了一項名為 DARPA Grand Challenge 的競賽。

挑戰目標是在沙漠公路上自動行駛 150 英里。

當時，沒有一隊能夠完成目標，因此他們在 2007 年再次鼓勵工程師參賽，但是這次的目標略有不同。取代沙漠公路的是一個綿延 60 英里的城市環境。這次，共有四隊完成了目標。

贏家是來自卡耐基美隆大學（*http://www.tartanracing.org/*）的 Team Tartan Racing。亞軍是來自史丹佛大學（*http://cs.stanford.edu/group/roadrunner/*）的 Stanford Racing。

在 DARPA Challenge 後，汽車公司開始投入大量資源讓自家的車輛實現自動駕駛功能。現在，幾乎所有汽車公司都有自己的自主駕駛車原型。

Google 從 2009 年開始發展自駕車專題，現名為 Waymo（https://waymo.com/）。這個專題對其他汽車公司有相當大的影響，並由史丹佛大學人工智慧實驗室（*http://ai.stanford.edu*）的前主任，Sebastian Thrun（*http://robots.stanford.edu/*）所領軍。

這款車在 2016 年的自動行駛總里程約為 270 萬公里。照片如下：

Google 自駕車（來源：*https://commons.wikimedia.Org/wiki/File:Google_self_driving_car_at_the_Googleplex.jpg*。圖片來源：Michael Shick。Creative Commons CC-BY-SA 4.0 授權）

到了 2015 年，Tesla Motors 在其電動車款中引進一種半自主式的自動駕駛功能，主要是在高速公路或其他道路上達到免握方向盤駕駛。隨即在 2016 年，NVIDIA 推出了使用自家 NVIDIA-DGX-1 的 AI 車用電腦（*http://www.nvidia.com/object/deep-learning-system.html*）所打造的自駕車（*http://www.nvidia.com/object/drive-px.html*）。此電腦是專門為自駕車所設計，也是開發自主訓練駕駛模型的最佳選擇。

除了一般道路使用的自駕車外，也有用於校園中的自駕公車。現在有許多新創公司正在打造各種自駕公車，其中一家值得注意的就是 Auro Robotics（*http://www.auro.ai/*）。

談到自主汽車時最常用的術語之一是自主等級（the level of autonomy），下一段就會說明其意義。

自主等級

以下是自駕車的不同自主等級：

- **第 0 級**：第 0 級自主性的車輛須完全由人類駕駛員來控制，大部份的車子屬於此類。
- **第 1 級**：第 1 級自主性的車輛需要人類駕駛員，但是它們也具備可自動控制方向盤或運用環境資訊來加速 / 減速的駕駛輔助系統。但這些功能都必須由駕駛員來控制。
- **第 2 級**：第 2 級自主性的車輛可執行轉向及加速 / 減速兩者。所有任務必須由駕駛員控制。這個等級的車輛可視為部分自動化。
- **第 3 級**：在這個等級，所有任務預計都可以自主執行，但同時，人類也會在必要時介入干預。這個等級稱為有條件的自動化。
- **第 4 級**：這個等級已不需要駕駛員，一切都由自動化系統處理。這種自動化系統可指定的天氣條件下於特定的區域中作業。這個等級稱為高度自動化。
- **第 5 級**：這個等級稱為完全自動化。這個等級中的一切事情都高度自動化，並可在任何道路上與任何天候條件下作業，不再需要人類駕駛員。

下一段要介紹自駕車的各種元件。

典型自駕車的元件

下圖標示了自駕車的各個重要元件。本段將討論這些零件與其功能。另外也會介紹 DARPA Challenge 的參賽自駕車究竟用到了哪些感測器：

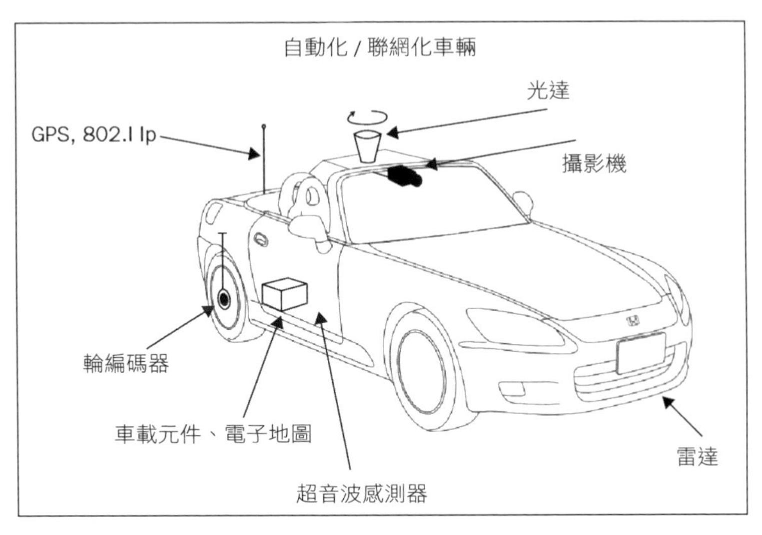

自駕車的重要元件

從 GPS、IMU 與車輪編碼器這些重要元件開始吧。

GPS、IMU 與車輪編碼器

如您所知，全球定位系統（GPS）可運用 GPS 衛星來判定車輛的位置。車輛的經緯度可從 GPS 資料算出來。GPS 的準確度會隨著感測器的類型而不同，有些感測器的誤差範圍為數公尺，有些則不到一公尺。結合 GPS、慣性測量單元（IMU）與車輛里程資料，再加上感測器融合演算法，就能判定車輛狀態。對於車輛的估計結果也會更佳。來看看 DARPA Challenge 2007 所用的位置估計模組。

史丹佛大學的自駕車，Junior，採用了 Applanix 公司的 POS LV 模組，該模組整合了 GPS、IMU 與車輪編碼器（或測距指示器，DMI）。更多資訊請參考：*http://www.applanix.com/products/poslv.htm*。

Oxford Technical Solution（OxTS, *http://www.oxts.com/*）所生產的 OxTS 模組則是另一款 GPS/IMU 整合模組。此模組在 2007 年的 DARPA Challenge 中被廣泛使用。該模組屬於 RT 3000 v2 家族（*http://www.oxts.com/products/rt3000-famiiy/*）。OxTS 公司的所有 GPS 模組請參考：http://www.oxts.com/industry/automotive-testing/

Xsens MTi IMU

Xsens Mti 系列產品具有可用於自駕車的獨立 IMU 模組，產品連結：*http://www.xsens.com/products/mti-10-series/*

相機

大部份的自駕車都具備立體或單色相機以檢測各種事物，例如交通號誌狀態、行人、騎單車者和車輛。例如被 Intel 收購之 Mobileye（*http://www.mobileye.com/*）公司就使用相機與 LIDAR 資料之感測器融合技術來打造自家的先進駕駛輔助系統（ADAS），藉此做到障礙物預測與路徑軌跡。

除了 ADAS 之外，我們也會單獨運用相機資料來自行實作控制演算法。Boss 機器車在 DARPA 2007 比賽所用的其中一款相機為 Point Grey Firefly（PGF, *https ://www.ptgrey.com/firefly-mv-usb2-cameras*）。

超音波感測器

在 ADAS 系統中，超音波感測器在車輛停車、避開盲區障礙物和檢測行人方面發揮了重要作用。提供 ADAS 系統專用的超音波感測器的公司之一為 Murata（*http://www.murata.com/*）。它們提供了偵測距離達 10 公尺的超音波感測器，非常適用於停車輔助系統（PAS）。下圖是超音波感測器配置在車上的位置：

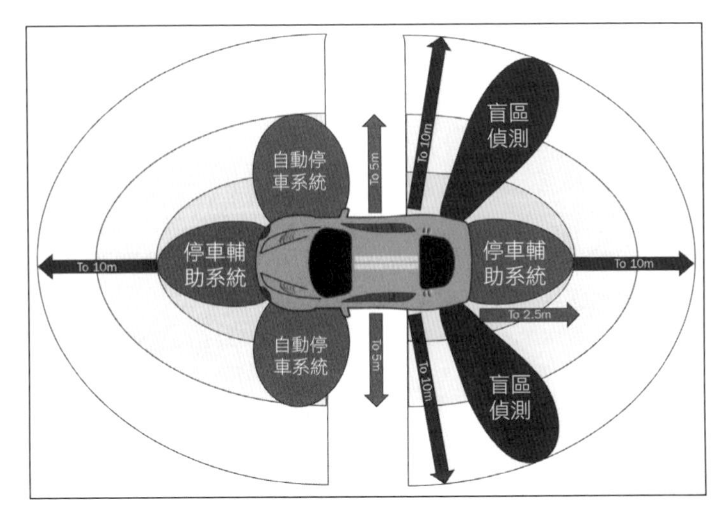

PAS 的超音波感測器配置

現在來看看 LIDAR 與 RADAR，並學習如何將它們用於自駕車。

LIDAR 與 RADAR

LIDAR（Light Detection and Ranging 的簡寫，*http://oceanservice.noaa.gov/facts/iidar.htmi*）感測器，或稱光學雷達、光達，為自駕車的核心感測器。LIDAR 感測器基本上是藉由發送雷射訊號並接收其反射來測量周遭物體的距離。它可由各個收到的雷射訊號來算出準確的 3D 環境資料。LIDAR 在自駕車中的主要應用是從 3D 資料、避障、物件檢測等等來映射環境狀況。

現在將討論一些曾經在 DARPA 競賽中登場的 LIDAR。

Velodyne HDL-64 LIDAR

Velodyne HDL-64 感測器是針對自駕車的障礙物檢測、地圖建置與導航所設計。它可以極高的資料傳輸率來產生 360 度視角的雷射點雲資料。它的雷射掃描範圍在 80 至 120 公尺之間。目前幾乎所有的市售自駕車都採用這款感測器。

以下為其中幾款：

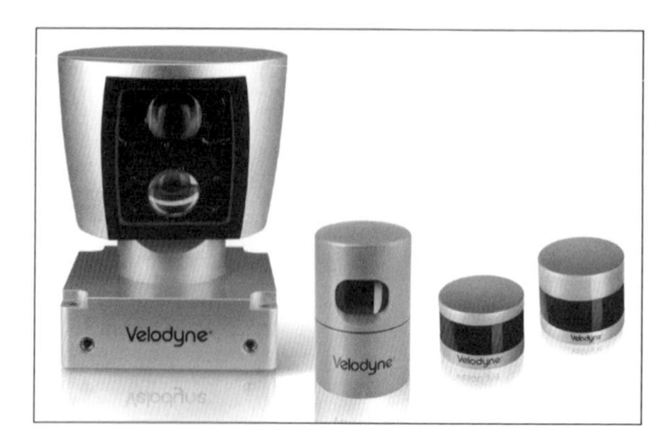

數款 Velodyne 感測器（來源：*https://commons.wikimedia.Org/wiki/File:Velodyne_ProductFamily_BlueLens_32GreenLens.png*；圖片來源：APJarvis；Creative Commons CC-BYSA 4.0 授權）

現在來看看 SICK LMS 5xx / 1xx 與 Hokuyo LIDAR。

SICK LMS 5xx / 1xx 與 Hokuyo LIDAR

SICK 公司提供可使用於室內或室外的各種雷射掃描器。SICK 雷射測量系統（LMS）的 5xx 與 1xx 型號常用於自駕車的障礙物偵測。它們提供 180 度的掃描範圍並有高解析度的雷射資料。市售 SICK 雷射掃描器清單請參考：*https://www.sick.com/in/en*。下圖是該感測器的應用之一：

裝配有 SICK 雷射掃描器的移動機器人
（來源：*https://commons.wikimedia.org/wiki/File:LIDAR_equipped_mobile_robot.jpg*）

另一家名為 Hokuyo 公司也為各類自駕車生產雷射掃描器。Hokuyo 公司的雷射掃描器產品清單：*http://www.hokuyo-aut.jp/02sensor/*

其他曾被用於 DARPA 競賽的 LIDAR 如下：

- Continental: *http://www.conti-online.com/www/industrial.sensors_de_en/*
- Ibeo: *https://www.ibeo-as.com/en/produkte*

現在來看看 Continental 公司的 ARS 300 雷達（ARS）。

Continental ARS 300 雷達（ARS）

除了 LIDAR 以外，自駕車也會裝配遠距雷達。常見的一款遠距雷達為 Continental 公司的 ARS 30X（*https://www.continental-automotive.com/getattachment/9b6de999-75d4-4786-bb18-8ab64fd0b181/ARS30X-datasheet-EN.pdf*）。它是根據都普勒原理來運作，測量距離可達 200 公尺。Bosch 也生產適用於自駕車的雷達。雷達的主要應用是防撞。一般來說，雷達都是配置在車輛的正面。

Delphi雷達

Delphi有用於自駕車的新型雷達，產品連結：*https://autonomoustuff.com/product/delphi-esr-2-5-24v/*

車載電腦

車載電腦為自駕車的心臟。它可能具備像是 Intel Xenon 這類的高階處理器和 GPU 來處理來自各種感測器的資料。所有感測器都會連接至此電腦，最終預測出軌跡並送出各種控制指令，例如自駕車的轉向角度、油門與剎車。

透過自駕車的軟體功能方塊圖，我們就能更深入了解自駕車。下一段就會討論這件事。

自駕車的軟體功能方塊圖

本段將介紹曾參加 DARPA 競賽之自駕車的基本軟體功能方塊圖：

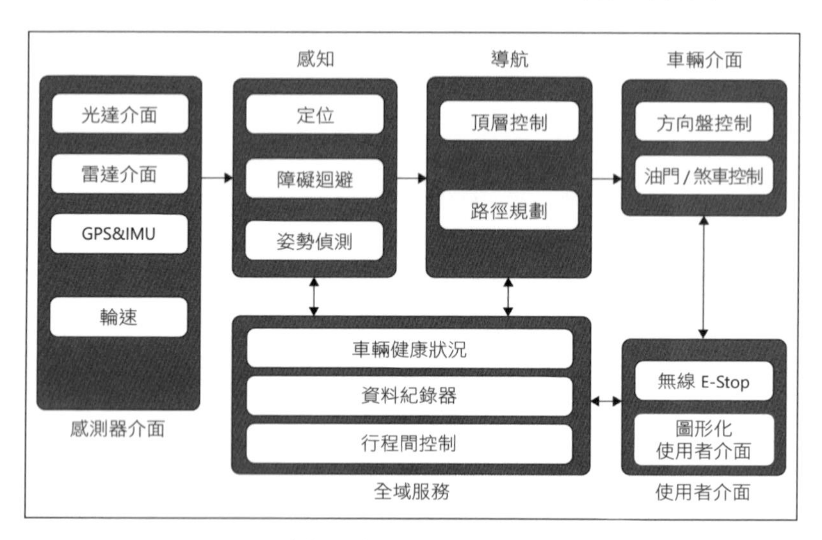

自駕車的軟體功能方塊圖

各個功能方塊可使用行程間通訊（IPC）或共享記憶體與其他方塊互動。ROS 的通訊中介功能就非常適用於這個情境。在 DARPA 競賽中，該隊實作了發佈 / 訂閱機構以完成任務。MIT 針對 2006 年的 DARPA 競賽所開發的 IPC 函式庫其中一款為輕量級通訊與編組（LCM, Lightweight Communications and Marshalling）。更多關於 LCM 的資訊請參考：*https://lcm-proj.github.io/*。

來看看各個功能方塊的用途：

- **感測器介面模組**：如名稱所示，感測器與車輛之間的所有通訊都在此完成。本功能方塊可以把各種感測器資料提供給所有其他方塊。主要的感測器包括 LIDAR、相機、雷達、GPS、IMU 與車輪編碼器。
- **感知模組**：這些模組處理來自例如 LIDAR、相機及雷達之感測器的感知資料，並進一步分割資料來找出移動與靜態物體。它們也有助於確定自駕車相對於數位環境地圖中的定位。
- **導航模組**：這些模組決定自駕車的行為。它具備了運動規劃器與有限狀態機來處理機器人的不同行為。

- **車輛介面**：路徑規劃完成之後，轉向、油門與剎車控制這類的控制指令會通過線控（Drive By Wire, DBW）介面送到車輛各部分。DBW 基本上是透過 CAN 匯流排來工作。只有部分車款支援 DBW 介面，例如 Lincoln MKZ 和 VW Passat Wagon，Nissan 也有部分車款支援
- **使用者介面**：本功能方塊提供使用者的控制方式，例如觀看地圖與設定目的地的觸控螢幕。另外也有可讓使用者操作的緊急停止按鈕。
- **全球服務**：這套模組有助於記錄資料且有時間戳記及訊息傳遞支援以確保軟體能正常運行。

了解自駕車的基本知識之後，現在可在 ROS 中模擬與介接各種自駕車的感測器了。

在 ROS 中模擬與介接自駕車感測器

上一段介紹了自駕車的基本概念，這絕對有助於更佳掌握本段內容。本段將模擬與介接一些可用於自駕車的感測器。

以下是要在 ROS 中模擬與介接的感測器清單：

- Velodyne LIDAR
- 雷射掃描器
- 相機
- 立體相機
- GPS
- IMU
- 超音波感測器

我們將討論如何使用 ROS 與 Gazebo 來設置模擬環境並讀取感測器數值。之後當您要從頭打造自己的自駕車模擬時，這些感測器介接是非常實用的。因此，如果知道如何模擬與介接這些感測器之後，這絕對可加速您的自駕車開發。先從模擬 Velodyne LIDAR 開始吧。

模擬 Velodyne LIDAR

Velodyne LIDAR 已逐漸自駕車的必備整合零件。由於需求量大，已經有足夠的現成軟體模組來搭配這款此感測器。我們將模擬 Velodyne 的兩款常用型號：HDL-32E 與 VLP-16。來看看如何在 ROS 與 Gazebo 中模擬。

在 ROS Melodic 中，請根據以下步驟由二元檔套件來安裝或從原始程式碼編譯：

1. 執行以下指令，在 ROS Melodic 上安裝 Velodyne 套件：

   ```
   $ sudo apt-get install ros-melodic-velodyne-simulator
   ```

2. 為了從原始程式碼來安裝，請用以下指令將原始碼套件複製到 ROS 工作空間：

   ```
   $ git clone https://bitbucket.org/DataspeedInc/velodyne_simulator.git
   ```

3. 在複製套件後，請用 catkin_make 指令建置。Velodyne 模擬器的 ROS 維基網頁：*http://wiki.ros.org/velodyne_simulator*。

4. 套件安裝完成後，就可開始模擬 Velodyne 感測器了。請用以下指令來啟動模擬：

   ```
   $ roslaunch velodyne_description example.launch
   ```

這個指令將在 Gazebo 中啟動感測器模擬。

請注意，這個模擬會占用系統大量的記憶體，開始模擬前，您的系統應有至少 8 GB。

您可在感測器四周增加一些障礙物來測試，如以下螢幕截圖所示：

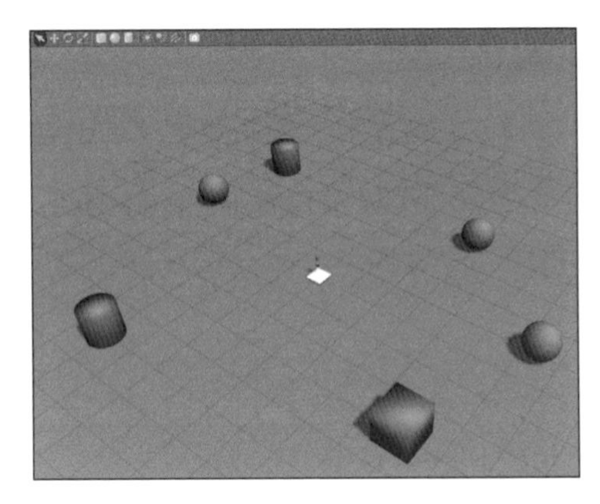

Velodyne 在 Gazebo 中的模擬

您可加入像是 PointCloud2 與 Robot 模型等顯示器類型來視覺化感測器資料與感測器模型，藉此在 RViz 中將感測器資料視覺化呈現。請將 **Fixed Frame** 選項設為 `velodyne`。在以下螢幕截圖中，您可清楚看到感測器四周的障礙物：

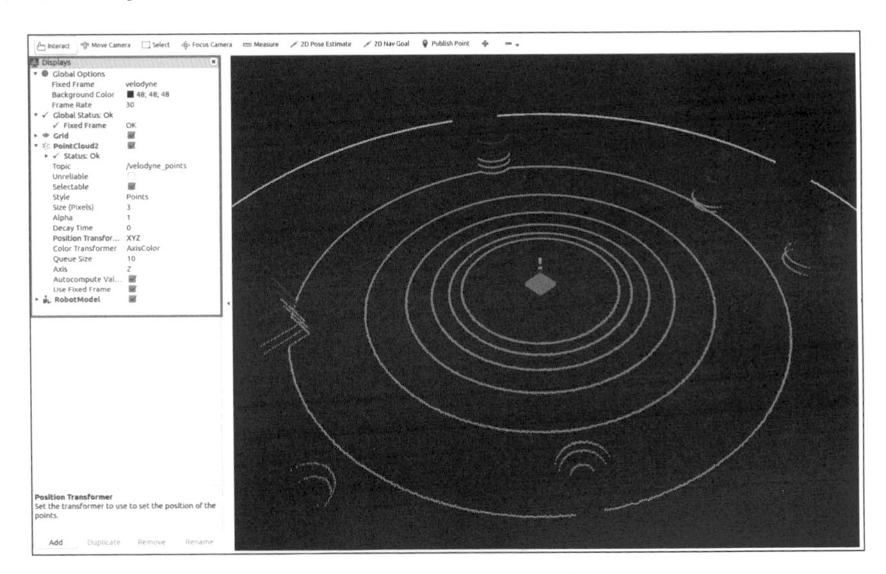

在 RViz 中將 Velodyne 感測器視覺化呈現

現在要在 ROS 中來介接各種 Velodyne 感測器。

在 ROS 中介接 Velodyne 感測器

知道如何模擬 Velodyne 感測器之後，現在來看看如何在 ROS 中介接真實的 Velodyne 感測器。

以下指令將會安裝 Velodyne ROS 驅動程式套件，並將 Velodyne 資料轉換成點雲資料。

對於 ROS Melodic，請使用以下指令安裝套件：

```
$ sudo apt-get install ros-melodic-velodyne
```

以下為啟動驅動程式 nodelet 的指令：

```
$ roslaunch velodyne_driver nodelet_manager.launch model:=32E
```

在上述指令中，您需要指定模型名稱和啟動檔才能啟動特定模型的驅動程式。

以下指令會啟動轉換程式 nodelet 並將 Velodyne 訊息（velodyne_msgs/VelodyneScan）轉換成點雲（sensor_msgs/PointCloud2）。以下是執行此轉換的指令：

```
$ roslaunch velodyne_pointcloud cloud_nodelet.launch
calibration:=~/calibration_file.yaml
```

這會啟動 Velodyne 的校準檔，這是校正來自感測器的雜訊所必需的。

我們可將所有這些指令寫在同一個啟動檔，如以下程式片段。如果執行這個啟動檔，就會一併啟動驅動程式節點與點雲轉換程式 nodelet，就能接續處理感測器資料了：

```
<launch>
  <!-- start nodelet manager and driver nodelets -->
  <include file="$(find velodyne_driver)/launch/nodelet_manager.launch" />

  <!-- start transform nodelet -->
  <include file="$(find
velodyne_pointcloud)/launch/transform_nodelet.launch">
    <arg name="calibration"
         value="$(find velodyne_pointcloud)/params/64e_utexas.yaml"/>
```

```
  </include>
</launch>
```

各型號感測器的校準檔可由 velodyne_pointcloud 套件中取得，接著要來模擬雷射掃描器了。

Velodyne 與 PC 的連接步驟請參考：*http://wiki.ros.org/velodyne/Tutorials/Getting%20Started%20 with%20the%20HDL-32E*

模擬雷射掃描器

本段要介紹如何在 Gazebo 中模擬雷射掃描器。只要提供與我們應用相關的自定義參數，就可以模擬它了。當您安裝 ROS 時，其實已經自動安裝多個預設的 Gazebo 外掛，其中也包括 Gazebo 雷射掃描器外掛。

這個外掛使用相當簡便，還可使用自定義的參數。為了展示，可使用在 chapter_10_ws 資料夾中的 sensor_sim_gazebo 教學套件（*https://github.com/PacktPublishing/ROS-Robotics-Projects-SecondEdition/tree/master/chapter_10_ws/sensor_sim_gazebo*）。只要將該套件複製到工作空間，並用 catkin_make 指令來建置即可。此套件含有雷射掃描器、相機、IMU、超音波感測器和 GPS 的基本模擬。

在開始使用此套件之前，請用以下指令來安裝 hector-gazebo-plugins 套件：

```
$ sudo apt-get install ros-melodic-hector-gazebo-plugins
```

此套件包含了多個感測器的 Gazebo 外掛，並可用於自駕車模擬。

執行以下指令來啟動雷射掃描器模擬：

```
$ roslaunch sensor_sim_gazebo laser.launch
```

首先看看雷射掃描器的輸出結果，然後深入研究程式碼。

啟動上述指令時，會看到一個只有橘色方塊的空白世界。這個橘色方塊就是我們的雷射掃描器。根據您的應用，您可把這個方塊換成任何喜歡的網格檔。為了顯示雷射掃描資料，可在 Gazebo 中放入一些物體，如下圖：

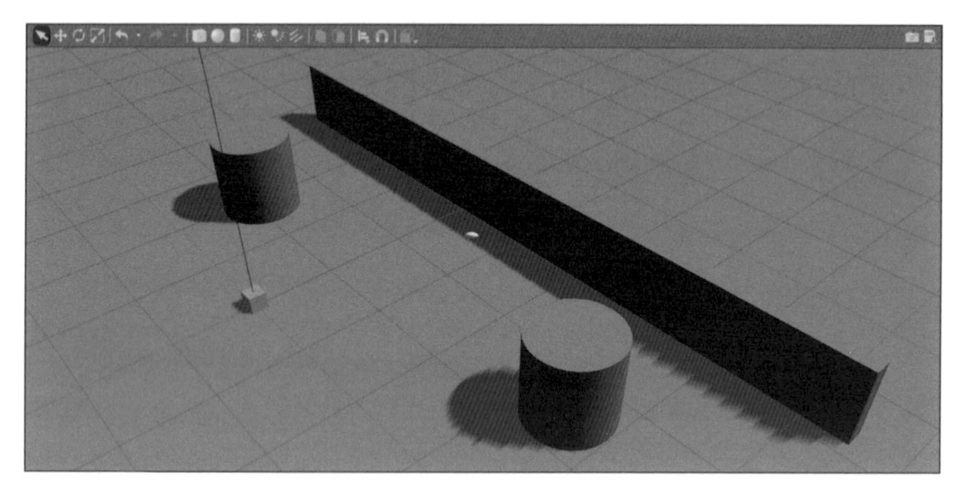

在 Gazebo 中模擬雷射掃描器

請由 Gazebo 的上方面板來加入各種模型。也可以在 RViz 中來視覺化雷射資料，如以下螢幕截圖所示。包含雷射資料的主題是 `/laser/scan`。請加入 **LaserScan** 顯示類型來檢視這些資料：

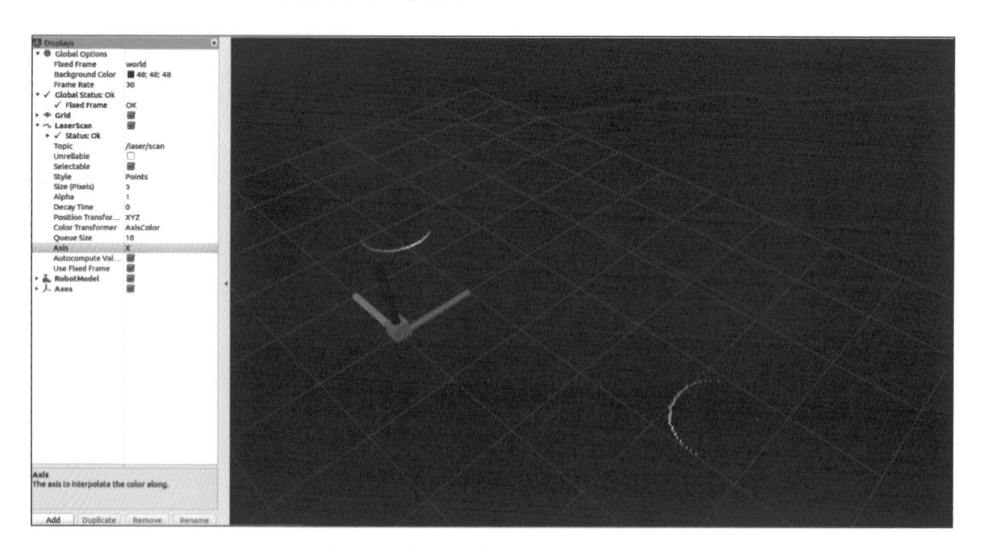

在 RViz 中視覺化雷射掃描器資料

您必須將 **Fixed Frame** 選項設定為 world 框架，並在 RViz 中啟動 **RobotModel** 與 **Axes** 顯示器類型。以下是在模擬感測器時產生的主題清單：

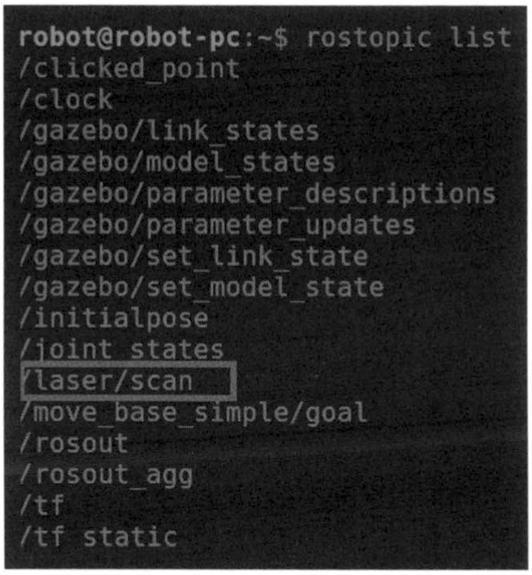

```
robot@robot-pc:~$ rostopic list
/clicked_point
/clock
/gazebo/link_states
/gazebo/model_states
/gazebo/parameter_descriptions
/gazebo/parameter_updates
/gazebo/set_link_state
/gazebo/set_model_state
/initialpose
/joint_states
/laser/scan
/move_base_simple/goal
/rosout
/rosout_agg
/tf
/tf_static
```

來自雷射掃描器模擬的主題清單

應該會看到 /laser/scan 這個主題才對，如上圖框框。現在要來說明程式碼如何運作了。

解釋模擬程式碼

sensor_sim_gazebo 套件包含了用於模擬所有自駕車感測器的檔案。該套件的目錄結構如下：

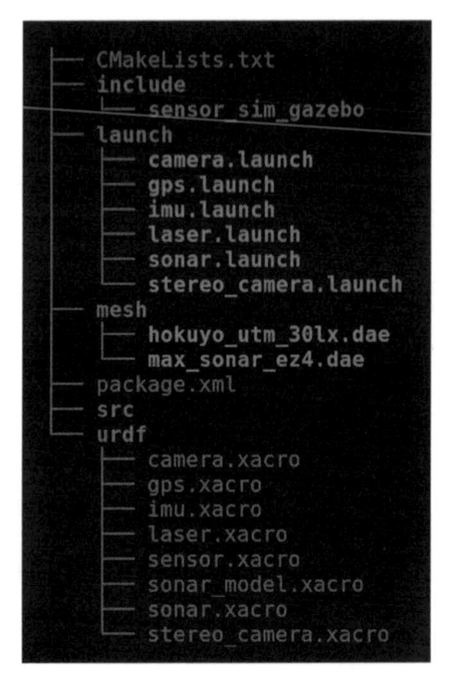

sensor_sim_gazebo 的檔案清單

模擬雷射需要啟動 `laser.launch` 檔。同樣，為了模擬 IMU、GPS 與相機，也需要啟動對應的啟動檔。在 URDF 內部，可看到各個感測器的 Gazebo 外掛定義檔。

`sensor.xacro` 檔是上一個模擬中的橘色方塊定義。它只是用於視覺化感測器模型的一個方塊而已。在此使用這個模型來代表本套件的所有感測器。您也可換成自己喜歡的模型。

`laser.xacro` 檔有雷射的 Gazebo 外掛定義，請參考本書的 github：*https://github.com/PacktPublishing/ROS-Robotics-Projects-SecondEdition/blob/master/chapter_10_ws/sensor_sim_gazebo/urdf/laser.xacro*

其中可看到雷射掃描器外掛的各種參數。我們可針對不同的應用來微調這些參數。在此使用的外掛為 `libgazebo_ros_laser.so`，所有的參數都會被送到這個外掛。

在 laser.launch 檔中，我們建立了一個空白世界並生成 laser.xacro 檔。以下程式片段負責在 Gazebo 中生成模型，並啟動一個關節狀態發佈者來發佈 TF 資料：

```
  <param name="robot_description" command="$(find xacro)/xacro --inorder
'$(find sensor_sim_gazebo)/urdf/laser.xacro'" />

  <node pkg="gazebo_ros" type="spawn_model" name="spawn_model" args="-urdf
-param /robot_description -model example"/>

  <node pkg="robot_state_publisher" type="robot_state_publisher"
name="robot_state_publisher">
    <param name="publish_frequency" type="double" value="30.0" />
  </node>
```

知道雷射外掛如何運作之後，下一段要談談如何在 ROS 中介接真實的硬體。

在 ROS 中介接雷射掃描器

討論過如何模擬雷射掃描器之後，現在要談談如何在 ROS 中介接真實的感測器。

在此列出一些連結，幫助您在 ROS 中設置 Hokuyo 與 SICK 雷射掃描器。完整的安裝步驟請參考以下連結：

- **Hokuyo 感測器**：*http://wiki.ros.org/hokuyo_node*
- **SICK 雷射**：*http://wiki.ros.org/sick_tim*

把以下套件複製到工作空間中，可從原始碼套件來安裝 Hokuyo 驅動程式：

- 2D Hokuyo 感測器，步驟如下：

```
$ git clone https://github.com/ros-drivers/hokuyo_node.git
$ cd ~/workspace_ws
$ catkin_make
```

- 3D Hokuyo 感測器，步驟如下：

```
$ git clone https://github.com/at-wat/hokuyo3d.git
$ cd ~/workspace_ws
$ catkin_make
```

如果是 SICK 雷射掃描器，可直接使用二元檔套件來安裝：

```
$ sudo apt-get install ros-melodic-sick-tim ros-melodic-lms1xx
```

下一段將介紹如何在 Gazebo 中模擬立體與單色相機。

在 Gazebo 中模擬立體與單色相機

前一段介紹了如何模擬雷射掃描器，本段則是如何模擬相機。對所有種類的機器人來說，相機都是至關重要的感測器。我們將看看如何啟動單色與立體相機模擬。

請用以下指令啟動單色相機的模擬：

```
$ roslaunch sensor_sim_gazebo camera.launch
```

請用以下指令啟動立體相機的模擬：

```
$ roslaunch sensor_sim_gazebo stereo_camera.launch
```

如果要檢視來自相機的影像，可透過 RViz 或使用 `image_view` 工具。

請用以下指令觀看單色相機視圖：

```
$ rosrun image_view image_view image:=/sensor/camera1/image_raw
```

應可看到影像視窗如下：

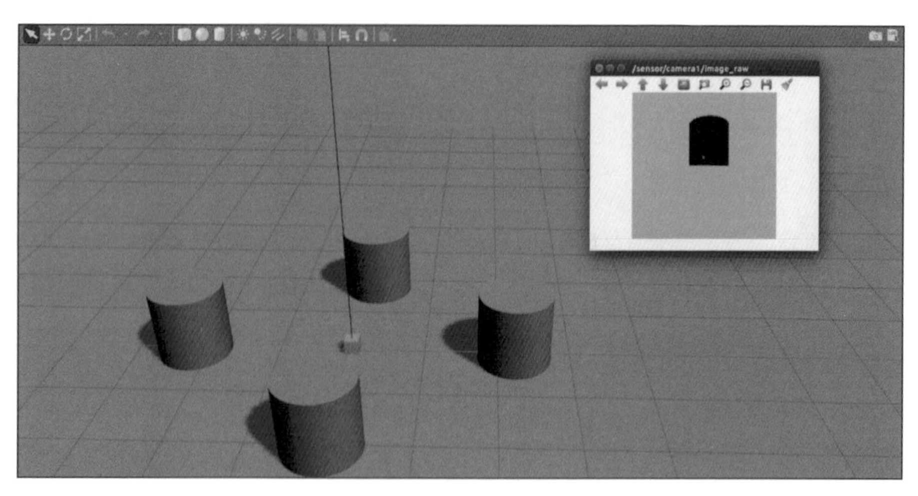

來自模擬相機的影像

請用以下指令檢視來自模擬立體相機的影像：

```
$ rosrun image_view image_view image:=/stereo/camera/right/image_raw
$ rosrun image_view image_view image:=/stereo/camera/left/image_raw
```

這會產生兩個影像視窗，對應到立體相機中的各個相機模組，如下圖：

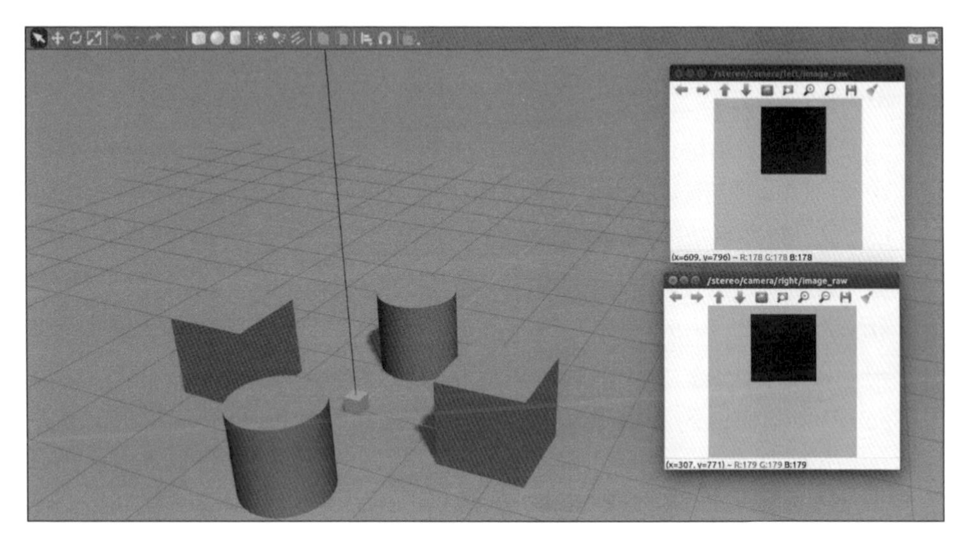

來自模擬立體相機的影像

類似於雷射掃描器外掛，單色與立體相機也有各自的外掛。請由本書 github 找到 `sensor_sim_gazebo/urdf/camera.xacro` 與 `stereo_camera.xacro` 中的 Gazebo 外掛定義：*https://github.com/PacktPublishing/ROS-Robotics-Projects-SecondEdition/tree/master/chapter_10_ws/sensor_sim_gazebo/urdf*

`lib_gazebo_ros_camera.so` 外掛用來模擬單色相機，而 `libgazebo_ros_multicamera.so` 則是用於立體相機。現在來學習如何在 ROS 中介接實體相機。

在 ROS 中介接相機

本段將介紹如何在 ROS 中介接實體相機。市面上的相機種類非常多，來看看一些常用的相機與其介接方式。

以下連結可幫助您在 ROS 中設置對應的驅動程式：

- Point Gray 相機可參考以下連結：*http://wiki.ros.org/pointgrey_camera_driver*
- 如果使用 Mobileye 感測器，請與該公司連絡來取得 ROS 驅動程式，或由以下連結取得驅動程式與 SDK 的詳細資訊：*https://autonomoustuff.com/product/mobileye-camera-dev-kit*
- 如果使用 IEEE 1394 數位相機，請由此取得與 ROS 介接的驅動程式：*http://wiki.ros.org/camera1394*
- 市售最新的立體相機其中一款就是 ZED 相機（*https://www.stereolabs.com/*）。本相機的 ROS 驅動程式請由以下連結取得：*http://wiki.ros.org/zed-ros-wrapper*
- 如果使用標準 USB 網路相機，usb_cam 驅動程式套件最適合與 ROS 介接：*http://wiki.ros.org/usb_cam*

下一段將介紹如何在 Gazebo中模擬 GPS。

在 Gazebo 中模擬 GPS

本段要介紹如何在 Gazebo 中模擬 GPS 感測器。如您所知，GPS 是自駕車的必備感測器之一。請用以下指令來啟動 GPS 模擬：

```
$ roslaunch sensor_sim_gazebo gps.launch
```

現在，您可列出所有主題，並且找到由 Gazebo 外掛所發佈的 GPS 主題。下圖框框中為來自 GPS 外掛的主題：

```
robot@robot-pc:~$ rostopic list
/clock
/gazebo/link_states
/gazebo/model_states
/gazebo/parameter_descriptions
/gazebo/parameter_updates
/gazebo/set_link_state
/gazebo/set_model_state
/gps/fix
/gps/fix/position/parameter_descriptions
/gps/fix/position/parameter_updates
/gps/fix/status/parameter_descriptions
/gps/fix/status/parameter_updates
/gps/fix/velocity/parameter_descriptions
/gps/fix/velocity/parameter_updates
/gps/fix_velocity
/joint_states
/rosout
/rosout_agg
/tf
/tf_static
```

來自 Gazebo GPS 外掛的主題清單

您可回應 **/gps/fix** 主題來確認外掛是否正確發佈數值。請用以下指令來回應這個主題：

```
$ rostopic echo /gps/fix
```

應可看到輸出如下的輸出畫面：

```
robot@robot-pc:~$ rostopic echo /gps/fix
header:
  seq: 161
  stamp:
    secs: 40
    nsecs: 500000000
  frame_id: sensor
status:
  status: 0
  service: 0
latitude: -30.0602249716
longitude: -51.17391374
altitude: 9.960587315
position_covariance: [0.0025010000000000006, 0.0, 0.0, 0.0, 0.00250100000
6, 0.0, 0.0, 0.0, 0.0025010000000000006]
position_covariance_type: 2
```

發佈至 /gps/fix 主題的輸出

請看看本書 github 對應檔案（*https://github. com/PacktPublishing/ROS-Robotics-Projects-SecondEdition/blob/master/chapter_10_ws/sensor_sim_gazebo/urdf/gps.xacro*）中的程式碼，會找到 `<plugin name="gazebo_ros_gps" filename="libhector_gazebo_ros_gps.so">`。這些外掛屬於 `hector_gazebo_ros_plugins` 套件，而這個套件在先前剛開始介接感測器就已經裝好了。與 GPS 有關的所有參數都可在這個外掛中設定，並可在 `gps.xacro` 檔中看到各個測試參數值。GPS 模型會以一個方塊來呈現，讓這個方塊在 Gazebo 中移動即可測試感測器數值。現在要介紹如何在 ROS 中介接實體 GPS。

在 ROS 中介接 GPS

本段將介紹如何在 ROS 中介接一些常用的實體 GPS 模組。一款常見的 GPS 模組為 Oxford Technical Solutions（OxTS），產品頁面請參考：*http://www.oxts.com/products/*。

此模組的 ROS 介面為：*http://wiki.ros.org/oxford_gps_eth*。請由以下連結取得 Applanix GPS/IMU 之 ROS 模組驅動程式：

- `applanix_driver`：*http://wiki.ros.org/applanix_driver*
- `applanix`：*http://wiki.ros.org/applanix*

現在開始在 Gazebo 上模擬 IMU。

在 Gazebo 上模擬 IMU

請用以下指令啟動 IMU 模擬，作法類似於 GPS：

```
$ roslaunch sensor_sim_gazebo imu.launch
```

這個外掛可取得 IMU 模組的方位角、線性加速度與角速度。啟動此檔後，可列出由 `imu` 外掛所發佈的主題。以下為此外掛所發佈的主題清單：

```
robot@robot-pc:~$ rostopic list
/clock
/gazebo/link_states
/gazebo/model_states
/gazebo/parameter_descriptions
/gazebo/parameter_updates
/gazebo/set_link_state
/gazebo/set_model_state
/imu
/joint_states
/rosout
/rosout_agg
/tf
/tf_static
```

從 imu ROS 外掛發佈的主題清單

回應該主題即可查看 /imu 主題。從這個主題中可找到方位角、線性加速度與角速度資料，如下圖：

```
robot@robot-pc:~$ rostopic echo /imu
header:
  seq: 0
  stamp:
    secs: 24
    nsecs:  95000000
  frame_id: sensor
orientation:
  x: -9.88131291682e-324
  y: -9.88131291682e-324
  z: 8.87671670196e-17
  w: 1.0
orientation_covariance: [0.0, 0.0, 0.0, 0.0, 0.0, 0.0, 0.0, 0.0, 0.0]
angular_velocity:
  x: 3.95252516673e-321
  y: 3.95252516673e-321
  z: 0.0
angular_velocity_covariance: [0.0, 0.0, 0.0, 0.0, 0.0, 0.0, 0.0, 0.0, 0.0]
linear_acceleration:
  x: -1.95719626798e-20
  y: 8.93613280022e-20
  z: 7.28456264068e-12
```

來自 /imu 主題的資料

sensor_sim_gazebo/urdf/imu.xacro 中可以看到 IMU 外掛的定義，可由其中找到外掛名稱與其參數。

以下程式碼片段中可以看到該外掛的名稱：

```
<gazebo>
  <plugin name="imu_plugin" filename="libgazebo_ros_imu.so">
    <alwaysOn>true</alwaysOn>
    <bodyName>sensor</bodyName>
    <topicName>imu< / topicName>
    <serviceName>imu_service</serviceName>
    <gaussianNoise>0.0</gaussianNoise>
    <updateRate>20.0</updateRate>
  </plugin>
</gazebo>
```

外掛名稱為 `libgazebo_ros_imu.so`，已與標準 ROS 安裝流程一併安裝好了。

也可在 RViz 中視覺化 IMU 資料。選擇 `imu` 顯示類型就可以檢視它。IMU 會以一個方塊來呈現，如果讓這個方塊在 Gazebo 中移動的話，就可看到一個對著移動方向的箭頭。下圖為 Gazebo 與 RViz 視覺化的效果：

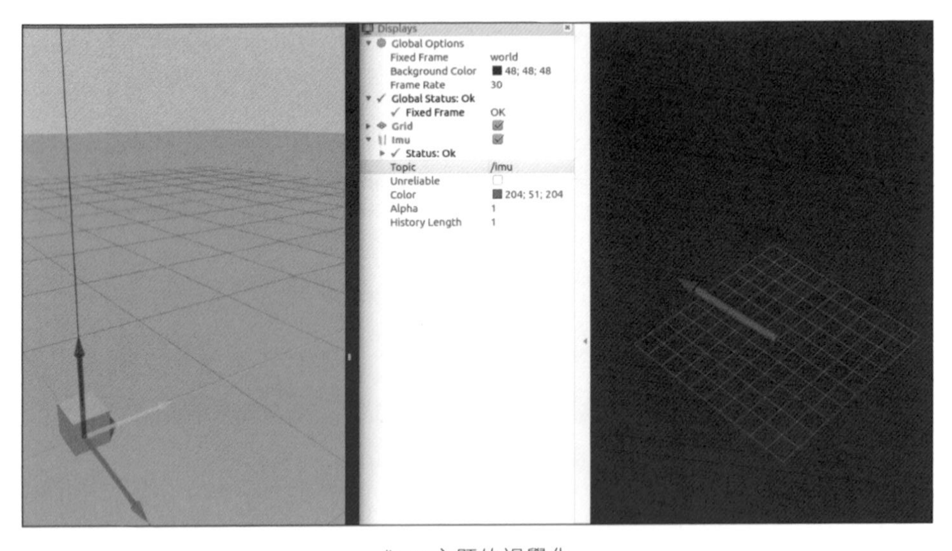

/imu 主題的視覺化

現在，讓我們看看如何在 ROS 中介接真實的硬體。

在 ROS 中介接 IMU

為了準確地預測位置，大部份的自駕車都採用了 GPS、IMU 與車輪編碼器的整合模組。本段將介紹當您想要單獨使用 IMU 時一些常見的 IMU 模組。

以下連結是一些可進行介接的 ROS 驅動程式，一款常見的 IMU 就是 MicroStrain 3DM-GX2（*http://www.microstrain.com/inertial/3dm-gx2*）。

以下是針對這些 IMU 的 ROS 驅動程式：

- `microstrain_3dmgx2_imu`：*http://wiki.ros.org/microstrain_3dmgx2_imu*
- `microstrain_3dm_gx3_4 5`：*http://wiki.ros.org/microstrain_3dm_gx3_4 5*

除此以外，Phidget 公司也有生產 IMU（*http://wiki.ros.org/phidgets_imu*），以及像是 InvenSense MPU 9250、9150 與 6050 等型號的常見 IMU（*https://github.com/jeskesen/i2c_imu*）。

另一款 IMU 產品則是 Xsens 公司的 MTi 系列，產品頁面與驅動程式請參考：*http://wiki.ros.org/xsens_driver*

下一段將在 Gazebo 中模擬超音波感測器。

在 Gazebo 中模擬超音波感測器

超音波感測器在自駕車中也扮演關鍵角色。我們已知道各類距離感測器已廣泛用於停車輔助系統中，本段將介紹如何在 Gazebo 中模擬距離感測器。距離感測器 Gazebo 外掛已經包含在 hector Gazebo ROS 外掛中，因此可直接將其用於我們的程式碼中。

如先前範例，先來看看如何啟動模擬並檢視其輸出。

請用以下指令在 Gazebo 中啟動距離感測器模擬：

```
$ roslaunch sensor_sim_gazebo sonar.launch
```

此模擬採用了聲納的實際 3D 模型，它的體積很小，您可能需要放大 Gazebo 畫面才能看到這個模型。請在感測器前方放置障礙物來測試看看。我們可啟動 RViz 並使用距離顯示器類型來觀察距離變化。主題名稱為 /distance，**Fixed Frame** 選項要設定為 world。

以下為障礙物位於較遠處時的距離感測器數值：

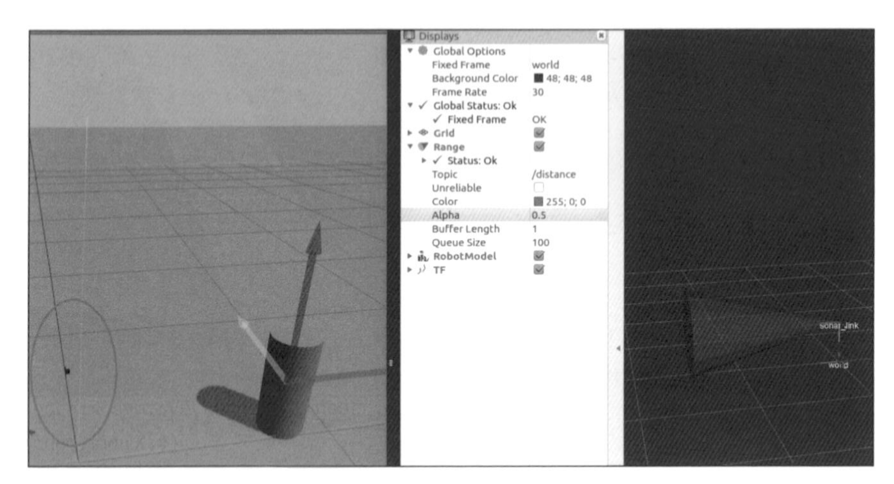

障礙物較遠時的距離感測器數值

您可看到，這個標記點就是超音波聲音感測器，並可在右側以圓錐結構來檢視 RViz 距離資料。如果讓障礙物逐漸靠近感測器，就可以看到距離感測器資料的變化（圓錐變小）。

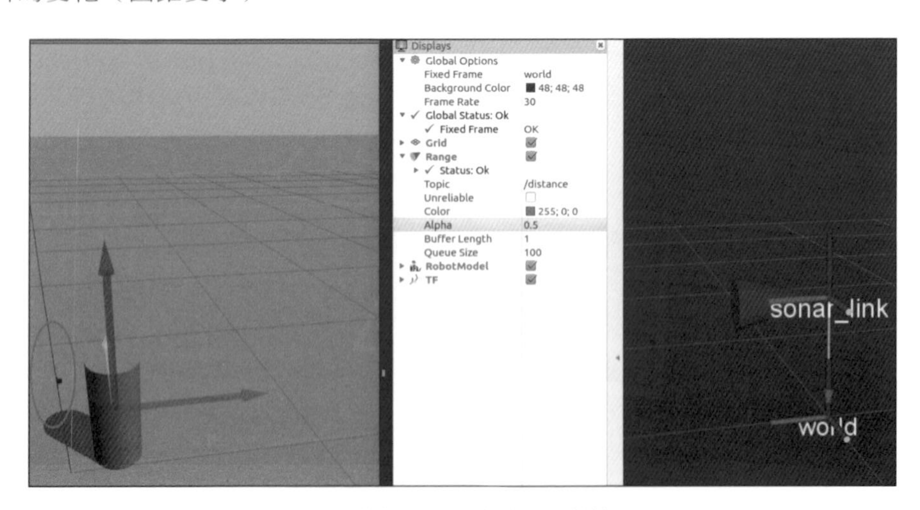

障礙物接時的距離感測器數值

當障礙物非常靠近感測器時，圓錐會逐漸縮小，代表它與障礙物的距離很短。

請由本書 github（*https://github.com/PacktPubiishing/ROS-Robotics-Projects-SecondEdition/blob/master/chapter_10_ws/sensor_sim_ gazebo/urdf/sonar.xacro*）找到 Gazebo 聲納外掛定義。本檔案會參照到另一個 `sonar_model.xacro` 檔，後者包含了完整的聲納外掛定義。

我們使用 `libhector_gazebo_ros_sonar` 外掛來啟動本模擬，可在 `sonar_mode.xacro` 中找到：

```
<plugin name="gazebo_ros_sonar_controller"
filename="libhector_gazebo_ros_sonar.so">
```

現在來看看一些常見的平價 LIDAR 感測器。

低成本 LIDAR 感測器

本段是送給業餘玩家們的額外內容。如果您想要打造一台迷你版的自駕車，可參考以下介紹的 LIDAR 感測器。

Sweep LIDAR

Sweep 360 度旋轉式 LIDAR（*https://scanse.io/download/sweep- visualizer#r*）的偵測範圍可達 40 公尺。相較 Velodyne 這類的高檔 LIDAR，它很便宜，相當適用於研究與業餘專題：

Sweep LIDAR（來源：*https://commons.wikimedia.Org/wiki/File:Scanse_Sweep_LiDAR.jpg*；攝影者：Simon Legner。Creative Commons CC-BY-SA 4.0 授權）

這個感測器已經具備很棒的 ROS 介面，請參考 Sweep 感測器的 ROS 套件連結：*https://github.com/scanse/sweep-ros*。在建置套件之前需要先安裝一些相依套件：

```
$ sudo apt-get install ros-melodic-pcl-conversions ros-melodic-pointcloud-to-laserscan
```

現在，只要把 `sweep-ros` 套件複製到您的 catkin 工作空間中，再用 `catkin_make` 指令來建置。

套件建置完成後，請用序列 -USB 轉換線將 LIDAR 接上您的 PC。這條線接上 PC 時，Ubuntu 會將其指派為 `/dev/ttyUSB0` 的裝置。請用以下指令來修改裝置的權限：

```
$ sudo chmod 777 /dev/ttyUSB0
```

修改權限之後，可啟動任一個啟動檔來檢視來自感測器的雷射 `/scan` 點雲資料。

以下啟動檔會在 RViz 中顯示雷射掃描：

```
$ roslaunch sweep_ros view_sweep_laser_scan.launch
```

以下啟動檔會在 RViz 中顯示點雲：

```
$ roslaunch sweep_ros view_sweep_pc2.launch
```

以下為 Sweep LIDAR 的視覺化結果：

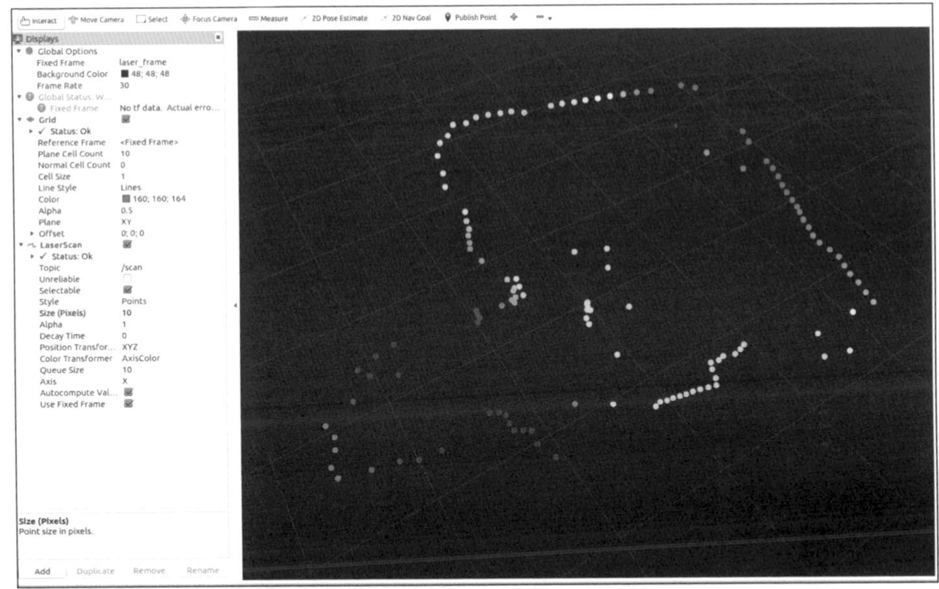

Sweep LIDAR 在 RViz 中的視覺化

下一段要帶您初步認識 RPLIDAR。

RPLIDAR

類似 Sweep LIDAR，RPLIDAR（*http://www.slamtec.com/en/lidar*）是另一款用於業餘專題的平價 LIDAR。RPLIDAR 與 Sweep 的用途相當類似，包含 SLAM 與自主導航。

RPLIDAR 已有現成的 ROS 驅動程式來介接 ROS，請參考：*http://wiki.ros.org/rplidar*。本套件的 github 為 *https://github.com/robopeak/rplidar_ros*。

了解如何在 ROS 中介接各種自駕車的感測器之後，接著就要在 Gazebo 中模擬具備這些感測器的自駕車。

在 Gazebo 中模擬有感測器的自駕車

本段要介紹一個可在 Gazebo 中完成的開放原始碼自駕車專題。在此專題中，我們將學習如何在 Gazebo 中實作一個機器人汽車模型，以及如何將所有感測器整合進去。再者，我們將透過鍵盤來控制機器人在環境中移動，最後會使用 SLAM 來建立環境的地圖。

前置作業

前置作業是在 ROS Melodic 中安裝相關套件。

以下指令將安裝 ROS Gazebo 控制器管理程式：

```
$ sudo apt-get install ros-melodic-controller-manager
$ sudo apt-get install ros-melodic-ros-control ros-melodic-ros-controllers
$ sudo apt-get install ros-melodic-gazebo-ros-control
```

完成後，請用以下指令在 Melodic 系統中安裝 Velodyne 模擬器套件：

```
$ sudo apt-get install ros-melodic-velodyne
```

此專題採用 SICK 雷射掃描器，因此要先安裝 SICK ROS 的工具套件包。如果要由原始碼來安裝，請把該套件複製到工作空間中並進行編譯即可：

```
$ git clone https://github.com/ros-drivers/sicktoolbox.git
$ cd ~/workspace_ws/
$ catkin_make
```

安裝相依套件完成後，請把本專題檔案複製到新的 ROS 工作空間中，如以下指令：

```
$ cd ~
$ mkdir -p catvehicle_ws/src
$ cd catvehicle_ws/src
$ catkin_init_workspace
```

新的 ROS 工作空間建立之後，現在可以把專題檔複製到工作空間中了。如以下指令：

```
$ cd ~/catvehicle_ws/src
$ git clone https://github.com/sprinkjm/catvehicle.git
$ git clone https://github.com/sprinkjm/obstaclestopper.git
$ cd ../
$ catkin_make
```

所有套件都成功編譯之後，請在 `.bashrc` 檔中加入以下內容：

```
$ source ~/catvehicle_ws/devel/setup.bash
```

請用以下指令來啟動車輛模擬：

```
$ roslaunch catvehicle catvehicle_skidpan.launch
```

這個指令只會在終端機中啟動模擬。請在另一個終端機視窗中執行以下指令：

```
$ gzclient
```

就可以在 Gazebo 中看到以下機器人汽車模擬：

Gazebo 中的機器人汽車模擬

車輛前端可以看到 Velodyne 掃描器。請用 `rostopic` 指令列出來自模擬的所有 ROS 主題。

以下為模擬所產生的主要主題：

```
/catvehicle/cmd_vel
/catvehicle/cmd_vel_safe
/catvehicle/distanceEstimator/angle
/catvehicle/distanceEstimator/dist
/catvehicle/front_laser_points
/catvehicle/front_left_steering_position_controller/command
/catvehicle/front_right_steering_position_controller/command
/catvehicle/joint1_velocity_controller/command
/catvehicle/joint2_velocity_controller/command
/catvehicle/joint_states
/catvehicle/lidar_points
/catvehicle/odom
/catvehicle/path
/catvehicle/steering
/catvehicle/vel
/clock
/gazebo/link_states
/gazebo/model_states
/gazebo/parameter_descriptions
/gazebo/parameter_updates
/gazebo/set_link_state
/gazebo/set_model_state
/rosout
/rosout_agg
/tf
/tf_static
```

由機器人汽車模擬產生的主要主題

現在要如何視覺化機器人汽車的感測器資料。

視覺化機器人汽車感測器資料

RViz 可用於檢視來自機器人汽車的各種感測器資料。請先啟動 RViz 並打開來自 `chapter_10_ws` 的 `catvehicle.rviz` 組態設定檔。在 RViz 中可看到 Velodyne 所產生的資料點和機器人汽車模型，如下圖：

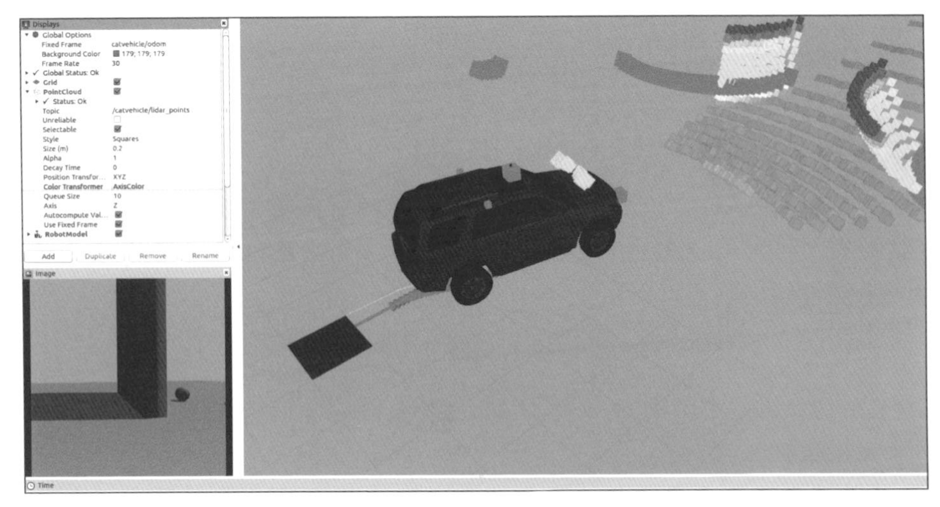

RViz 中的完整機器人汽車模擬

您在 RViz 中也可增加相機視圖，共有兩個位於車身左右兩側的相機。現在可以在 Gazebo 中加入一些障礙物來檢查感測器是否真的偵測到障礙物了。另外也可在 RViz 中加入更多感測器，例如 SICK 雷射掃描器與 IMU。現在要在 Gazebo 中讓這台自駕車動起來囉。

在 Gazebo 移動自駕車

很好，我們已在 Gazebo 中完整模擬出機器人汽車了；現在要讓這台車在環境中四處移動了，在此會透過 `keyboard_teleop` 節點來做到這件事。

請用以下指令來啟動一個現有的 TurtleBot teleop 節點：

```
$ roslaunch turtlebot_teleop keyboard_teleop.launch
```

TurtleBot teleop 節點會把 Twist 訊息發佈到 `/cmd_vel_mux/input/teleop`，但需要進一步把它們轉換成 `/catvehicle/cmd_vel`。

以下為轉換指令：

```
$ rosrun topic_tools relay /cmd_vel_mux/input/teleop /catvehicle/cmd_vel
```

現在，使用鍵盤來讓小車在環境中四處移動。這在執行 SLAM 時很有用。現在就用這台機器人汽車來執行 hector SLAM。

使用機器人汽車來執行 hector SLAM

讓機器人在世界中自由移動後，接著就要建置這個世界的地圖。已有現成的啟動檔，可在 Gazebo 中開始一個新世界以及建置地圖。以下指令會在 Gazebo 中開始一個新世界：

```
$ roslaunch catvehicle catvehicle_canyonview.launch
```

這會在一個新世界中啟動 Gazebo 模擬，請輸入以下指令來觀看 Gazebo：

```
$ gzclient
```

下圖為具備了新世界的 Gazebo 模擬器：

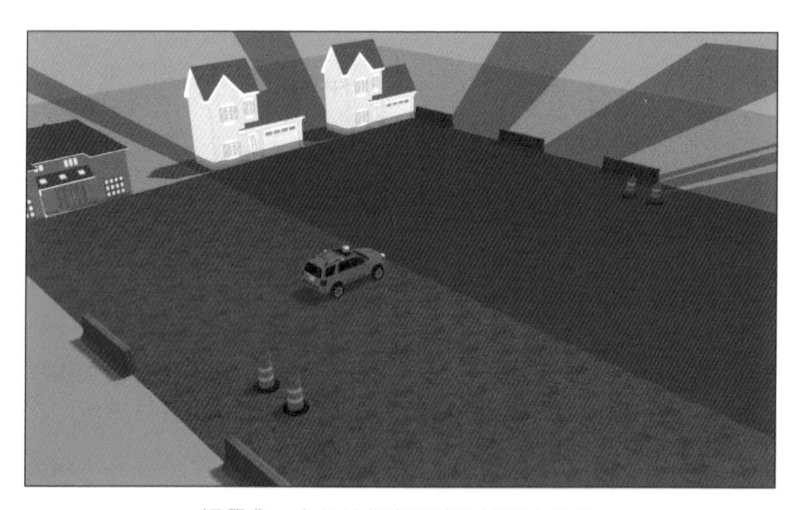

視覺化一台位於都市環境的機器人汽車

您可啟動 teleop 節點來移動機器人，並透過以下指令來啟動 hector SLAM：

```
$ roslaunch catvehicle hectorslam.launch
```

如果要視覺化呈現所產生的地圖，請先啟動 RViz 並開啟 catvehicle.rviz 組態檔。

您在 RViz 中看到類似下圖的視覺化結果：

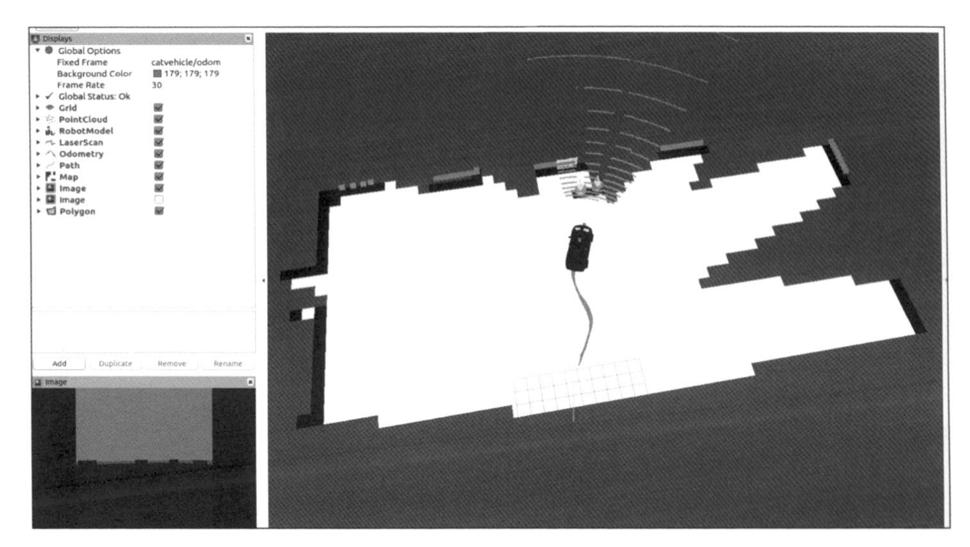

在 RViz 中使用機器人汽車的地圖視覺化

地圖建置完成後，請用以下指令來儲存地圖：

```
$ rosrun map_server map_saver -f map_name
```

上述指令會把當前地圖儲存為 `map_name.pgm` 與 `map_name.yaml` 等兩個檔案。

這個專題的詳細資訊請參考：
http://cps-vo.org/group/CATVehicleTestbed

下一段將說明如何在 ROS 中介接 DBW 汽車。

在 ROS 中介接 DBW 汽車

本段要談談如何在 ROS 中介接一台實體的車輛，並讓它自動化。如前所述，DBW 介面使我們得以透過 CAN 通訊協定來控制車輛的油門、剎車與轉向。

Dataspeed Inc. 公司（*http://dataspeedinc.com/*）的一項開放原始碼專題就是在做這件事。以下為 Dataspeed 公司的自駕車相關專題清單：*https://bitbucket.org/DataspeedInc/*

我們將討論 Dataspeed 的 ADAS 車輛開發專題。首先要介紹如何安裝此專題的 ROS 套件，以及各個套件與節點的功能。

安裝套件

安裝這些套件的完整步驟如下，但只需要一個指令就可輕鬆搞定。

請用以下指令在 ROS Melodic 系統上進行安裝：

```
bash <(wget -q -O -
https://bitbucket.org/DataspeedInc/dbw_mkz_ros/raw/default/dbw_mkz/scripts/
ros_install.bash)
```

（註：輸入於同一行）

其他安裝方法請參考：*http://wiki. ros. org/ dbw_mkz*。

接著要把這台自駕車與其感測器資料視覺化呈現出來。

視覺化自駕車及感測器資料

上述各套件可協助您在 ROS 中介接 DBW 汽車。但如果沒有實體汽車，我們也可以使用 ROS bag 檔、視覺化資料，接著再離線處理。

以下指令可將自駕車的 URDF 模型視覺化呈現出來：

```
$ roslaunch dbw_mkz_description rviz.launch
```

執行後可看到以下模型：

自駕車視覺化呈現

請用以下指令將 Velodyne 感測器資料、GPS 與 IMU 等其他感測器以及轉向指令、剎車與加速等控制訊號進行視覺化呈現：

1. 請用以下指令來下載 ROS bag 檔：

```
$ wget
https://bitbucket.org/DataspeedInc/dbw_mkz_ros/downloads/mkz_201512
07_extra.bag.tar.gz
```

   上述指令會下載一個壓縮檔，並解壓縮到您的 home 資料夾。

2. 執行以下指令去讀取 bag 檔的資料：

```
$ roslaunch dbw_mkz_can offline.launch
```

3. 執行以下指令將汽車模型視覺化呈現：

```
$ roslaunch dbw_mkz_description rviz.launch
```

4. 最後，執行這個 bag 檔：

```
$ rosbag play mkz_20151207.bag -clock
```

5. 必須先發佈一筆靜態座標變換，才能在 RViz 中觀看感測器資料：

```
$ rosrun tf static_transform_publisher 0.94 0 1.5 0.07 -0.02 0
base_footprint velodyne 50
```

結果如下：

自駕車的視覺化

請將 **Fixed Frame** 設為 `base_footprint` 來觀看汽車模型和 Velodyne 感測器資料。

本資料由美國密西根州羅徹斯特山市的 Dataspeed Inc. 公司提供。

從 ROS 對 DBW 通訊

本段將介紹如何從 ROS 對基於 DBW 的汽車進行通訊。

如以下指令：

```
$ roslaunch dbw_mkz_can dbw.launch
```

現在可以用搖桿來控制汽車了，以下為啟動對應節點的指令：

```
$ roslaunch dbw_mkz_joystick_demo joystick_demo.launch sys:=true
```

下一段要介紹 Udacity 開放原始碼自駕車專案。

Udacity 開放原始碼自駕車專案

另一個開放原始碼自駕車專案（*https://github.com/udacity/seif-driving-car*）是由 Udacity 為了教導自家的 Nanodegree 自駕車程式而製作的。此專題的目的是使用深度學習技術，並搭配 ROS 作為通訊中介軟體來做到完全自主的自駕車。

此專題拆分為多個挑戰題，任何人只要對該專題做出貢獻就能贏得獎金。該專題試著根據車輛相機資料集來訓練卷積神經網路（Convolutional Neural Network, CNN），藉此預測出車輛的轉向角。這個辦法是複製 NVIDIA 公司自家的 DAVE-2 自駕車專題的端對端深度學習方式（*https://devblogs.nvidia.com/parallelforall/deep-learning-self-driving-cars/*）。

下圖為 DAVE-2 的功能方塊圖。DAVE-2 為 DARPA Autonomous Vehicle-2 的簡寫，靈感來自 DARPA 的 DAVE 專題：

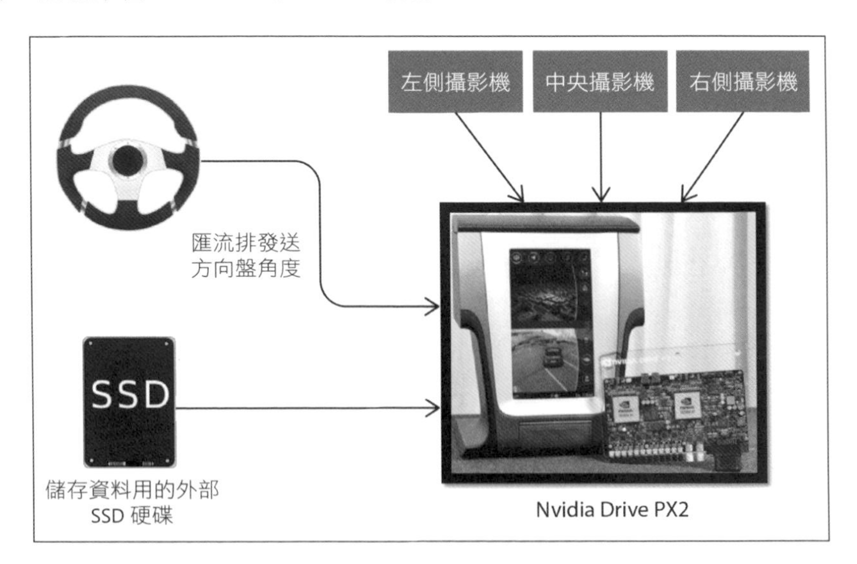

DAVE-2 方塊圖（來源：*https://en.wikipedia.org/wiki/Nvidia_Drive#/media/File:NVIDIA_Drive_PX,_Computex_Taipei_20150601.jpg*；圖片來源：NVIDIA Taiwan；Creative Commons CC-BY-SA 2.0 授權）

此系統基本上是由三個相機與 NVIDIA PX 這款超級電腦所組成。此電腦可根據來自相機的影像進行訓練，並預測出汽車的轉向角。轉向角隨後會送往 CAN 匯流排來控制汽車。

以下為使用於 Udacity 自駕車的感測器及元件：

- 2016 Lincoln MKZ- 這台汽車將被賦予自主性。前一段已介紹 ROS 與本車的介接方式，本專題也採用同樣方式。
- 兩台 Velodyne VLP-16 LIDAR
- Delphi 雷達
- Point Grey Blackfly 相機
- Xsens IMU
- 引擎控制單元（ECU）

本專題使用 `dbw_mkz_ros` 套件讓 ROS 與 Lincoln MKZ 彼此溝通。前一段已設置並操作了 `dbw_mkz_ros` 套件。用於訓練轉向模型資料請由此下載：*https://github.com/udacity/self-driving-car/tree/master/datasets*。從這個連結也可得到 ROS 啟動檔來玩玩看這些 bag 檔。

以下連結可取得僅限於研究用途的預訓練模型：*https://github.com/udacity/self-driving-car/tree/master/steering-models*。有現成的 ROS 可以負責把訓練後模型的轉向指令發送給 Lincoln MKZ。在此，`dbw_mkz_ros` 套件的角色是作為訓練後模型所發出的指令與實體汽車之間的中介層。

Udacity 的開放原始碼自駕車模擬器

Udacity 也提供了訓練與測試各種自駕深度學習算法的開放原始碼模擬器。該模擬器專題請由此下載：*https://github.com/udacity/self-driving-car-sim*。您也可由同一個連結中下載 Linux、Windows 和 macOS 預編譯版本的模擬器。

接著會逐一介紹模擬器的運作作原理。以下為此模擬器的螢幕截圖：

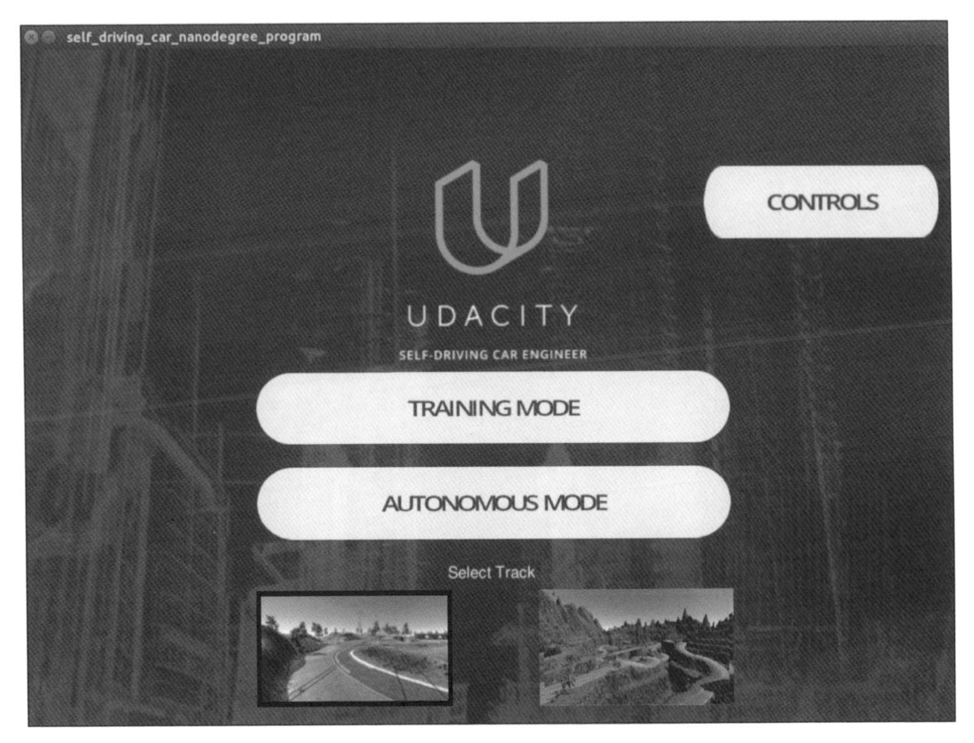

Udacity 自駕車模擬器畫面

模擬器有兩個選項；第一個是用於訓練，而第二個是用於測試自主算法，也可選擇車輛所行駛的賽道。按下 **TRAINING MODE** 按鈕，會在選定的賽道上出現一台賽車。和遊戲一樣，使用 WASD 這幾個鍵盤按鍵就可以控制車子移動。以下為訓練模式的螢幕截圖：

訓練模式中的 Udacity 自駕車模擬器

右上角的 **RECORD** 按鈕是用來擷取汽車的前方相機影像。我們可以隨意開到某個位置，擷取到的影像也都會儲存在該位置中。

擷取影像後，就可使用深度學習演算法來訓練汽車以預測轉向角度、加速度與剎車。在此不會討論該程式碼，但會提供一些資料讓您自己寫程式。使用深度學習實作駕駛模型的完整程式碼與詳細說明請參考 *https://github.com/thomasantony/sdc-live-trainer*。其中的 `live_trainer.py` 程式碼協助我們從擷取的影像來訓練模型。

模型訓練完成後，可執行自主駕駛的 `hybrid_driver.py`。對於此模式，請在模擬器中選擇自主（autonomous）模式並執行 `hybrid_driver.py` 程式碼：

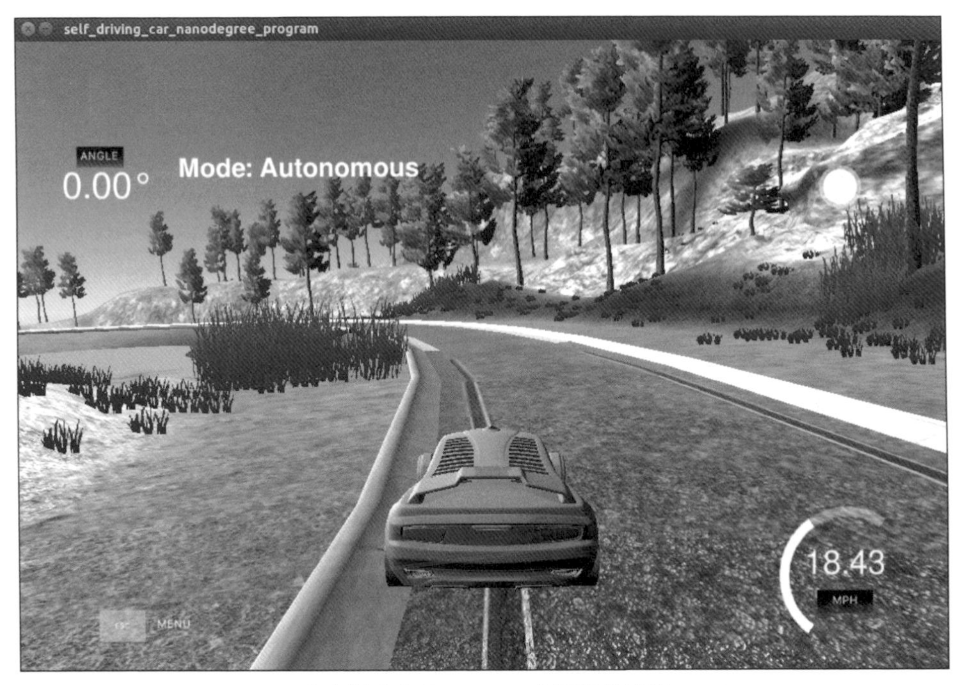

自主模式中的 Udacity 自駕車模擬器

您可看到汽車自己動起來了，試著在任何時刻介入來亂轉方向盤，看看車子的表現。這款模擬器可用來測試將使用於實體自駕車之深度學習算法的準確度。

MATLAB ADAS 工具箱

MATLAB 也提供了可搭配 ADAS 與自主系統的工具包。您可使用這個工具包來，設計、模擬及測試各種 ADAS 與自主駕駛系統。本工具包資訊請參考：*https://in.mathworks.com/products/automated-driving.html*

總結

本章深入討論了自駕車與其實作方式。本章以自駕車技術的基本知識與發展史開場。之後，介紹了典型自駕車的核心功能方塊，還有自駕車之自主等級的概念。然後，我們認識了自駕車中常見的各種感測器和元件。

我們討論了如何在 Gazebo 中模擬自駕車，以及與 ROS 的介接方式。介紹了所有感測器之後，我們介紹了一個開放原始碼自駕車專題，整合了所有感測器並在 Gazebo 中模擬出這款汽車模型。我們將這些感測器資料視覺化呈現，再透過遙控節點使機器人動起來。建立環境地圖則是採用 hector SLAM。下一個專題來自 Dataspeed Inc.，其中介紹了如何在 ROS 中介接一台實體的 DBW 相容車輛。我們使用 RViz 來視覺化呈現車輛的離線資料。本章最後介紹了 Udacity 自駕車專題與其模擬器。本章有助於建立模擬自駕車所需的各種技巧。

下一章要如何使用 VR 頭盔與 Leap Motion 感測器來遙控機器人。

11

使用 VR 頭盔與 Leap Motion 來遙控機器人

虛擬實境（VR）一詞如今愈來愈流行了，但它其實是古老的發明。VR 的概念最早出現在 1950 年代的科幻小說中，但足足又過了六十年它才開始流行並被廣泛接受。

那麼，為什麼它到了今天才更流行呢？答案在於便宜的運算資源愈來愈普及。早期的 VR 頭盔非常昂貴； 現在只要 5 美元就能自己做一個。您可能聽過 Google Cardboard，它是目前市上最便宜的 VR 頭盔，還有許多以它為基礎的新款式。現在，我們只需要一支不錯的智慧型手機和一個便宜的 VR 頭盔就能享受 VR 體驗。另外也有像是 Oculus Rift 和 HTC Vive 這類的高檔 VR 頭盔，它們的框率（frame rate）和回應時間都非常不錯。

本章的 ROS 專題將使用 Leap Motion 感測器來控制機器人，還會用到 VR 頭盔來體驗機器人身處的環境。我們將在 Gazebo 中使用 TurtleBot 模擬以及用 Leap Motion 裝置來控制機器人來呈現這個專題。為了視覺化呈現機器人環境，本章將使用平價的 VR 頭盔搭配 Android 智慧型手機。

本章主題如下：

- 開始使用 VR 頭盔與 Leap Motion
- 專題設計與開發
- 在 Ubuntu 上安裝 Leap Motion SDK

- 操作 Leap Motion Visualizer 工具
- 安裝 Leap Motion 的 ROS 套件
- 在 RViz 中視覺化呈現 Leap Motion 資料
- 建立用於 Leap Motion 的遙控節點
- 開發與安裝 ROS-VR 之 Android app
- 操作 ROS-VR app 並介接 Gazebo
- 在 VR 中模擬 TurtleBot
- 整合 ROS-VR app 與 Leap Motion 遙控
- ROS-VR app 除錯

技術要求

本章技術要求如下：

- **低成本 VR 頭盔**：*https://vr.google.com/cardboard/get-cardboard/*
- **Leap Motion 控制器**：*https://www.leapmotion.com/*
- **Wi-Fi 路由器**：可連接至 PC 或 Android 手機的任何路由器
- **Ubuntu 14.04.5 LTS**：*http://releases.ubuntu.com/14.04/*
- **ROS Indigo**：*http://wiki.ros.org/indigo/Installation/Ubuntu*
- **Leap Motion SDK**：*https://www.leapmotion.com/setup/linux*

本專題已在 ROS Indigo 上測試過，且程式碼也與 ROS Kinetic 相容；不過，用於 Ubuntu 16.04 LTS 的 Leap Motion SDK 仍在開發中。因此，程式碼是用 Ubuntu 14.04.5 及 ROS Indigo 來測試。

以下為時間軸及測試平台：

- **估計學習時間**：平均 90 分鐘
- **專題建置時間（包括編譯及執行時間）**：平均 60 分鐘

本章範例程式碼請由此取得：*https://github.com/PacktPublishing/ROS-Robotics-Projects-SecondEdition/tree/master/chapter_11_ws*

本章就從深入了解 VR 頭盔與 Leap Motion 感測器開始吧。

開始使用 VR 頭盔及 Leap Motion

本段落是針對尚未使用過 VR 頭盔或 Leap Motion 的初學者所寫。VR 頭盔為一種頭戴式顯示器，並可把智慧型手機放入其中，或具有可連接至 HDMI 或其他顯示器接頭的內建顯示器。VR 頭盔藉由模仿人類的視覺，也就是立體視覺，來產生虛擬的 3D 環境。

人類的視覺是這樣運作的：我們有兩隻眼睛，每隻眼睛各自得到獨立且略有不同的影像。然後，大腦將這兩個影像組合在一起，並產生周圍環境的 3D 影像。同樣，VR 頭盔有兩個鏡頭與一個顯示器。該顯示器可為內建或是智慧型手機。該螢幕將來自左右影像的獨立視圖，之後把智慧型手機或內建顯示器放進頭盔時，它將使用兩個鏡頭進行聚焦和重塑，藉此模擬出 3D 立體視覺。

在效果上，我們可以探索頭盔中的 3D 世界。除了視覺化世界外，我們也可控制 3D 世界中的許多事件，也能聽到各種聲響。酷吧？

以下為 Google Cardboard VR 頭盔的內部結構：

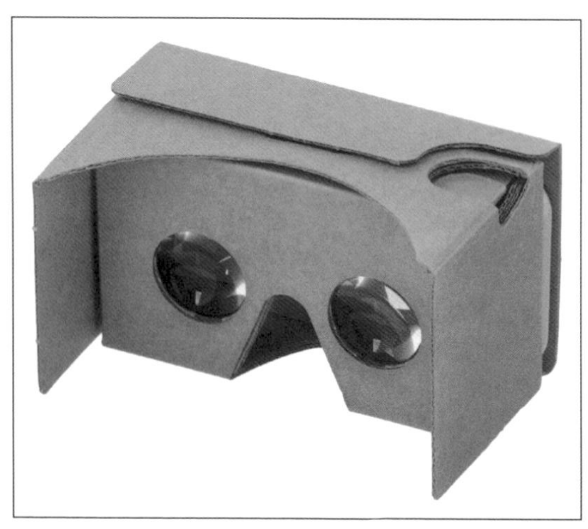

Google Cardboard VR 頭盔
（來源：*https://commons.wikimedia.Org/wiki/File:Google-Cardboard.jpg*）

各種 VR 頭盔的款式相當多，例如 Oculus Rift、HTC Vive 及更多的高端模型。下圖為其中一款 VR 頭盔，也是本章所採用的。它遵循 Google Cardboard 的原理，但其主體為塑膠而非硬紙板：

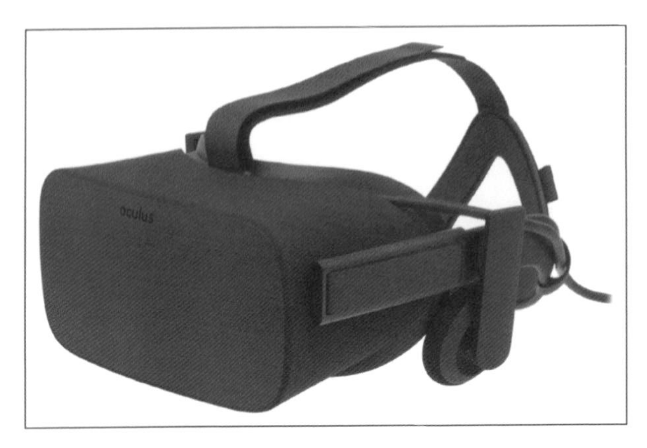

Oculus Rift
（來源：*https://commons.wikimedia.Org/wiki/File:Oculus-Rift-CV1-Headset-Front.jpg*）

請由 Google Play Store 下載 Android VR app，就可以體驗頭盔的各種 VR 功能。

在 Google Play Store 中搜尋關鍵字 `Cardboard`，就可以找到 Google VR app。您可用這個 app 在智慧型手機上測試各種 VR 效果。

本專題會用到的下一個裝置是 Leap Motion 控制器（*https://www.ieapmotion.com/*）。Leap Motion 控制器實際上是類似滑鼠的輸入裝置，但改用手勢來控制一切。這款控制器可準確追蹤使用者的雙手，並正確對應到每個手指關節的位置和方向。它有兩個 IR 相機與數個朝上的 IR 投影機。使用者可將他們的手放在裝置上方，然後移動手部。Leap Motion 的 SDK 就可準確擷取手部與手指的位置和方向。

下圖為 Leap Motion 控制器與其操作方式：

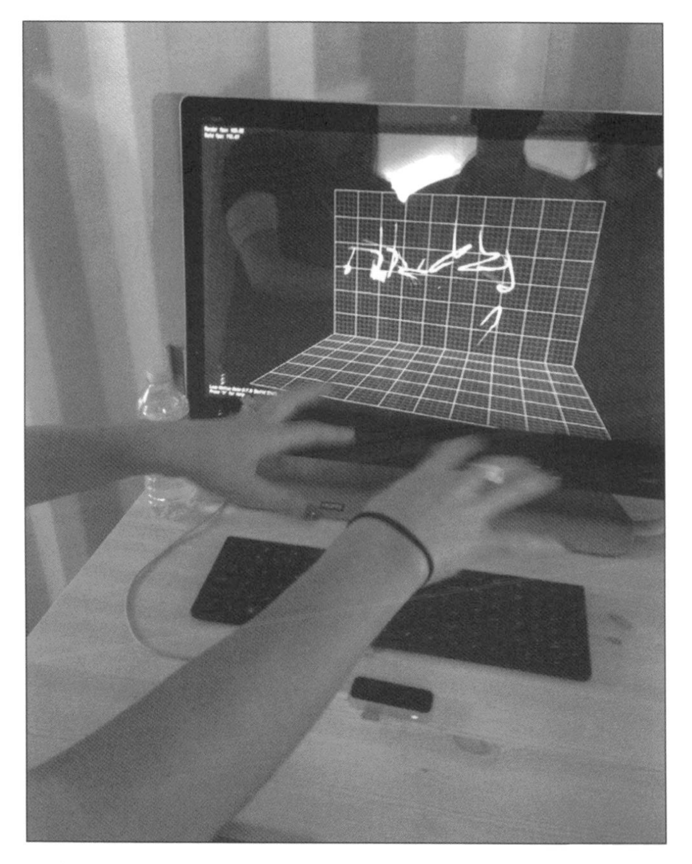

與 Leap Motion 控制器互動（來源：*https://www.flickr.com/photos/davidberkowitz/8598269932*；影像：David Berkowitz；Creative Commons CC-BY 2.0 授權）

現在讓我們瞧瞧專題的設計。

專題設計與開發

本專題可分成兩個部份：使用 Leap Motion 進行遙控，以及將影像串流到 Android 手機好在 VR 頭盔中產生 VR 體驗。在討論每個設計觀點之前，先來看看如何互聯這些裝置。下圖為本專題各元件的互聯方式：

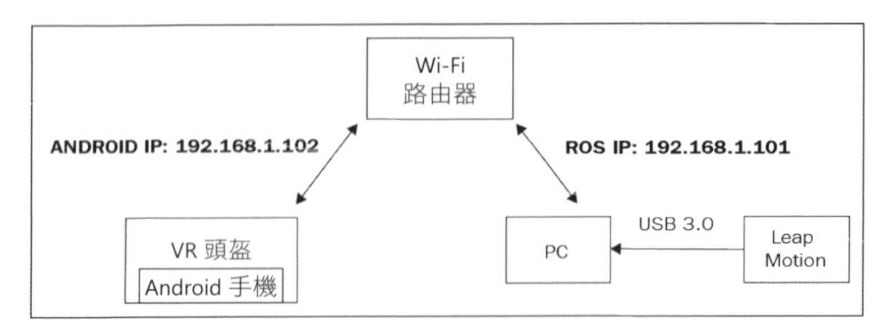

硬體元件與連線

您可看到每個裝置（也就是 PC 與 Android 手機）都連接到 Wi-Fi 路由器，且路由器已分派 IP 位址給每個裝置。各裝置會使用這些 IP 位址來通訊。後續段落就會知道這些 IP 位址的重要性了。

接下來，我們將研究如何使用 Leap Motion 在 ROS 中遙控機器人。我們會戴上 VR 頭盔來控制它。這代表不需要按下任何按鍵就可讓機器人移動；反之，只要透過我們的手就能做到。

此處會用到的基本運算是將 Leap Motion 資料轉換為 ROS Twist 訊息。在此，我們只對手部的方向感興趣。我們會取得翻滾（roll），俯仰（pitch）和偏擺（yaw）等方向資料，並將它們映射到 ROS Twist 訊息中，如下圖：

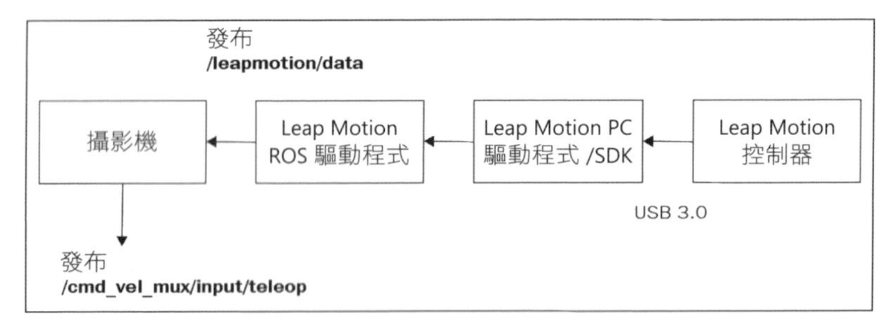

Leap Motion 資料轉換為 ROS 速度指令

上圖說明了如何將 Leap Motion 資料轉換為 ROS Twist 訊息。Leap Motion PC 驅動程式 /SDK 可介接控制器與 Ubuntu 系統，而在此驅動程式 /SDK 之上運作的 Leap Motion ROS 驅動程式則可取得手部與手指位置，並以 ROS 主題來發佈。之後要寫入的節點可把手部的位置轉成 twist 資料，它會訂閱名為 `/leapmotion/data` 的 Leap Motion 資料主題，將其轉換成對應的速度指令，然後發佈給名為 `/cmd_vel_mux/input/teleop` 的主題。轉換演算法是去比較手部的方向變化。如果該數值落在某個範圍之內的話，就會發佈特定的 Twist 值。

以下說明將 Leap Motion 方向資料轉換成 Twist 訊息之簡單演算法原理：

1. 從 Leap Motion ROS 驅動程式取得手部的各個方向值，例如偏擺、俯仰及翻滾。
2. 手的翻滾動作對應至機器人旋轉。如果手部逆時鐘旋轉，則發送速度指令去觸發機器人逆時鐘旋轉；反之如果手部順時鐘方向翻滾的話，機器人也會做出相反的動作。
3. 如果手部下俯，機器人會前進，反之如果手部上仰，機器人會後退。
4. 如果手部無任何動作，機器人停止。

這就是透過 Leap Motion 來控制機器人移動的簡單演算法。好啦，接著要在 Ubuntu 系統中設置一個 Leap Motion 控制器並使用其 ROS 介面。

在 Ubuntu 14.04.5 上安裝 Leap Motion SDK

本專題選擇 Ubuntu 14.04.5 LTS 和 ROS Indigo，因為 Leap Motion SDK 與這兩者可以順利搭配。Ubuntu 16.04 LTS 還未完全支援 Leap Motion SDK；如果該公司有任何進一步的修正，本專題的程式碼就可在具備 ROS Kinetic 的 Ubuntu 16.04 LTS 系統上執行了。

Leap Motion SDK 為 Leap Motion 控制器的核心。Leap Motion 控制器有兩個朝上的 IR 相機，也有數個 IR 投影機。控制器會接到電腦，而 Leap Motion SDK 則需要執行在已安裝驅動程式的電腦上。它已具備處理手部影像來產生各個手指關節數值的演算法。

請根據以下步驟在 Ubuntu 中安裝 Leap Motion SDK：

1. 從 *https://www.leapmotion.com/setup/linux* 下載 SDK；解壓縮之後可找到兩個可安裝於 Ubuntu 的 DEB 檔。

2. 在解壓縮路徑下開啟終端機，並使用以下指令安裝 DEB 檔（64 位元電腦）：

```
$ sudo dpkg -install Leap-*-x64.deb
```

   如果是 32 位元電腦，請改用以下指令：

```
$ sudo dpkg -install Leap-*-x86.deb
```

如果過程中無出現任何錯誤訊息，那麼 Leap Motion SDK 與驅動程式就都安裝完成了。

更多安裝細節與除錯技巧請參考：*https://support.leapmotion.com/hc/en-us/articles/223782608-Linux-Installation*

裝好 Leap Motion SDK 與驅動程式，就可以開始視覺化 Leap Motion 控制器的資料了。

視覺化 Leap Motion 控制器資料

成功安裝 Leap Motion 驅動程式與 SDK 之後，請根據以下步驟來啟動裝置：

1. 將 Leap Motion 控制器插入 USB 接頭；請將它插入 USB 3.0 接頭，但是 2.0 接頭也可以。

2. 打開終端機並輸入 dmesg 指令，檢查 Ubuntu 是否正確偵測到了這個裝置：

```
$ dmesg
```

如果偵測正確，可看到以下結果：

```
[10010.420978] usb 2-1.2: new high-speed USB device number 8 using ehci-pci
[10010.513671] usb 2-1.2: New USB device found, idVendor=f182, idProduct=0003
[10010.513682] usb 2-1.2: New USB device strings: Mfr=1, Product=2, SerialNumber=0
[10010.513688] usb 2-1.2: Product: Leap Dev Kit
[10010.513692] usb 2-1.2: Manufacturer: Leap Motion
[10010.514270] uvcvideo: Found UVC 1.00 device Leap Dev Kit (f182:0003)
lentin@lentin-Aspire-4755:~$
```

插入 Leap Motion 時的 Kernel 訊息

看到這個訊息就沒問題了，可以啟動 Leap Motion 控制器管理程式了。

操作 Leap Motion Visualizer 工具

您可呼叫 Leap Motion Visualizer 這個工具程式，並搭配以下指令來視覺化呈現 Leap Motion 感測器的動作追蹤資料。

執行以下指令來呼叫 Leap Motion 控制器管理程式：

```
$ sudo LeapControlPanel
```

如果只要啟動驅動程式，可用以下指令：

```
$ sudo leapd
```

另外，也可使用以下指令重新啟動驅動程式：

```
$ sudo service leapd stop
```

如果您已執行 Leap Motion 控制面板，在螢幕左邊會看到多了一個選單。請選擇 **Diagnostic Visualizer**... 看看來自 Leap Motion 的資料：

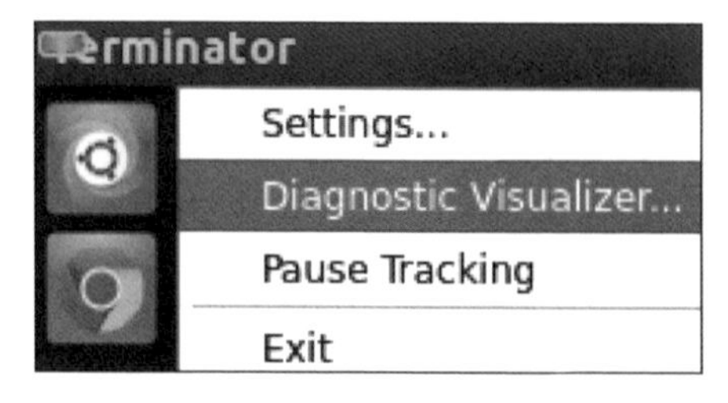

Leap Motion 控制面板

點擊這個選項之後跳出一個新視窗，請把手放在裝置上就能在畫面上看到您的手部與手指都被追蹤到了，也可看到裝置上的兩個 IR 相機視圖。以下為 Visualizer 的程式畫面，您可由同一個下拉選單退出驅動程式：

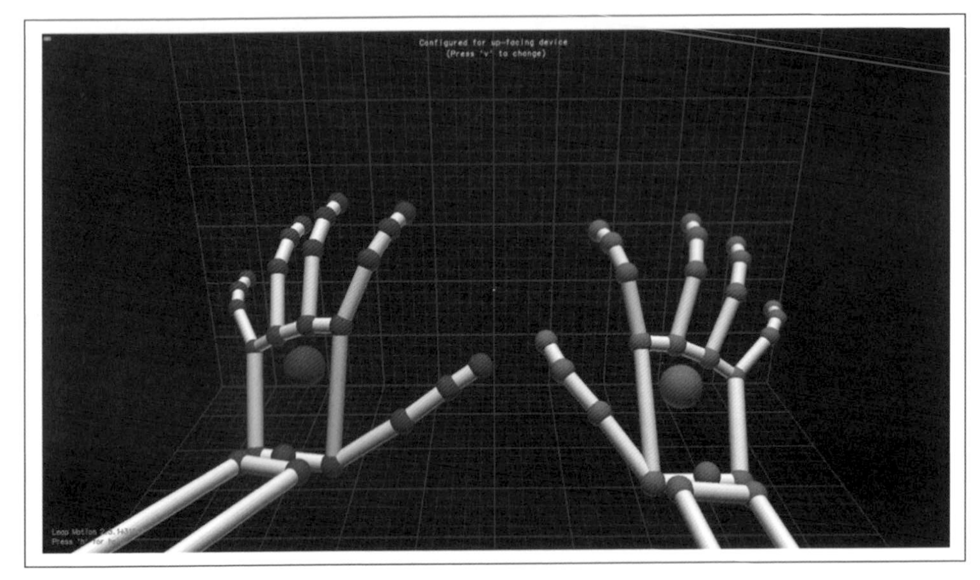

Leap Motion Visualizer 執行畫面

您可使用這套工具來與裝置互動並視覺化呈現資料。如果一切正常，就可以進入下一個階段：安裝用於 Leap Motion 控制器的 ROS 驅動程式。

Visualizer 工具軟體的更多資訊請參考：*https://developer.leapmotion.com/documentation/cpp/supplements/Leap_Visualizer.html*

安裝 Leap Motion 控制器的 ROS 驅動程式

為了介接 Leap Motion 控制器與 ROS，它需要專屬的 ROS 驅動程式。以下連結為 Leap Motion 的 ROS 驅動程式，請用以下指令取得：

```
$ git clone https://github.com/ros-drivers/leap_motion
```

在安裝 leap_motion 驅動程式套件之前，先要完成一些事情才能正確地編譯：

1. 第一步是在 .bashrc 檔中設定 Leap Motion SDK 的路徑。

   假設 Leap SDK 是放在使用者的 home 資料夾中名為 LeapSDK 的目錄下，就必須在 .bashrc 檔案中設定路徑變數，如下：

   ```
   $ export LEAP_SDK=$LEAP_SDK:$HOME/LeapSDK
   ```

   編譯包含了 Leap SDK API 的 ROS 驅動程式時需要這個環境變數。

2. .bashrc 檔中也需要加入 Leap Motion SDK 之 Python 擴充套件的路徑。如以下指令：

   ```
   export
   PYTHONPATH=$PYTHONPATH:$HOME/LeapSDK/lib:$HOME/LeapSDK/lib/x64
   ```

   這會在 Python 中啟用 Leap Motion SDK API。

3. 在執行上述步驟後，可儲存 .bashrc 檔，接著開啟新的終端機就能使用上述變數。

4. 最後一步是複製 libLeap.so 檔至 /usr/local/lib 中。

   做法如下：

   ```
   $ sudo cp $LEAP_SDK/lib/x64/libLeap.so /usr/local/lib
   ```

5. 在複製檔案後，執行 ldconfig：

   ```
   $ sudo ldconfig
   ```

   好啦，環境變數設定完成了。

6. 現在可以編譯 leap_motion ROS 驅動程式套件。請新建一個 ROS 工作空間或把 leap_motion 套件複製到現有的 ROS 工作空間中，再用 catkin_make 指令來編譯。

請用以下指令安裝 leap_motion 套件：

```
$ catkin_make install --pkg leap_motion
```

以上就是 leap_motion 驅動程式的安裝步驟。現在要在 ROS 中測試裝置了。

測試 Leap Motion 的 ROS 驅動程式

如果一切都正確安裝的話，請用以下指令來測試：

1. 首先，使用以下指令來啟動 Leap Motion 驅動程式或控制面板：

```
$ sudo LeapControlPanel
```

2. 啟動該指令後，請開啟 Visaulizer 軟體來檢查裝置是否順利運作。如果順利的話，以下指令來啟動 ROS 驅動程式：

```
$ roslaunch leap_motion sensor_sender.launch
```

如果正確地運作，請用以下指令取得主題：

```
$ rostopic list
```

可取得的主題清單如下：

```
lentin@lentin-Aspire-4755:~$ rostopic list
/leapmotion/data
/rosout
/rosout agg
```

Leap MotionROS 驅動程式主題

如果清單中看到了 rostopic/leapmotion/data，代表驅動程式正確運作。只要回應該主題就可以看到手部與手指的數值陸續進來了，如以下畫面：

```
header:
  seq: 847
  stamp:
    secs: 0
    nsecs:
  frame_id: ''
direction:
  x: 0.24784040451
  y: 0.227308988571
  z: -0.941756725311
normal:
  x: 0.0999223664403
  y: -0.972898304462
  z: -0.208529144526
palmpos:
  x: -52.5600471497
  y: 173.553512573
  z: 66.0648040771
ypr:
  x: 25.602668997
  y: 13.5697675013
  z: 132.525765862
```

來自 Leap ROS 驅動程式主題的資料

現在，讓我們在 RViz 中視覺化 Leap Motion 資料。

在 RViz 中視覺化 Leap Motion 資料

RViz 也可用來視覺化 Leap Motion 資料，需要用到 `leap_client` 這個 ROS 套件（*https://github.com/qboticslabs/leap_client*）。

請在 `~/.bashrc` 檔中設定以下環境變數，即可安裝此套件：

```
export LEAPSDK=$LEAPSDK:$HOME/LeapSDK
```

注意，在 `~/.bashrc` 檔中加入新變數之後，需要另開一個新的終端機，或在現有終端機中輸入 `bash` 才能使用。

現在可以把程式碼複製到 ROS 工作空間中，並用 `catkin_make` 指令來建置套件。來玩玩看這個套件：

1. 必須先啟動 `LeapControlPanel` 才能啟動節點：

```
$ sudo LeapControlPanel
```

2. 接著，啟動 ROS Leap Motion 驅動程式的啟動檔：

```
$ roslaunch leap_motion sensor_sender.launch
```

3. 現在，啟動 `leap_client` 啟動檔來啟動視覺化節點。此節點會訂閱 `leap_motion` 驅動程式，並在 RViz 中把它轉換成視覺化標記：

```
$ roslaunch leap_client leap_client.launch
```

4. 現在請用以下指令打開 RViz，並選擇 `leap_client/launch/leap_client.rviz` 設定檔來正確呈現標記：

```
$ rosrun rviz rviz
```

載入 `leap_client.rviz` 設定檔之後，就可得到手部資料，如下圖（請把手放在 Leap Motion 控制器上）：

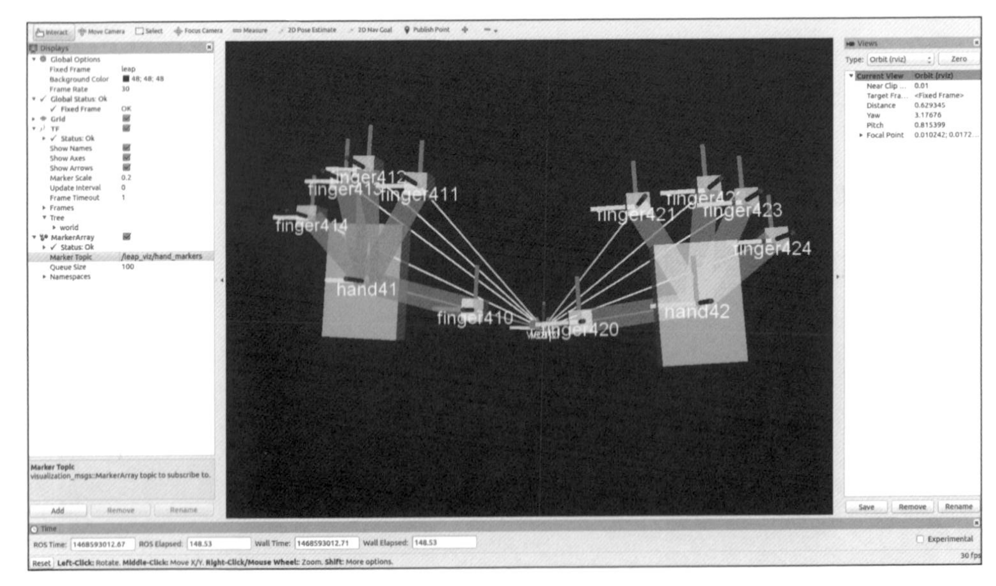

來自 Leap ROS 驅動程式主題的資料

現在，我們已學會如何在 RViz 中視覺化呈現 Leap Motion 資料，現在要用 Leap Motion 控制器來建立遙控節點。

使用 Leap Motion控制器建立遙控節點

本段要示範如何使用 Leap Motion 資料來建立可用於機器人的遙控節點。程序很簡單。請根據以下步驟建立用於此節點的 ROS 套件：

1. 以下為建立新套件的指令。在 chapter_11_ws/vr_leap_teleop 目錄中也可找到此套件。

   ```
   $ catkin_create_pkg vr_leap_teleop roscpp rospy std_msgs
   visualization_msgs geometry_msgs message_generation
   visualization_msgs
   ```

   建立完成後，請用 catkin_make 指令來建置工作空間。

2. 現在要建立一個可以把 Leap Motion 資料轉換為 Twist 的節點。請在 vr_leap_teleop 套件中建立一個名為 scripts 的資料夾。

3. 現在請由本書 github 取得 vr_leap_teleop.py 的節點：*https://github.com/PacktPublishing/ROS-Robotics-Projects-SecondEdition/blob/master/chapter_11_ws/vr_leap_teleop/scripts/vr_leap_teleop.py*。來看看這個程式碼如何運作吧。

   本節點需要以下 Python 模組。在此，需要來自 leap_motion 套件（就是驅動程式套件）的訊息定義：

   ```
   import rospy
   from leap_motion.msg import leap
   from leap_motion.msg import leapros
   from geometry_msgs.msg import Twist
   ```

4. 現在要必須設定一些範圍值，可用來檢查當前的手部數值是否落在範圍內。teleop_topic 名稱也是在此定義：

```
teleop_topic = '/cmd_vel_mux/input/teleop'

low_speed = -0.5
stop_speed = 0
high_speed = 0.5

low_turn = -0.5
stop_turn = 0
high_turn = 0.5

pitch_low_range = -30
pitch_high_range = 30

roll_low_range = -150
roll_high_range = 150
```

以下為此節點的主要程式碼。在此程式碼中，可看到來自 Leap Motion 驅動程式的主題已被訂閱。它會在收到主題時呼叫 `callback_ros()` 函式：

```
def listener():
    global pub
    rospy.init_node('leap_sub'，anonymous=True)
    rospy.Subscriber("leapmotion/data",leapros,callback_ros)
    pub = rospy.Publisher(teleop_topic,Twist,queue_size=1)

    rospy.spin()

if --name-- == '--main--':
    listener()
```

以下為 `callback_ros()` 函式的定義。基本上，它會接收 Leap Motion 資料，並只取得手掌的方向分量。因此，我們可由這個函式得到偏擺、俯仰與翻滾等數值。

也會建立一個 `Twist()` 訊息把速度值發送給機器人：

```
def callback_ros(data):
    global pub

    msg = leapros()
```

```
        msg = data
        yaw = msg.ypr.x
        pitch = msg.ypr.y
        roll = msg.ypr.z

    twist = Twist()

    twist.linear.x = 0；twist.linear.y = 0；twist.linear.z = 0
    twist.angular.x = 0；twist.angular.y = 0；twist.angular.z = 0
```

實作方法基本上是去檢查當前的翻滾和俯仰值是否落在指定範圍中。以下是我們為各個手部動作所指定的機器人動作：

動作（手勢）	描述（機器人運動）
手部下俯	向前移動
手部上仰	向後移動
手部逆時鐘翻滾	逆時鐘旋轉
手部順時鐘翻滾	順時鐘旋轉

以下是處理一種狀況的程式碼。在本狀況下，如果手部下俯，則會在 x 方向指定一個較大的線性速度，讓機器人前進：

```
    if(pitch > pitch_low_range and pitch < pitch_low_range + 30)：
       twist.linear.x = high_speed；twist.linear.y = 0;
         twist.linear.z = 0 twist.angular.x = 0；twist.angular.y = 0；
    twist.angular.z = 0
```

搞定！本節點建置完成了，專題最後就會用到它。下一段要介紹如何在 ROS 中實作 VR。

建置 ROS-VR Android app

本段要介紹如何在 ROS 中產生 VR 體驗，尤其是針對 Gazebo 這樣的機器人模擬程式。幸好，有一個叫做 ROS Cardboard 的現成開放原始碼 Android 專題（*https://github.com/cloudspace/ros_cardboard*）。本專題正是我們想要的。這個 app 是基於 ROS-Android API，可以把來自 ROS PC 的壓縮影像視覺化呈現出來。它也會分割左右眼的視圖，當我們把視圖打上 VR 頭盔時就會有立體的感覺。

下圖是這個 app 的運作方式：

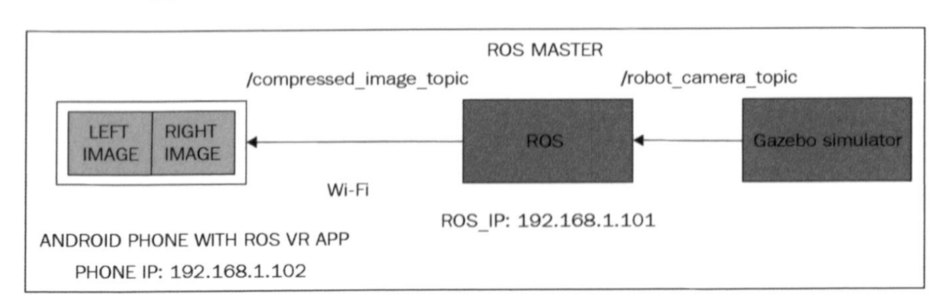

ROS PC 與 Android 手機之間的通訊架構

上圖可看到，ROS 環境可以取得來自 Gazebo 的影像主題，再把該影像進行壓縮之後送往 ROS-VR app，它會把視圖分割成左右兩邊來產生 3D 視圖。有個重點，就是要在 PC 上設定正確的 `ROS_IP` 變數才能讓 VR app 正確運作。PC 與手機需要在同一個 Wi-Fi 網路中才能進行通訊。

建置這個 app 不會很難；首先，把這個 app 複製到某個資料夾中。您需要先安裝 Android 開發環境與 SDK。複製完成之後，請根據以下步驟來建置：

1. 從原始碼來安裝 `rosjava` 套件，如下：

   ```
   $ mkdir -p ~/rosjava/src
   $ wstool init -j4 ~/rosjava/src
   https://raw.githubusercontent.eom/rosjava/rosjava/melodic/rosjava.
   rosinstall
   $ initros1
   $ cd ~/rosjava
   $ rosdep update
   $ rosdep install --from-paths src -i -y
   $ catkin_make
   ```

   然後，使用以下指令安裝 `android-sdk`：

   ```
   $ sudo apt-get install android-sdk
   ```

2. 將 Android 裝置接上 Ubuntu 電腦，並輸入以下指令來檢查 PC 是否偵測到裝置：

   ```
   $ adb devices
   ```

   adb 指令（代表 Android Debug Bridge）可讓 Android 裝置與模擬器進行通訊。如果輸入指令可以列出您的裝置，那就沒問題了；或者 Google 一下看看怎麼辦，這不會很難。

3. 取得裝置清單後，請用以下指令取得 ROS Cardboard 專題，可放在 home 或 desktop 目錄下：

   ```
   $ git clone https://github.com/cloudspace/ros_cardboard.git
   ```

4. 複製完成後，進入該資料夾並執行以下指令來建置整個套件，並將其安裝在您的 Android 裝置上：

   ```
   $ ./gradlew installDebug
   ```

您可能會看到一個錯誤，說所指定的 Android 平台無法使用；您只要使用 Android SDK GUI 來安裝指定平台就好。一切順利的話，就可以把 APK 檔安裝於 Android 裝置上了。如果無法打包 APK，也可由本書 github 取得：*https://github.com/PacktPublishing/ROS-Robotics-Projects-SecondEdition/tree/master/chapter_11_ws/ros_cardboard*

如果無法直接把 APK 安裝到裝置上的話，也可由以下路徑找到打包好的 APK：ros_cardboard/ros_cardboard_module/build/outputs/apk。請把這個 APK 檔複製到裝置並試著安裝它。現在要來玩玩看這個 ROS-VR app，並學習如何把它與 Gazebo 介接。

使用 ROS-VR app 並與 Gazebo 介接

本段要示範如何使用這個 ROS-VR app，並把它與 Gazebo 介接。這個 APK 安裝之後的名稱會是 ROSSerial。

在啟動 app 之前，在 ROS PC 上還有一些事情要做，請根據以下步驟操作：

1. 首先要在 ~/.bashrc 檔中設定 ros_ip 變數。執行 ifconfig 指令並找到 PC 的 Wi-Fi IP 位址，如下圖：

```
wlan0     Link encap:Ethernet  HWaddr 94:39:e5:4d:7d:da
          inet addr:192.168.1.101  Bcast:192.168.1.255  Mask:255.255.255.0
          inet6 addr: fe80::9639:e5ff:fe4d:7dda/64 Scope:Link
          UP BROADCAST RUNNING MULTICAST  MTU:1500  Metric:1
          RX packets:1303 errors:0 dropped:0 overruns:0 frame:0
          TX packets:1127 errors:0 dropped:0 overruns:0 carrier:0
          collisions:0 txqueuelen:1000
          RX bytes:1136655 (1.1 MB)  TX bytes:243000 (243.0 KB)
```

PC 的 Wi-Fi IP 位址

2. 本專題的 IP 位址為 192.168.1.101，因此必須在 ~/.bashrc 中把 ros_ip 變數值設定為當前的 IP 位址。請把以下這一行複製到 ~/.bashrc 檔中即可：

```
$ export ROS_IP=192.168.1.101
```

這一步超重要，否則 Android VR app 就無法順利執行喔。

3. 現在，在 ROS PC 上啟動 roscore 指令：

```
$ roscore
```

4. 下一步是開啟 Android app，會看到類似下圖的視窗。在編輯框中輸入 ros_ip 變數值，並按下 **CONNECT** 按鈕，如下圖：

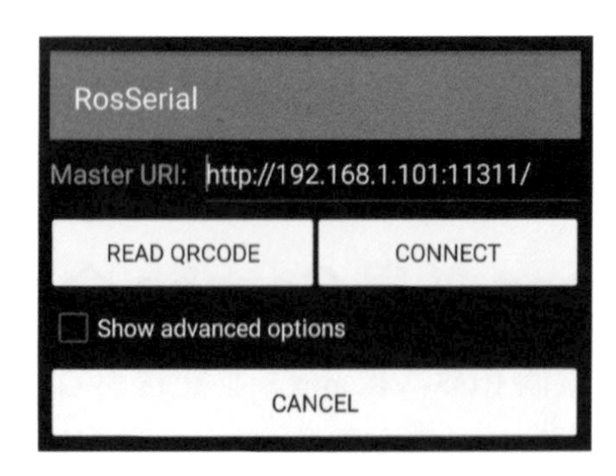

ROS-VR app 畫面

如果 app 順利連上 PC 的 ROS master，它會顯示為已連接，並在畫面上顯示分割後的左右視圖。現在，在 ROS PC 上列出相關主題：

```
lentin@lentin-Aspire-4755:~$ rostopic list
/rosout
/rosout_agg
/usb_cam/image_raw/compressed
lentin@lentin-Aspire-4755:~$
```

在 PC 上列出各個 ROS-VR 主題

在清單中可看到數個主題，例如 `/usb_cam/image_raw/compressed` 與 `/camera/image/compressed`。我們要做的是把壓縮後的影像發送給 app 所訂閱的任何影像主題。

5. 如果已安裝 `usb_cam`（*https://github.com/bosch-ros-pkg/usb_cam*）ROS 套件，請用以下指令啟動 webcam 驅動程式：

   ```
   $ roslaunch usb_cam usb_cam-test.launch
   ```

   這個驅動程式會把壓縮後的相機影像發佈給 `/usb_cam/image_raw/compressed` 主題，並在此主題有發佈者時，它也會顯示於 app 上。

如果從 app 取得其他主題的話，例如 `/camera/image/compressed`，您可使用 `topic_tools`（*http://wiki.ros.org/topic_tools*）把主題再次映射到 app 主題上。請用以下指令：

```
$ rosruntopic_tools relay /usb_cam/image_raw/compressed
/camera/image/compressed
```

現在，在 VR app 中可看到如下圖的相機視圖：

ROS VR app 畫面

這是在 app 中看到的分割視圖。我們也可用類似方式顯示來自 Gazebo 的影像。簡單吧？只需將機器人相機壓縮影像重新映射到 app 主題即可。下一段要學習如何在 VR app 中觀看 Gazebo 影像。

在 VR 中模擬 TurtleBot

本段要介紹如何安裝與使用 TurtleBot 模擬程式，接著使用 VR-App 進行 TurtleBot 模擬。

安裝 Turtlebot 模擬程式

這是後續測試的前置作業；因此，讓我們從安裝 TurtleBot 套件開始吧。

由於本專題使用 ROS Melodic，其中沒有任何可用於 TurtleBot 模擬程式的 Debian 套件。因此，我們要從 *https://github.com/turtlebot/turtlebot_simulator* 取得工作空間。請根據以下步驟來安裝 Turtlebot 模擬程式：

1. 使用以下指令把套件複製到 workspace/src 資料夾中：

```
$ git clone https://github.com/turtlebot/turtlebot_simulator.git'
```

2. 複製後，使用 rosinstall 指令安裝相依套件：

```
$ rosinstall . turtlebot_simulator.rosinstall
```

也安裝以下相依套件：

```
$ sudo apt-get install ros-melodic-ecl ros-melodic-joy ros-melodic-
kobuki-* ros-melodic-yocs-controllers ros-melodic-yocs-cmd-vel-mux
ros-melodic-depthimage-to-laserscan
```

3. 完成後，移除以下兩個套件：kobuki_desktop 與 turtlebot_create_desktop，因為它們會在編譯時造成 Gazebo 函式庫錯誤，不過，我們的模擬不會用到它們所以請放心移除。

4. 現在，使用 catkin_make 指令編譯該套件，這樣應該就全部搞定了。

一切順利的話，一個正確的 Turtlebot 模擬工作空間已經備妥可用了。現在，來執行網路遙控程式吧。

在 VR 中使用 TurtleBot

使用以下指令來啟動 TurtleBot 模擬：

```
$ roslaunch turtlebot_gazebo turtlebot_playground.launch
```

可在 Gazebo 中看到 TurtleBot 模擬，如下圖：

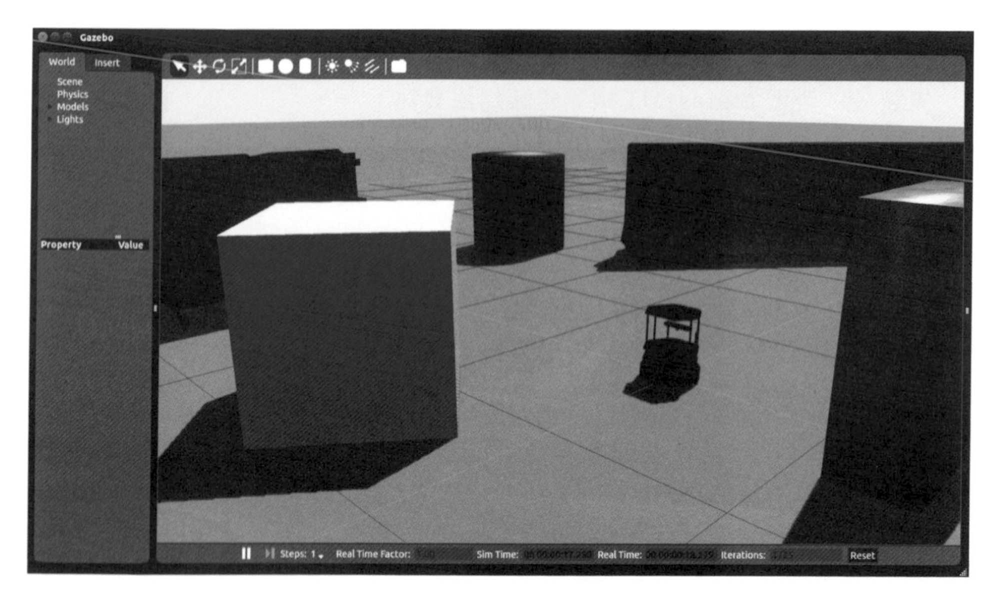

Gazebo 中的 TurtleBot 模擬

輸入以下指令來啟動遙控節點，藉此讓機器人移動：

```
$ roslaunch turtlebot_teleop keyboard_teleop.launch
```

現在，使用鍵盤來讓機器人移動吧。再度啟動 app 且連接到執行於 PC 上的 ROS master，然後把壓縮後的 Gazebo RGB 影像資料重新映射到 app 影像主題中，如以下指令：

```
$ rosrun topic_tools relay /camera/rgb/image_raw/compressed
/usb_cam/image_raw/compressed
```

現在應該會看到來自機器人相機的影像在 app 呈現出來了，而且，如果您把手機放在 VR 頭盔中，它會模擬出 3D 環境。以下畫面顯示來自 Gazebo 之影像的分割視圖：

ROS-VR app 中的 Gazebo 影像視圖

現在，按按鍵盤來讓機器人移動吧。下一段要討論在操作這個 app 與其解決方案時可能遇到的問題。

錯誤排除

操作這個 ROS-VR app 時的問題還不少。問題之一可能為影像尺寸。左右影像大小可能隨著裝置螢幕大小及解析度而不同。本專題是在 full-HD 5 吋螢幕上測試，如果您採用不同的螢幕尺寸與解析度的話，可能需要修改程式碼。

請切換到專題資料夾，並開啟 `ros_cardboard/ros_cardboard_module/src/main/java/com/cloudspace/cardb oard/CardboardOverlayEyeView.java`。

請把 `final float imageSize = 1.0f` 的數值改成 `1.8f` 或 `2f`；這會拉伸影像且填滿螢幕，但可能會損失一部分影像。修改後，再次建置 app 並安裝即可。

操作這個 app 的另一個問題是，一定要先在 PC 上設定好 `ROS_IP` 值否則無法正確執行。因此，一定要檢查是否已設定好 `ROS_IP`。

如果想要修改 app 的主題名稱，請開啟 `ros_cardboard/ros_cardboard_module/src/main/java/com/cloudspace/cardboard/CardboardViewerActivity.java` 並修改這一行：

```
mOverlayView.setTopicInformation("/camera/image/compressed",
CompressedImage._TYPE);
```

如果想要玩玩看 Oculus 與 HTC Vive 或其他高檔的 VR 頭盔，請參考以下連結：

- ros_ovr_sdk：*https://github.com/OSUrobotics/ros_ovr_sdk*
- vive_ros：*https://github.com/robosavvy/vive_ros*
- oculus_rviz_plugins：*http://wiki.ros.org/oculus_rviz_plugins*

到了下一段，要把 VR頭盔與 Leap Motion 機器人控制器節點兩者的威力結合起來了。

整合 ROS-VR app 與 Leap Motion 遙控

本段要把鍵盤換成 Leap Motion 來做到相同的遙控效果。當我們逆時鐘方向翻滾手部時，機器人也會逆時鐘旋轉，反之亦然。如果手部下俯，機器人會向前移動，如果手部上仰，它會向後移動。因此我們可如前一段的做法來啟動 VR app 與 TurtleBot 模擬，接著執行 Leap Motion 遙控節點，而不再使用鍵盤。

因此，在啟動 Leap Motion 遙控節點之前，請先完成以下步驟：

1. 使用以下指令啟動 PC 驅動程式及 ROS 驅動程式：

```
$ sudo LeapControlPanel
```

2. 使用以下指令啟動 ROS 驅動程式：

```
$ roslaunch leap_motion sensor_sender.launch
```

3. 使用以下指令在 Twist 節點上啟動 Leap Motion：

```
$ rosrun vr_leap_teleop vr_leap_teleop.py
```

現在，請把 VR 頭盔戴起來，並透過您的手來控制機器人吧。

總結

本章介紹了如何在有 ROS 的 Ubuntu 系統中操作 Leap Motion 感測器與 VR 頭盔。另外，我們也知道如何在 ROS 中設置 Leap Motion 感測器，並在 RViz 中利用 VR 頭盔來視覺化資料。隨後，我們建立了自定義遙控節點，藉此在 Gazebo 中使用由 Leap Motion 感測器辨識的手勢來遙控機器人。我們也說明了如何使用 VR 頭盔來視覺化 Gazebo 環境。知道這些技巧之後，您只需要透過手勢就能親自控制實體的機器人了，尤其是當機器人不在我們身邊時特別好用。

下一章要介紹如何在 ROS 中偵測與追蹤臉部。

12

使用 ROS、OpenCV 與 Dynamixel 伺服機的人臉偵測及追蹤

大部份服務型與社交型機器人的功能之一是人臉偵測及追蹤。這些機器人可識別人臉還能追蹤頭部的動作。網路上有許多人臉偵測及追蹤系統的實作教學。大部份追蹤器都具備水平與垂直轉動機構，並把攝影機安裝於伺服機上面。本章的簡易追蹤器只會有水平機構。我們要把一顆 USB 網路攝影機裝在 AX-12 Dynamixel 伺服機上。控制 Dynamixel 伺服機和影像處理都是交給 ROS 來完成。

本章會先介紹如何設定 Dynamixel AX-12 伺服機，再把它與 ROS 介接起來。然後建立人臉追蹤 ROS 套件。本章最後要學會如何使用這個人臉追蹤 ROS 套件。

本章主題如下：

- 專題簡介
- 硬體與軟體的前置作業
- 組配 Dynamixel AX-12 伺服機
- 介接 Dynamixel 與 ROS

- 建立人臉追蹤器 ROS 套件
- 使用人臉 - 追蹤 ROS 套件

技術要求

本章的技術要求如下：

- 具備 ROS Melodic Morenia 的 Ubuntu 18.04 作業系統
- 時間軸及測試平台：
  - **估計學習時間**：平均 100 分鐘
  - **專題建置時間（包括編譯及執行時間）**：平均 45 ～ 90 分鐘（取決於設置有指定要求的硬體板）
  - **專題測試平台**：HP Pavilion 筆記型電腦（Intel® Core ™ i7-4510U CPU @ 2.00 GHz、8 GB 記憶體及 64 位元 OS、GNOME-3.28.2）

本章範例程式碼請由此取得：*https://github.com/PacktPublishing/ROSRobotics-Projects-SecondEdition/tree/master/chapter_12_ws*。

簡單介紹一下這個專題吧。

專題簡介

本專題目標是做出一台會沿著攝影機水平軸來追蹤人臉的簡易人臉追蹤器。人臉追蹤器的硬體包括網路攝影機、AX-12 的 Dynamixel 伺服機以及把攝影機裝在伺服機上的支架。伺服機追蹤器會跟著人臉轉動，直到它對其網路攝影機影像的中心為止。對齊中心之後，它會停下來並等候是否還有偵測到人臉的動作。人臉偵測功能是透過 OpenCV 搭配 ROS 所完成，並透過 ROS 的 Dynamixel 馬達驅動程式來控制伺服機。

我們將建立兩個 ROS 套件用於這個追蹤系統；一個用於偵測人臉並找出人臉的重心，另一個則是使用重心值來追蹤人臉，並送出指令給伺服機。

好！開始討論本專題的硬體與軟體前置作業。

請用以下指令取得本專題的完整程式碼：

```
$ git clone https://github.com/PacktPublishing/ROS-Robotics-Projects-SecondEdition.git
```

硬體與軟體的前置作業

本專題所需的硬體元件如下：

- 網路攝影機
- 有安裝支架的 Dynamixel AX-12A 伺服機
- USB 對 Dynamixel 轉接器
- 用於 AX-12 伺服機的三針接頭
- 電源轉接器
- 6 埠 AX/MX 電源集線器
- USB 延長線

如果您覺得總成本太高，本專題也有便宜的替代方案。本專題的主要心臟是 Dynamixel 伺服機。可將此伺服機換成大約 $10 美金的 RC 伺服機，並改用 $20 美金左右的 Arduino 板來控制伺服機。後續就會談到如何介接 ROS 與 Arduino，因此您可以考慮把這個人臉追蹤器專題換成用 Arduino 搭配 RC 伺服機來實作。

來看看專題的軟體前置作業，包含以下列出的 ROS 框架、OS 版本與相關 ROS 套件：

- Ubuntu 18.04 LTS
- ROS Melodic LTS
- ROS `usb_cam` 套件
- ROS `cv_bridge` 套件
- ROS Dynamixel 控制器

- Windows 7 以上
- RoboPlus（Windows 程式）

這會讓您對於本專題要用到的軟體有初步的概念。本專題會用到 Windows 與 Ubuntu 兩種作業系統。如果您的電腦都有的話那是最好不過啦！

先們看看如何安裝軟體。

安裝 usb_cam ROS 套件

首先介紹 ROS 的 usb_cam 套件。usb_cam 套件為 Video4Linux（V4L）USB 接頭攝影機的 ROS 驅動程式。V4L 為 Linux 中的一系列裝置驅動程式，可即時擷取來自網路攝影機的影像。usb_cam ROS 套件可搭配各種 V4L 裝置，並可把來自裝置的影像串流作為 ROS 影像訊息發佈出去。我們可以訂閱它並用它來做自己的事情。本套件的 ROS 官方頁面為 *https://github.com/bosch-ros-pkg/usb_cam*，您可以看看這個套件提供的各種設定方式。

建立 ROS 工作空間的相依套件

在安裝 usb_cam 套件之前，先建立一個 ROS 工作空間來存放儲存本書提及之所有專題的相依套件。請根據以下步驟來建立另一個工作空間並存放本專題程式碼：

1. 在 home 資料夾中建立稱為 ros_project_dependencies_ws 的 ROS 工作空間，再把 usb_cam 套件複製到 src 資料夾中：

```
$ git clone https://github.com/bosch-ros-pkg/usb_cam.git
```

2. 使用 catkin_make 指令來建置工作空間。

3. 建置完成後，安裝 v4l-util Ubuntu 套件。它是一系列 usb_cam 套件會用到的命令列 V4L 公用程式：

```
$ sudo apt-get install v4l-utils
```

現在介紹如何在 Ubuntu 上設定網路攝影機。

在 Ubuntu 18.04 上設定網路攝影機

上述相依套件安裝完成後，請把網路攝影機接上電腦，並根據以下步驟檢查電腦有沒有抓到它：

1. 打開終端機，執行 dmesg 指令來檢查內核日誌：

```
$ dmesg
```

網路攝影機裝置的內核日誌如下圖：

```
[   86.483102] usb 1-1.5: new high-speed USB device number 6 using ehci-pci
[   86.620403] usb 1-1.5: New USB device found, idVendor=0c45, idProduct=6340
[   86.620409] usb 1-1.5: New USB device strings: Mfr=2, Product=1, SerialNumber=3
[   86.620412] usb 1-1.5: Product: iBall Face2Face Webcam C12.0
[   86.620414] usb 1-1.5: Manufacturer: iBall Face2Face Webcam C12.0
[   86.620416] usb 1-1.5: SerialNumber: iBall Face2Face Webcam C12.0
[   86.657389] media: Linux media interface: v0.10
[   86.677503] Linux video capture interface: v2.00
[   86.703833] usb 1-1.5: 3:1: cannot get freq at ep 0x84
[   86.722072] usbcore: registered new interface driver snd-usb-audio
[   86.722096] uvcvideo: Found UVC 1.00 device iBall Face2Face Webcam C12.0 (0c45:6340)
[   86.735670] input: iBall Face2Face Webcam C12.0 as /devices/pci0000:00/0000:00:1a.0/
t/input16
[   86.735747] usbcore: registered new interface driver uvcvideo
[   86.735749] USB Video Class driver (1.1.1)
```

網路攝影機裝置的內核日誌

只要 Linux 具備驅動程式的任何網路攝影機都可以使用。本專題使用 iBall Face2Face 網路攝影機來追蹤。您也可以試試看先前在硬體前置作業中提到的常見 Logitech C310 網路攝影機。如果想追求更好的效能與追蹤效果的話，可選用它。

2. 如果 Ubuntu 支援所選用的網路攝影機，可使用 Cheese 這個小軟體來開啟視訊裝置，它是一款簡易的網路攝影機軟體。

3. 在終端機中輸入 cheese 指令。如果未安裝，請用以下指令來安裝：

```
$ sudo apt-get install cheese
```

在終端機輸入以下指令來打開 cheese：

```
$ cheese
```

如果驅動程式與裝置都正確的話，就可看到來自網路攝影機的視訊串流，如下圖：

使用 Cheese 的 Webcam 視訊串流

恭喜！您的網路攝影機順利在 Ubuntu 中運行了，但是所有事情都完成了嗎？還沒，下一件事情是要測試 ROS usb_cam 套件，我們必須確保它能在 ROS 中正常執行！

介接網路攝影機與 ROS

現在要透過 usb_cam 套件來測試網路攝影機。請用以下指令啟動 usb_cam 節點來顯示網路攝影機的影像，並同時發佈 ROS 影像主題：

```
$ roslaunch usb_cam usb_cam-test.launch
```

一切正常的話，會看到影像串流畫面並在終端機中看到相關紀錄訊息：

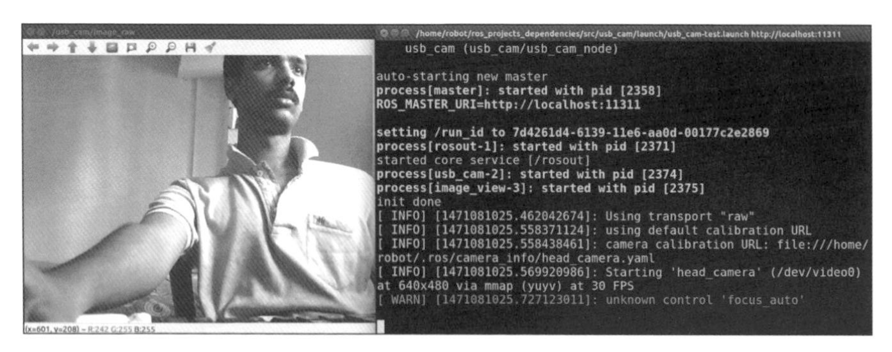

ROS 的 usb_cam 套件的運作畫面

影像是透過 ROS 的 image_view 套件來顯示，會被訂閱到 /usb_cam/image_raw 這個主題。

以下是 usb_cam 節點所發佈的主題：

```
robot@robot-pc:~$ rostopic list
/image_view/parameter_descriptions
/image_view/parameter_updates
/rosout
/rosout_agg
/usb_cam/camera_info
/usb_cam/image_raw
/usb_cam/image_raw/compressed
/usb_cam/image_raw/compressed/parameter_descriptions
/usb_cam/image_raw/compressed/parameter_updates
/usb_cam/image_raw/compressedDepth
/usb_cam/image_raw/compressedDepth/parameter_descriptions
/usb_cam/image_raw/compressedDepth/parameter_updates
/usb_cam/image_raw/theora
/usb_cam/image_raw/theora/parameter_descriptions
/usb_cam/image_raw/theora/parameter_updates
robot@robot-pc:~$
```

usb_cam 節點發佈的主題

網路攝影機與 ROS 的介接完成了。下一步是什麼呢？我們要把 AX-12 Dynamixel 伺服機介接到 ROS。在開始之前，要先把完成伺服機的設定才行。

接著要介紹如何設定 Dynamixel AX-12A 伺服機。

使用 RoboPlus 來組配 Dynamixel 伺服機

Dynamixel 伺服機可透過 RoboPlus 小程式來設定，它是由 Dynamixel 伺服機的製造商，ROBOTIS 公司所提供（*http://en.robotis.com/*）。

為了設定 Dynamixel 伺服機，您必須將作業系統切換到 Windows，因為 RoboPlus 只能在 Windows 系統中運作。本專題會在 Windows 7 系統中完成伺服機的設定。

RoboPlus 請由此下載：*http ://www.robotis.com/download/software/RoboPlusWeb %28v1.1.3.0%29.exe*

如果連結無效，請 Google 一下 RoboPlus 1.1.3。安裝軟體之後會看到以下視窗。點選 **Expert** 標籤來找到用於設定 Dynamixel 的程式，Dynamixel Wizard：

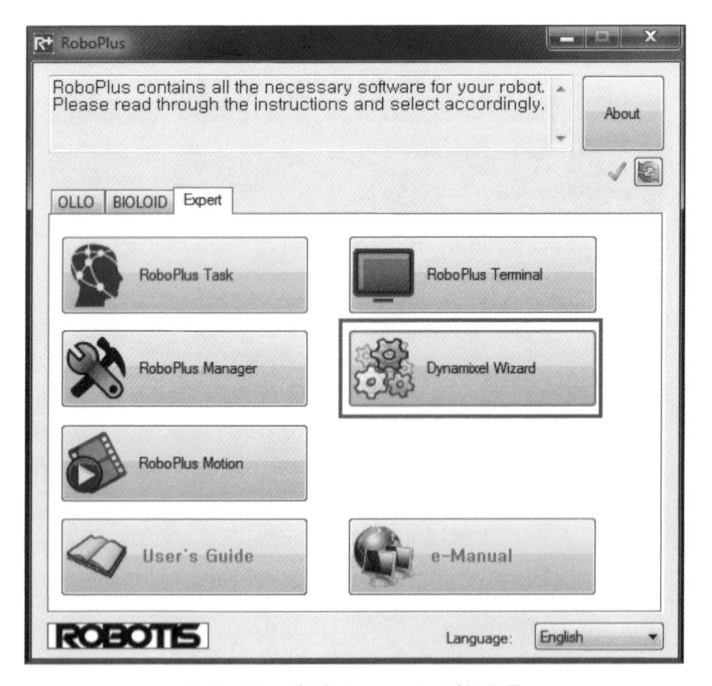

RoboPlus 中的 Dynamixel 管理員

在啟動 Dynamixel 精靈來設定之前，請先把 Dynamixel 接上電腦並正確地啟動它。腳位細節請參考：*http://emanual.robotis.com/docs/en/dxl/ax/ax-12a/#connector-information*

與其他的 RC 伺服機不同，AX-12 是一款智慧型致動器，它有一個可以監控與調整伺服機所有參數的微控制器。它具備了減速箱，且伺服機的輸出軸已經接到了伺服臂。後續可將任何連桿接上這個擺臂。伺服機背面有兩個連接埠，各埠中有 VCC、GND 與資料等腳位。有了這些埠，Dynamixel 可透過菊鍊（daisy-chained）架構串起來，所以可以連接多個伺服機。

USB 至 Dynamixel 轉接器是介接 Dynamixel 與 PC 的主要硬體元件，它是將 USB 轉為 RS232、RS 484 與 TTL 的 USB 對序列轉接器。在 AX-12 馬達中，使用 TTL 完成資料通訊。每個埠有 3 個腳位。資料腳位是用來收發來自 AX-12 的資料，而電源腳位則是用來供電給伺服機。AX-12A Dynamixel 的輸入電壓範圍在 9V 至 12V 之間。Dynamixel 的第二個埠是用於菊鏈，這種鏈接法最多可連接 254 個伺服機。

為了順利操作 Dynamixel，我們應該多深入一點。來看看 AX-12A 伺服機的一些重要規格，規格是參考自伺服機使用手冊：

▪ Weight :	54.6g (AX-12A)
▪ Dimension :	32mm * 50mm * 40mm
▪ Resolution :	0.29°
▪ Gear Reduction Ratio :	254 : 1
▪ Stall Torque :	1.5N.m (at 12.0V, 1.5A)
▪ No load speed :	59rpm (at 12V)
▪ Running Degree :	0° ~ 300°, Endless Turn
▪ Running Temperature :	-5℃ ~ +70℃
▪ Voltage :	9 ~ 12V (Recommended Voltage 11.1V)
▪ Command Signal :	Digital Packet
▪ Protocol Type :	Half duplex Asynchronous Serial Communication (8bit,1stop,No Parity)
▪ Link (Physical) :	TTL Level Multi Drop (daisy chain type Connector)
▪ ID :	254 ID (0~253)
▪ Communication Speed :	7343bps ~ 1 Mbps
▪ Feedback :	Position, Temperature, Load, Input Voltage, etc.
▪ Material :	Engineering Plastic

AX-12A 規格

Dynamixel 伺服機與電腦之間的通訊速度最高可達 1 Mbps。它也可回傳多種參數，例如它的轉軸位置、溫度與當前負載。不像 RC 伺服機，它的轉動範圍可達 300 度，並主要是用數位封包通訊。

以下兩個連結說明如何對 Dynamixel 供電並接上電腦：

- *http://emanual.robotis.com/docs/en/parts/interface/usb2dynamixel/*
- *http://emanual.robotis.com/docs/en/parts/interface/u2d2/*

在 PC 上設置 USB 對 Dynamixel 驅動程式

如前所述，USB 至 Dynamixel 轉接器是一個具備 FTDI 晶片的 USB 對序列轉換器。我們要在電腦上安裝正確的 FTDI 驅動程式才能抓到這個裝置。這個驅動程式是針對 Windows 而非 Linux，因為 Linux 核心已經包含了 FTDI 驅動程式。如果已經安裝 RoboPlus 軟體，該驅動程式已經一併裝好了。如果沒有，請由 RoboPlus 安裝資料夾中手動安裝。

將 USB 對 Dynamixel 轉接器接上 Windows 電腦，開啟裝置管理員（對**我的電腦**點選右鍵，找到**屬性｜裝置管理員**）。如果電腦順利抓到裝置的話，可看到如下畫面：

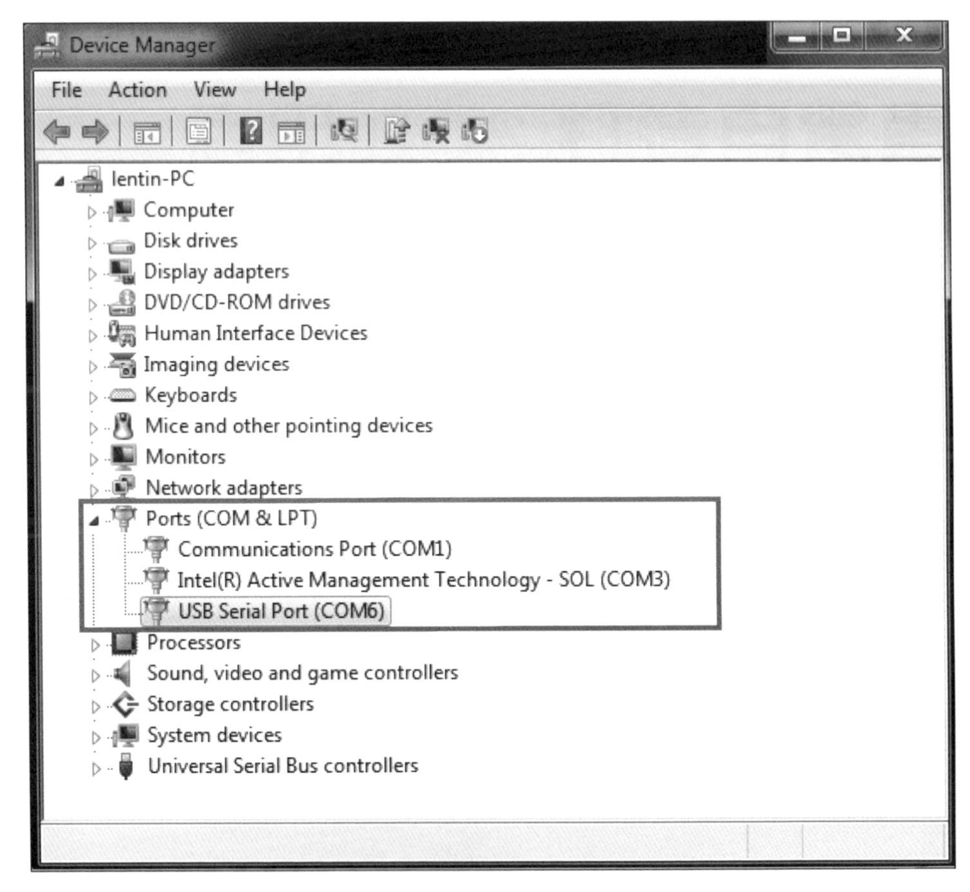

USB 對 Dynamixel 轉接器的 COM 埠（COMb）

取得 USB 對 Dynamixel 轉接器的 COM 埠號之後，請由 RoboPlus 啟動 Dynamixel 管理員。您可連接到指定的序列埠號碼，並點選 Search 按鈕來掃描有沒有找到 Dynamixel 伺服機，如下一個畫面所示。從清單中找到標示為 6 的埠。連接到這個 COM 埠之後，設定預設傳輸速率為 1 Mbps，再點選 **Start searching** 按鈕：

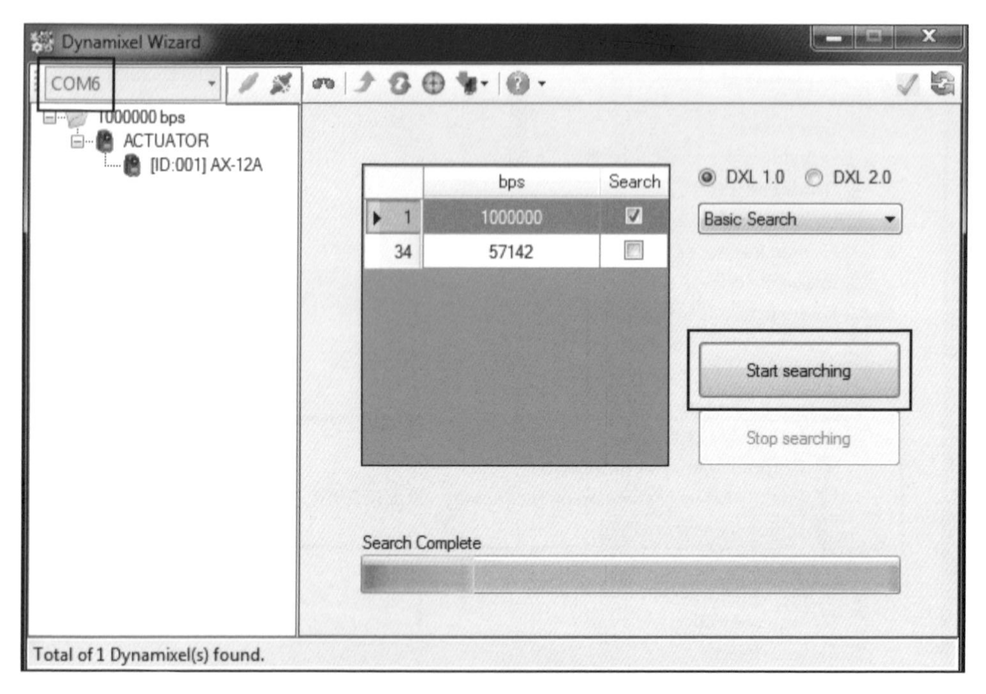

Dynamixel 精靈的相關設定

如果在左側看到一系列伺服機名稱的話，代表您的電腦已經抓到 Dynamixel 伺服機了。如果沒有抓到伺服機的話，請根據以下步驟來除錯：

1. 使用三用電表確認供電與接線都正確。接上電源之後，伺服機背面的 LED 應該會亮起；如果沒有的話，代表伺服機或電源有問題。

2. 使用 Dynamixel 管理員來升級伺服機的韌體。操作如後續的螢幕畫面。使用精靈時，可能需要關掉電源，並再次啟動才能抓到伺服機。

3. 抓到伺服機之後，請選擇伺服機型號並安裝新的韌體。如果現有的伺服機韌體太舊的話，這有助讓 Dynamixel 管理員順利抓到伺服機：

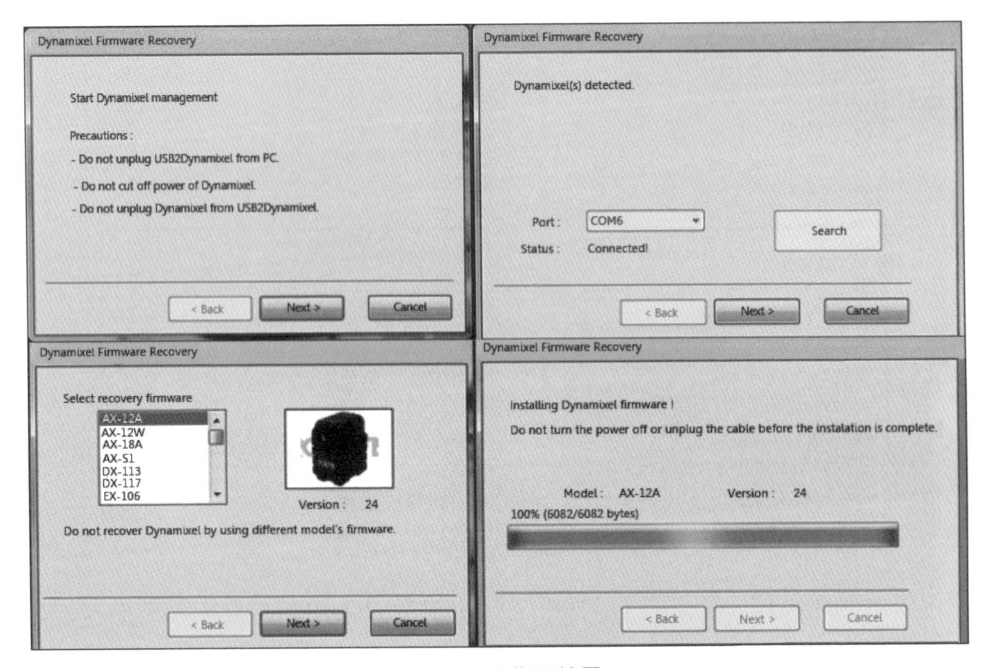

Dynamixel 復原精靈

如果 Dynamixel Manager 順利列出了伺服機，點選其中一個就可以看到它的完整組態設定。我們要針對本章的人臉追蹤器專題修改一些參數，要修改的參數如下：

- **ID**：1
- **Baud Rate（傳輸速率）**：1
- **Moving Speed（移動速度）**：100
- **Goal Position（目標位置）**：512

修改後的伺服機參數如下圖：

Addr	Description	Value
0	Model Number	12
2	Version of Firmware	24
3	ID	1
4	Baud Rate	1
5	Return Delay Time	250
6	CW Angle Limit (Joint / Wheel Mode)	0
8	CCW Angle Limit (Joint / Wheel Mode)	1023
11	The Highest Limit Temperature	70
12	The Lowest Limit Voltage	60
13	The Highest Limit Voltage	140
14	Max Torque	1023
16	Status Return Level	2
17	Alarm LED	0
18	Alarm Shutdown	37

Addr	Description	Value
14	Max Torque	1023
16	Status Return Level	2
17	Alarm LED	0
18	Alarm Shutdown	37
24	Torque Enable	1
25	LED	0
26	CW Compliance Margin	1
27	CCW Compliance Margin	1
28	CW Compliance Slope	32
29	CCW Compliance Slope	32
30	Goal Position	512
32	Moving Speed	83
34	Torque Limit	1023
36	Present Position	511

修改後的 Dynamixel 韌體設定值

設定值調整好之後，請修改它的目標位置（Goal Position）來檢查伺服機是否正確運作。

讚喔！ Dynamixel 設定好了，恭喜！下一步是什麼呢？就是把 Dynamixel 接上 ROS。

介接 Dynamixel 與 ROS

Dynamixel 伺服機設定完成之後，則要把 Dynamixel 介接到 Ubuntu 上的 ROS 就很簡單了。如前述，Ubuntu 不需要另外安裝 FTDI 驅動程式，因為它已內建在內核中了。唯一要做的只剩下安裝 ROS Dynamixel 驅動程式套件。

ROS Dynamixel 套件請由以下連結取得：*http://wiki.ros.org/dynamixel_motor*。

下一段要介紹 Dynamixel ROS 套件的安裝指令。

安裝 ROS dynamixel_motor 套件

ROS dynamixel_motor 套件為本章人臉追蹤器專題的相依套件，請根據以下步驟可將它安裝到 ros_project_dependencies_ws ROS 工作空間中：

1. 打開終端機且切換到工作空間的 src 資料夾：

```
$ cd ~/ros_project_dependencies_ws/src
```

2. 從以下 GitHub 取得最新的 Dynamixel 驅動程式套件：

```
$ git clone https://github.com/arebgun/dynamixel_motor
```

3. 使用 catkin_make 指令建置 Dynamixel 驅動程式的整個套件。如果可建置該工作空間而沒有任何錯誤，代表本專題的相依套件都沒問題了。

恭喜！您成功在 ROS 中安裝了 Dynamixel 驅動程式套件。人臉追蹤器專題所需的所有相依套件到此都完成了。

現在，讓我們開始進行人臉 - 追蹤專題的各個套件吧。

建立人臉追蹤器 ROS套件

建立一個新的工作空間用於保存本書的整個 ROS 專題檔。可將工作空間命名為 chapter_12_ws 並根據以下步驟操作：

1. 請由本書 GitHub取得原始程式碼：

```
$ git clone
https://github.com/PacktPublishing/ROS-Robotics-Projects-SecondEdition.git
```

2. 現在要把 face_tracker_pkg 與 face_tracker_control 這兩個套件從 chapter_12_ws/ 資料夾，複製到您所建立之 chapter_12_ws 工作空間的 src 資料夾中。

3. 使用 catkin_make 指令編譯套件以建置這兩個專題套件。

現在，人臉追蹤器套件在您的系統上已經設定完成了。

如果想要自己建立追蹤套件，該怎麼做呢？請根據以下步驟操作：

1. 首先，刪除剛剛複製到 src 資料夾中的那些套件。

請注意，在建立新套件時，您應該位於 chapter_12_ws 的 src 資料夾中，且其中不可以有來自本書 GitHub 的任何現有套件。

2. 切換到 src 資料夾：

```
$ cd ~/chapter_12_ws/src
```

3. 下一個指令會用主要相依套件，例如 cv_bridge、image_transport、sensor_msgs、message_generation、與 message_runtime 來建立 face_tracker_pkg ROS 套件。之所以納入這些套件是因為人臉追蹤器套件需要它們才能正確運作。人臉追蹤器套件包含用於偵測人臉與判斷人臉重心的 ROS 節點：

```
$ catkin_create_pkg face_tracker_pkg roscpp rospy cv_bridge image_transport
sensor_msgs std_msgs message_runtime message_generation
```

4. 接下來，需要建立 face_tracker_control ROS 套件。此套件的重要相依套件是 dynamixel_controller。此套件用來訂閱來自人臉追蹤器節點的重心值，並以讓人臉重心永遠對齊影像中央的方式來控制 Dynamixel：

```
$ catkin_create_pkg face_tracker_pkg roscpp rospy std_msgs
dynamixel_controllers message_generation
```

現在，您已經自行建立一個 ROS 套件了。

接下來呢？在進入程式碼之前，您必須對 OpenCV 有基本的了解，以及它與 ROS 的介接方式。再者，您還需要知道如何發佈 ROS 影像訊息。因此，下一段就要帶您掌握這些概念。

ROS 與 OpenCV的介接方式

OpenCV（Open Source Computer Vision，開源電腦視覺）是一個具備各種電腦視覺應用 API 的函式庫。此專題始於 Intel 公司的俄羅斯分部，隨後改由 Willow Garage 與 Itseez 來維護。Itseez 在 2016 年被 Intel 收購。

更多資訊請參考：

- **OpenCV 官方網站**：*http://opencv.org/*
- **Willow Garage**：*http:// www.willowgarage.com/*

OpenCV 這個跨平台函式庫已支援大部份的作業系統。現在，它也有開源 BSD 授權了，因此可將其用於研究與商業用途。我們用於介接 ROS Melodic 介接的 OpenCV 版本是 3.2。OpenCV 的 3.x 版與 2.x 版的 API 有一些改變。

OpenCV 函式庫是透過 `vision_opencv` 套件來整合於 ROS 中。我們在第一章安裝 `ros-melodic-desktop-full` 時已經安裝好這個套件了。

`vision_opencv` 元套件有兩個套件：

- `cv_bridge`：本套件負責把 OpenCV 影像資料型態（`cv::Mat`）轉換成 ROS 影像訊息（`sensor_msgs/Image.msg`）。
- `image_geometry`：此套件是以幾何方式來解析影像。此節點有助於攝影機校準與影像校正等作業。

除了這兩個套件，主要用到的是 `cv_bridge`。透過 `cv_bridge`，人臉追蹤器節點可將來自 `usb_cam` 的 ROS `Image` 訊息等價轉換為 OpenCV 的 `cv::Mat`。轉換成 `cv::Mat` 後，就可使用 OpenCV API 來處理攝影機影像了。

以下為 cv_bridge 在本專題的功能方塊圖：

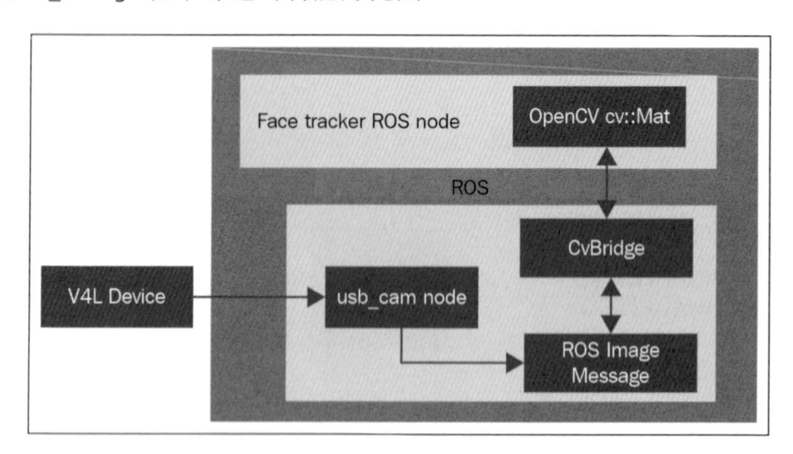

cv_bridge 在本專題的角色

如上圖，cv_bridge 運作於 usb_cam 節點與人臉 - 追蹤節點兩者之間。下一段會深入認識人臉追蹤節點。在此之前，如果您已經對它的工作原理有概念的話，那當然是更好啦。

負責在兩個 ROS 節點之間傳輸 ROS Image 訊息的另一個套件是 image_transport（*http://wiki.ros.org/image_transport*）。此套件可在 ROS 中訂閱與發佈影像資料。透過壓縮技術，該套件即便在較低的頻寬下也能順暢傳輸影像。此套件也在完整 ROS desktop 安裝流程中一併裝好了。

OpenCV 與 ROS 的介接方式到此介紹完畢。下一段要進入本專題的第一個套件：face_tracker_pkg。

使用人臉 - 追蹤 ROS 套件

我們已經在工作空間中建立或複製了 face_tracker_pkg 套件，也介紹了一些它的重要相依套件。現在，要來介紹這個套件到底做些什麼。

此套件包含了 `face_tracker_node` 這個 ROS 節點，它可運用各種 OpenCV API 來追蹤人臉，並把人臉重心值發佈給指定主題。以下為 `face_tracker_node` 之功能方塊圖：

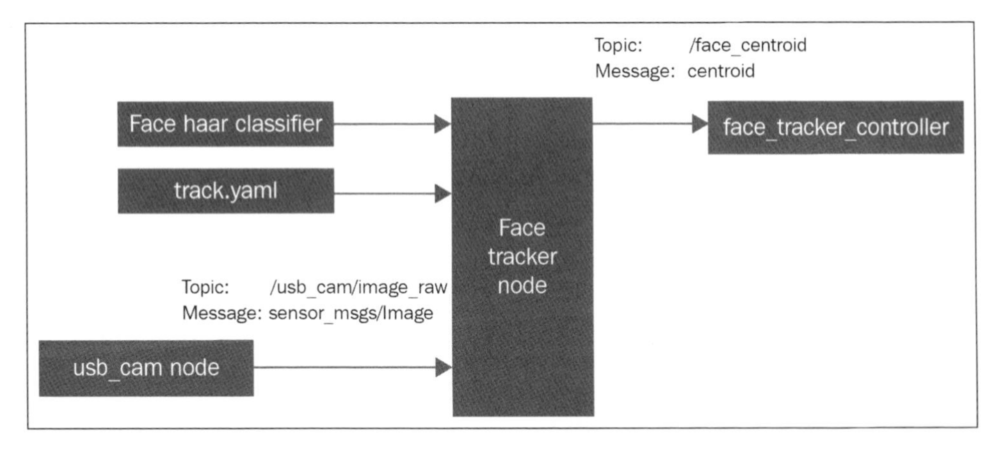

face_tracker_node 的功能方塊圖

來談談連接到 `face_tracker_node` 的東西在做些什麼。您應該對於人臉 Haar 分類器比較不熟悉：

- **人臉 haar 分類器**：基於 Haar 特徵的級聯分類器是一種物件偵測的機器學習演算法。此法由 Paul Viola 與 Michael Jones 在 2001 年的論文 "*Rapid object detection using a boosted cascade of simple features*" 中提出。在此方法中，使用正、負樣本影像來訓練級聯檔，該檔案在訓練完成後就能用於偵測物件：
    - 本專題要使用訓練過的 Haar 分類器檔和 OpenCV 原始程式碼。您會從 OpenCV 的 data 資料夾（*https://github.com/opencv/opencv/tree/master/data*）取得這些 Haar 分類器檔，可根據您的應用換成不同的 Haar 檔。本專題會使用人臉分類器，該分類器是有包含了人類臉部之特徵標籤的 XML 檔，一旦與 XML 內的特徵符合，就可透過 OpenCV API 從影像中擷取出人臉的感興趣區域（Region of Interest, ROI）。本專題的 Haar 分類器路徑為：`face_tracker_pkg/data/face.xml`

- track.yaml：這個 ROS 參數檔包含了像是 Haar 檔案路徑、輸入影像主題、輸出影像主題以及是否啟動人臉追蹤之旗標等參數。在此使用 ROS 組態檔，因為這樣不必修改人臉追蹤器的原始程式碼就能直接調整節點參數。本檔案路徑為：face_tracker_pkg/config/track.xml
- usb_cam 節點：usb_cam 套件中包含了把攝影機的影像串流發佈為 ROS Image 訊息的節點。usb_cam 節點會把攝影機影像發佈給 /usb_cam/raw_image 主題，後續需要偵測人臉的人臉追蹤器節點就可訂閱這個主題。有必要的話，可以修改 track.yaml 檔中的輸入主題。
- face_tracker_control：這是第二個要討論的套件。face_tracker_pkg 套件可偵測人臉並在影像中找出人臉重心。重心訊息包含了兩個數值，X 與 Y。在此使用自定義的訊息來送出重心值。控制器節點會訂閱這些重心值，並藉此控制 Dynamixel 來追蹤人臉。換言之，Dynamixel 伺服機是被本節點所控制的。

以下為 face_tracker_pkg 的檔案結構：

```
.
├── CMakeLists.txt
├── config
│   └── track.yaml
├── data
│   └── face.xml
├── include
│   └── face_tracker_pkg
├── launch
│   ├── start_dynamixel_tracking.launch
│   ├── start_tracking.launch
│   └── start_usb_cam.launch
├── msg
│   └── centroid.msg
├── package.xml
└── src
    └── face_tracker_node.cpp

7 directories, 9 files
```

face_tracker_pkg 的檔案結構

來看看人臉追蹤程式碼是如何運作的吧。請開啟 face_tracker_pkg/src/face_tracker_node.cpp，這個 C++ 程式碼會執行人臉偵測並把重心值發送給指定主題。

下一段要來認識一些重要的程式片段。

了解人臉追蹤器程式碼

從標頭檔開始吧。以下是本專題用到的 ROS 標頭檔。每一個 ROS 的 C++ 節點必須匯入 `ros/ros.h`；否則無法順利編譯。其餘三個標頭是具備發佈與訂閱低頻寬影像訊息相關函式的影像傳輸標頭。`cv_bridge` 標頭包含了可轉換 OpenCV 與 ROS 資料型態的函式。`image_encoding.h` 標頭則包含了用於 ROS-OpenCV 轉換所需的影像編碼格式：

```
#include <ros/ros.h>
#include <image_transport/image_transport.h>
#include <cv_bridge/cv_bridge.h>
#include <sensor_msgs/image_encodings.h>
```

下一組標頭是用於 OpenCV。`imgproc` 標頭由數個影像處理函式所組成，`highgui` 包含了關於 GUI 的函式功能，而 `objdetect.hpp` 則具備了物件偵測的 API，例如 Haar 分類器：

```
#include <opencv2/imgproc/imgproc.hpp>
#include <opencv2/highgui/highgui.hpp>
#include "opencv2/objdetect.hpp"
```

最後一個標頭檔是用於存取 `centroid` 這個自定義訊息。`centroid` 訊息定義有兩個欄位，`int32 x` 與 `int32 y`，它們用於存放物體的重心位置。請由 `face_tracker_pkg/msg/centroid.msg` 資料夾來看看這個訊息的定義：

```
#include <face_tracker_pkg/centroid.h>
```

以下程式碼用於指定原始影像視窗與人臉偵測視窗的名稱：

```
static const std::string OPENCV_WINDOW = "raw_image_window";
static const std::string OPENCV_WINDOW_1 = "face_detector";
```

以下程式碼建立本專案之人臉偵測器的 C++ 類別。這段程式碼建立了 `NodeHandle` 的處理器，它是 ROS 節點的強制處理器；再來是 `image_transport`，有助於在各個 ROS 計算圖之間發送 ROS `Image` 訊息；最後是人臉重心的發佈者，它可透過自定義的 `centroid.msg` 檔來發佈重心值。其餘定義用於處理 `track.yaml` 參數檔中的各個參數值：

```
class Face_Detector
  {
    ros::NodeHandle nh_;
    image_transport::ImageTransport it_;
    image_transport::Subscriber image_sub_;
    image_transport::Publisher image_pub_;
    ros::Publisher face_centroid_pub;
    face_tracker_pkg::centroid face_centroid;
    string input_image_topic, output_image_topic, haar_file_face;
    int face_tracking, display_original_image, display_tracking_image,
  center_offset, screenmaxx;
```

以下程式碼是用於擷取 **track.yaml** 檔中的各個 ROS 參數。使用 ROS 參數的優點在於不必在程式內寫死這些數值，就算修改數值之後也不用重新編譯程式碼：

```
try{
 nh_.getParam("image_input_topic", input_image_topic);
 nh_.getParam("face_detected_image_topic", output_image_topic);
 nh_.getParam("haar_file_face", haar_file_face);
 nh_.getParam("face_tracking", face_tracking);
 nh_.getParam("display_original_image", display_original_image);
 nh_.getParam("display_tracking_image", display_tracking_image);
 nh_.getParam("center_offset", center_offset);
 nh_.getParam("screenmaxx", screenmaxx);

 ROS_INFO("Successfully Loaded tracking parameters");
}
```

以下程式碼建立了針對輸入影像主題的訂閱者，還有用於人臉偵測影像的發佈者。每當輸入影像主題收到一張影像時，它會呼叫 **imageCb** 函數。主題名稱是由各 ROS 參數而來。還要再建立另一個發佈者來發佈重心值，如以下程式碼的最後一行：

```
image_sub_ = it_.subscribe(input_image_topic, 1,
&Face_Detector::imageCb, this);
image_pub_ = it_.advertise(output_image_topic, 1);

face_centroid_pub = nh_.advertise<face_tracker_pkg::centroid>
("/face_centroid",10);
```

下一段程式碼是 imageCb 函數的定義，它是 input_image_topic 的回呼函式。基本上它就是把 sensor_msgs/lmage 資料轉換成 cv::Mat 的 OpenCV 資料型態。在使用 cv_bridge::toCvCopy 函數執行 ROS-OpenCV 轉換後，會配置一個 cv_bridge::CvlmagePtr cv_ptr 緩衝區來儲存 OpenCV 影像：

```
void imageCb(const sensor_msgs::ImageConstPtr& msg)
{

  cv_bridge::CvImagePtr cv_ptr;
  namespace enc = sensor_msgs::image_encodings;

  try
  {
    cv_ptr = cv_bridge::toCvCopy(msg, sensor_msgs::image_encodings::BGR8);
  }
```

我們已討論過 Haar 分類器；以下是載入 Haar 分類器檔的程式碼：

```
    string cascadeName = haar_file_face;
    CascadeClassifier cascade;
    if( !cascade.load( cascadeName ) )
    {
      cerr << "ERROR: Could not load classifier cascade" << endl;
    }
```

現在進入程式的核心，它的人臉偵測是根據轉換自 ROS Image 訊息的 OpenCV 影像資料型態。以下為執行人臉偵測之 detectAndDraw() 的函數呼叫，最後一行可看到正被發佈的輸出影像主題。使用 cv_ptr->image，我們可取得 cv::Mat 資料型態，並在下一行使用 cv_ptr->toImageMsg() 將其轉換成 ROS Image 訊息。detectAndDraw() 函數的引數包含 OpenCV image 與 cascade 變數：

```
  detectAndDraw( cv_ptr->image, cascade );
  image_pub_.publish(cv_ptr->toImageMsg());
```

接著來了解 **detectAndDraw()** 函數，它是由 OpenCV 的人臉偵測範例程式改寫而來：函數引數為輸入影像與級聯物件。下一段程式碼會先把影像轉換成灰階，且使用 OpenCV API 來等化直方圖。這是在偵測影像中的人臉之前的一種預處理方法。**cascade.detectMultiScale()** 函數可幫我們完成這件事：*http://docs.opencv.org/2.4/modules/objdetect/doc/cascade_classification.html*

```
Mat gray, smallImg;
cvtColor( img, gray, COLOR_BGR2GRAY );
double fx = 1 / scale ;
resize( gray, smallImg, Size(), fx, fx, INTER_LINEAR );
equalizeHist( smallImg, smallImg );
t = (double)cvGetTickCount();
cascade.detectMultiScale( smallImg, faces,
      1.1, 15, 0
      |CASCADE_SCALE_IMAGE,
      Size(30, 30) );
```

以下迴圈會用 **detectMultiScale()** 來掃過偵測到的每張臉。對於每張臉，它都會找出其重心，並且發佈給 **/face_centroid** 主題：

```
for ( size_t i = 0; i < faces.size(); i++ )
{
    Rect r = faces[i];
    Mat smallImgROI;
    vector<Rect> nestedObjects;
    Point center;
    Scalar color = colors[i%8];
    int radius;

    double aspect_ratio = (double)r.width/r.height;
    if( 0.75 < aspect_ratio && aspect_ratio < 1.3 )
    {
        center.x = cvRound((r.x + r.width*0.5)*scale);
        center.y = cvRound((r.y + r.height*0.5)*scale);
        radius = cvRound((r.width + r.height)*0.25*scale);
        circle( img, center, radius, color, 3, 8, 0 );

    face_centroid.x = center.x;
    face_centroid.y = center.y;
```

```
        //Publishing centroid of detected face
        face_centroid_pub.publish(face_centroid);
    }
```

為了使輸出影像的互動性更好，我們在左側、右側或中心加入文字與線條來標出使用者的臉孔。程式碼的最後一段就在做這件事。它使用 OpenCV API 來完成，以下在畫面上顯示 Left、Right 與 Center 等字樣的程式碼：

```
        putText(img, "Left", cvPoint(50,240),
FONT_HERSHEY_SIMPLEX, 1,
    cvScalar(255,0,0), 2, CV_AA);
        putText(img, "Center", cvPoint(280,240),
FONT_HERSHEY_SIMPLEX,
    1, cvScalar(0,0,255), 2, CV_AA);
        putText(img, "Right", cvPoint(480,240),
FONT_HERSHEY_SIMPLEX,
    1, cvScalar(255,0,0), 2, CV_AA);
```

讚喔！追蹤器的程式碼完成；讓我們看看如何建置它並讓它執行起來吧。

了解 CMakeLists.txt

想要順利編譯上述的原始程式碼的話，必須先修改在套件建立期間的預設 `CMakeLists.txt` 檔才行。以下是用來建置 `face_tracker_node.cpp` 類別的 `CMakeLists.txt` 檔。

前兩行分別指定建置此套件所需的 `cmake` 最低版本與套件名稱：

```
cmake_minimum_required(VERSION 2.8.3)
project(face_tracker_pkg)
```

下一行會尋找 `face_tracker_pkg` 的相依套件，如果找不到就丟出錯誤：

```
find_package(catkin REQUIRED COMPONENTS
  cv_bridge
  image_transport
  roscpp
  rospy
  sensor_msgs
```

```
    std_msgs
    message_generation
  )
```

此行程式碼包含建置套件所需的系統級相依套件：

```
find_package(Boost REQUIRED COMPONENTS system)
```

如前所述，我們使用 `centroid.msg` 這個自定義訊息定義，它包含兩個欄位，`int32 x` 與 `int32 y`。以下程式碼是用於建置與產生 C++ 等效標頭：

```
add_message_files(
   FILES
   centroid.msg
 )

## Generate added messages and services with any dependencies listed here
 generate_messages(
   DEPENDENCIES
   std_msgs
)
```

`catkin_package()` 函數是由 catkin 提供的 CMake 巨集，為產生 `pkg-config` 及 CMake 檔時所需：

```
catkin_package(
  CATKIN_DEPENDS roscpp rospy std_msgs message_runtime
)
include_directories(
  ${catkin_INCLUDE_DIRS}
)
```

在此要建立 `face_tracker_node` 執行檔，並把它連結至 catkin 與 OpenCV 函式庫：

```
add_executable(face_tracker_node src/face_tracker_node.cpp)
target_link_libraries(face_tracker_node
   ${catkin_LIBRARIES}
   ${OpenCV_LIBRARIES}
)
```

現在來看看 track.yaml 檔。

track.yaml 檔

如前所述，track.yaml 檔包含 face_tracker_node 所需的許多 ROS 參數。以下為 track.yaml 的內容：

```
image_input_topic: "/usb_cam/image_raw"
face_detected_image_topic: "/face_detector/raw_image"
haar_file_face:"/home/robot/chapter_12_ws/src/face_tracker_pkg/data/face.xml"
face_tracking: 1
display_original_image: 1
display_tracking_image: 1
```

請根據您的需求來修改參數，例如修改 haar_file_face，它是 haar 人臉檔的路徑（就是您的套件路徑）。如果設定 face_tracking:1，它會啟動人臉追蹤，反之則關閉。再者，如果想要顯示原始的人臉追蹤影像，就要另外設定旗標。

啟動檔

ROS 中的啟動檔可在單一檔案中完成多個任務。啟動檔的副檔名為 .launch。以下程式碼為 start_usb_cam.launch 的定義，它啟動 usb_cam 節點並把攝影機影像作為 ROS 主題發佈出去：

```
<launch>
  <node name="usb_cam" pkg="usb_cam" type="usb_cam_node"
output="screen" >
    <param name="video_device" value="/dev/video0" />
    <param name="image_width" value="640" />
    <param name="image_height" value="480" />
    <param name="pixel_format" value="yuyv" />
    <param name="camera_frame_id" value="usb_cam" />
    <param name="auto_focus" value="false" />
    <param name="io_method" value="mmap"/>
  </node>
</launch>
```

在 `<node>...</node>` 標籤中包含了使用者可修改的攝影機參數。例如，當您有多個攝影機的話，可把 `video_device` 由 `/dev/video0` 改為 `/dev/video1` 來取得第二台攝影機的畫面。

下一個重要的啟動檔是 `start_tracking.launch`，它會啟動人臉追蹤器節點。以下是該啟動檔的定義：

```
<launch>
<!-- Launching USB CAM launch files and Dynamixel controllers -->
  <include file="$(find
face_tracker_pkg)/launch/start_usb_cam.launch"/>

<!-- Starting face tracker node -->
   <rosparam file="$(find face_tracker_pkg)/config/track.yaml"
command="load"/>

   <node name="face_tracker" pkg="face_tracker_pkg"
type="face_tracker_node" output="screen" />
</launch>
```

它會先啟動 `start_usb_cam.launch` 檔來取得 ROS 影像主題，然後載入 `track.yaml` 來取得必要的 ROS 參數，最後載入 `face_tracker_node` 開始追蹤。

最後一個啟動檔是 `start_dynamixel_tracking.launch`；這是執行追蹤與控制 Dynamixel 伺服機所需的啟動檔。在討論 `face_tracker_control` 套件後，本章最後就會介紹這個啟動檔。現在，讓我們學習如何執行人臉追蹤器節點。

執行人臉追蹤器節點

請用以下指令從 `face_tracker_pkg` 來啟動 `start_tracking.launch` 檔：

```
$ roslaunch face_tracker_pkg start_tracking.launch
```

注意，您要先把網路攝影機接上電腦。

一切正常的話會看到以下畫面；第一個是原始影像，而第二個是偵測到人臉的影像。

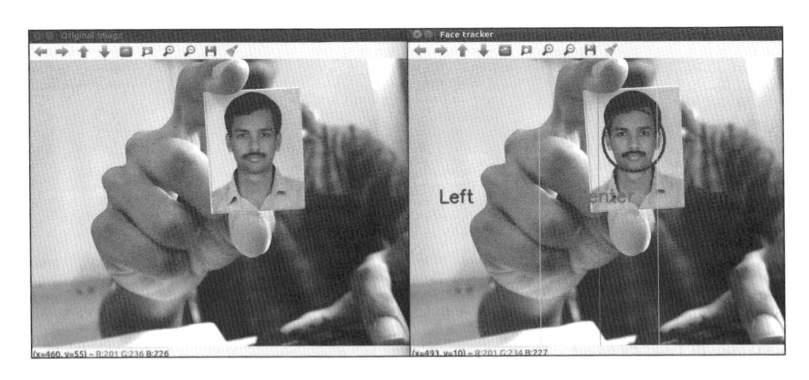

偵測到人臉的影像

現在尚未啟動 Dynamixel 伺服機；此節點只是找出人臉並把重心值發佈給 `/face_centroid` 的主題。

專題的第一部份完成了，然後是控制部份，對吧？因此接著要討論的第二個套件就是 `face_tracker_control`。

face_tracker_control 套件

`face_tracker_control` 套件是控制 AX-12A Dynamixel 伺服機來追蹤人臉的控制套件。

`face_tracker_control` 套件的檔案架構如下圖：

```
.
├── CMakeLists.txt
├── config
│   ├── pan.yaml
│   └── servo_param.yaml
├── include
│   └── face_tracker_control
├── launch
│   ├── start_dynamixel.launch
│   └── start_pan_controller.launch
├── msg
│   └── centroid.msg
├── package.xml
└── src
    └── face_tracker_controller.cpp

6 directories, 8 files
```

face_tracker_control 套件的檔案架構

先來看看這些檔案的用途。

start_dynamixel啟動檔

start_dynamixel 啟動檔會啟動 Dynamixel 控制管理員，後者可建立 USB 對 Dynamixel 轉接器與 Dynamixel 伺服機之間的連線。啟動檔定義如下：

```
<!-- This will open USB To Dynamixel controller and search for
servos -->
<launch>
    <node name="dynamixel_manager" pkg="dynamixel_controllers"
    type="controller_manager.py" required="true"
  output="screen">
        <rosparam>
            namespace: dxl_manager
            serial_ports:
                pan_port:
                    port_name: "/dev/ttyUSB0"
                    baud_rate: 1000000
                    min_motor_id: 1
                    max_motor_id: 25
                    update_rate: 20
        </rosparam>
    </node>
<!-- This will launch the Dynamixel pan controller -->
  <include file="$(find
face_tracker_control)/launch/start_pan_controller.launch"/>
</launch>
```

我們必須指定 port_name（使用 dmesg 指令可從內核日誌取得埠號）。我們所設定的 baud_rate 參數為 1 Mbps，馬達 ID 為 1。controller_manager.py 檔會從伺服機 ID 1 掃描到 25 並回報所偵測到的任何伺服機。

偵測到伺服機後，它會啟動 start_pan_controller.launch 檔，它會把每個伺服機連接到對應的 ROS 關節位置控制器。

平移控制器啟動檔

從上一段可知，平移控制器啟動檔是把 ROS 控制器接到所偵測到伺服機的觸發程式。start_pan_controller.launch 檔的定義如下，用於啟動平移關節控制器：

```
<launch>
    <!-- Start tilt joint controller -->
    <rosparam file="$(find face_tracker_control)/config/pan.yaml"
 command="load"/>
    <rosparam file="$(find
face_tracker_control)/config/servo_param.yaml" command="load"/>

    <node name="tilt_controller_spawner"
pkg="dynamixel_controllers" type="controller_spawner.py"
          args="--manager=dxl_manager
                --port pan_port
                pan_controller"
          output="screen"/>
</launch>
```

controller_spawner.py 節點可對每個偵測到的伺服機都生成一個控制器。控制器與伺服機的參數分別在 pan.yaml 與 servo_param.yaml 中。

平移控制器設定檔

平移控制器設定檔包含了控制器生成器節點將建立的控制器組態。用於控制器的 pan.yaml 檔定義如下：

```
pan_controller:
    controller:
        package: dynamixel_controllers
        module: joint_position_controller
        type: JointPositionController
    joint_name: pan_joint
    joint_speed: 1.17
    motor:
        id: 1
        init: 512
```

```
    min: 316
    max: 708
```

這個組態檔中必須詳細設定伺服機資訊，例如 ID、初始位置、最小與最大轉動極限、伺服機移動速度與關節名稱等。控制器的名稱為 pan_controller，它屬於關節位置控制器。由於本專案只用到一個伺服機，因此只要寫入一個針對 ID 1 的控制器設定就好。

伺服機參數組態檔

servo_param.yaml 檔包含了 pan_controller 的相關設定，例如控制器的極限值與每個動作的步進距離；它也包含了各個畫面參數，例如攝影機影像的最高解析度與影像中心的偏量。偏量可用來界定在實際影像中心四周的面積：

```
servomaxx: 0.5   #max degree servo horizontal (x) can turn
servomin: -0.5   # Min degree servo horizontal (x) can turn
screenmaxx: 640   #max screen horizontal (x)resolution
center_offset: 50 #offset pixels from actual center to right and left
step_distancex: 0.01 #x servo rotation steps
```

現在來看看人臉追蹤器控制器節點吧。

人臉追蹤器控制器節點

如前所述，人臉追蹤器控制器節點可根據人臉重心位置來控制 Dynamixel 伺服機。來看看此節點的程式碼，它是放在 face_tracker_control/src/face_tracker_controller.cpp 之中。

這份程式碼中的主要 ROS 標頭如下：

```
#include "ros/ros.h"
#include "std_msgs/Float64.h"
#include <iostream>
```

在此，Float64 標頭用來保存控制器所需的位置值訊息。

以下變數保存來自 servo_param.yaml 的各參數值：

```
int servomaxx, servomin,screenmaxx, center_offset, center_left, center_right;
float servo_step_distancex, current_pos_x;
```

以下資料型態為 std_msgs::Float64 的訊息標頭分別用來保存控制器的初始與當前位置。控制器只能接受這種格式的訊息：

```
std_msgs::Float64 initial_pose;
std_msgs::Float64 current_pose;
```

這是用於發佈位置指令給控制器的發佈者處理器：

```
ros::Publisher dynamixel_control;
```

看到程式碼的 main() 函數，包含了以下程式碼。第一行為 /face_centroid 的訂閱者，其中包含了重心值，並會在主題收到數值時會呼叫 face_callback() 函數：

```
ros::Subscriber number_subscriber =
node_obj.subscribe("/face_centroid",10,face_callback);
```

下一行會初始化發佈者處理器，其中的數值會透過 /pan_controller/command 主題發佈出去：

```
dynamixel_control = node_obj.advertise<std_msgs::Float64>
("/pan_controller/command",10);
```

以下程式碼會在實際影像中心附近建立新的極限，這有助於取得影像的近似中心點：

```
center_left = (screenmaxx / 2) - center_offset;
center_right = (screenmaxx / 2) + center_offset;
```

以下為收到來自 /face_centroid 主題的重心值時，所執行的回呼函數。本函數中也包含了根據各重心值來控制 Dynamixel 的邏輯。

第一段中，用 center_left 檢查重心的 x 值，如果它在左側，就遞增伺服機控制器的位置。如果當前值還在極限內，它只會發佈當前值。如果在極限內，則它會把當前位置發佈給控制器。右側的邏輯也一樣：如果人臉出現在影像右側，它會讓控制器位置遞減。

當攝影機到達影像中心時，它會停在那裡，什麼也不做，這就是我們想要的。重複執行這個迴圈就可以達到連續追蹤的效果了：

```
void track_face(int x, int y) {
  if (x < (center_left)) {
    current_pos_x += servo_step_distancex;
    current_pose.data = current_pos_x;
    if (current_pos_x < servomaxx and current_pos_x > servomin ) {
      dynamixel_control.publish(current_pose);
    }
  } else if (x > center_right) {
    current_pos_x -= servo_step_distancex;
    current_pose.data = current_pos_x;
    if (current_pos_x < servomaxx and current_pos_x > servomin ) {
      dynamixel_control.publish(current_pose);
    }
  } else if (x > center_left and x < center_right) {
    ;
  }
}
```

現在要建立 CMakeLists.txt 檔了。

建立 CMakeLists.txt

如同第一個追蹤器套件，控制套件也相當類似；差異只在於相依套件。在此的主要相依套件是 dynamixel_controllers。此套件不會用到 OpenCV，因此不需加進去。必要的修改如下：

```
...
    project(face_tracker_control)
    find_package(catkin REQUIRED COMPONENTS
      dynamixel_controllers
      roscpp
```

```
    rospy
    std_msgs
    message_generation
  )

...

  catkin_package(
    CATKIN_DEPENDS dynamixel_controllers roscpp rospy std_msgs
  )

...
```

現在，可以測試人臉追蹤器控制套件了！

測試人臉追蹤器控制套件

大部份的檔案與其功能都介紹過了，可以測試這個套件了。請根據以下步驟操作，需要確保它有抓到 Dynamixel 伺服機並建立正確的主題：

1. 在執行啟動檔之前，必須修改 USB 裝置的權限，否則會產生例外。請用以下指令來修改序列裝置的權限：

   ```
   $ sudo chmod 777 /dev/ttyUSB0
   ```

   請注意，請把 ttyUSB0 改為您的裝置編號；使用 dmesg 指令來查看內核日誌就可以找到。

2. 使用下列指令啟動 start_dynamixel.launch 檔：

   ```
   $ roslaunch face_tracker_control start_dynamixel.launch
   ```

```
/home/robot/ros_robotics_projects_ws/src/face_tracker_control/launch/start_dynamixel.launch http://localhost:11311
 * /servomin: -0.5
 * /step_distancex: 0.01

NODES
  /
    dynamixel_manager (dynamixel_controllers/controller_manager.py)
    tilt_controller_spawner (dynamixel_controllers/controller_spawner.py)

auto-starting new master
process[master]: started with pid [6997]
ROS_MASTER_URI=http://localhost:11311

setting /run_id to 6b4d648e-62c8-11e6-ac5f-00177c2e2869
process[rosout-1]: started with pid [7010]
started core service [/rosout]
process[dynamixel_manager-2]: started with pid [7027]
process[tilt_controller_spawner-3]: started with pid [7028]
[INFO] [WallTime: 1471252362.231754] pan_port controller_spawner: waiting for controller_manager dxl_manager
to startup in global namespace...
[INFO] [WallTime: 1471252362.661902] pan_port: Pinging motor IDs 1 through 25...
[INFO] [WallTime: 1471252364.696276] pan_port: Found 1 motors - 1 AX-12 [1], initialization complete.
[INFO] [WallTime: 1471252364.951534] pan_port controller_spawner: All services are up, spawning controllers..
.
[INFO] [WallTime: 1471252364.979589] Controller pan_controller successfully started.
[tilt_controller_spawner-3] process has finished cleanly
log file: /home/robot/.ros/log/6b4d648e-62c8-11e6-ac5f-00177c2e2869/tilt_controller_spawner-3*.log
```

尋找 Dynamixel 伺服機並建立控制器

一切順利的話，會看到如上圖的訊息。

如果在啟動期間發生任何錯誤，請檢查伺服機接線、電力與裝置權限。

執行啟動檔時會產生以下主題：

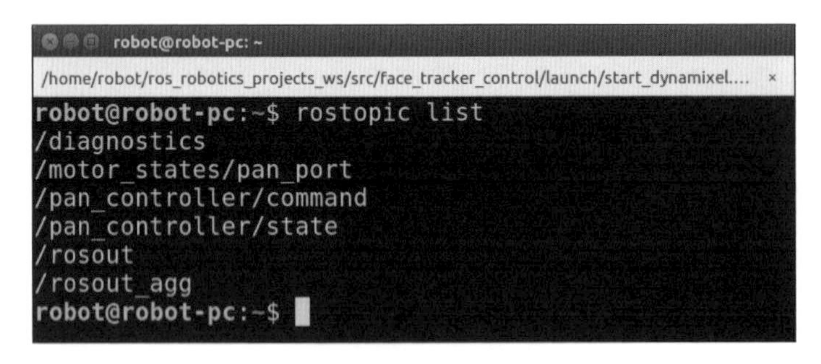

人臉追蹤器控制的各個主題

現在要把所有節點整合起來了。

整合所有節點

接下來是最後一個啟動檔：start_dynamixel_tracking.launch，之前在討論 face_tracker_pkg 套件時略過了它。這個啟動檔會啟動人臉偵測並控制 Dynamixel 馬達來追蹤：

```
<launch>
<!-- Launching USB CAM launch files and Dynamixel controllers -->
  <include file="$(find
face_tracker_pkg)/launch/start_tracking.launch"/><include
file="$(find
face_tracker_control)/launch/start_dynamixel.launch"/>
<!-- Starting face tracker node -->

<node name="face_controller" pkg="face_tracker_control"
type="face_tracker_controller" output="screen" />

</launch>
```

下一段要談談硬體設置。

設置電路

在進入專題的最後階段之前，必須先搞定硬體。必須先把支架裝上伺服機擺臂，再把攝影機固定於支架。支架的連接方式應永遠垂直於伺服機中心。攝影機裝在支架上，它的前端應指向中心位置。

下圖是我對於本專題的硬體設置。我用膠帶把攝影機固定於支架。您可使用任何方便取得的素材來固定攝影機，但別忘了一定要讓它對齊中心：

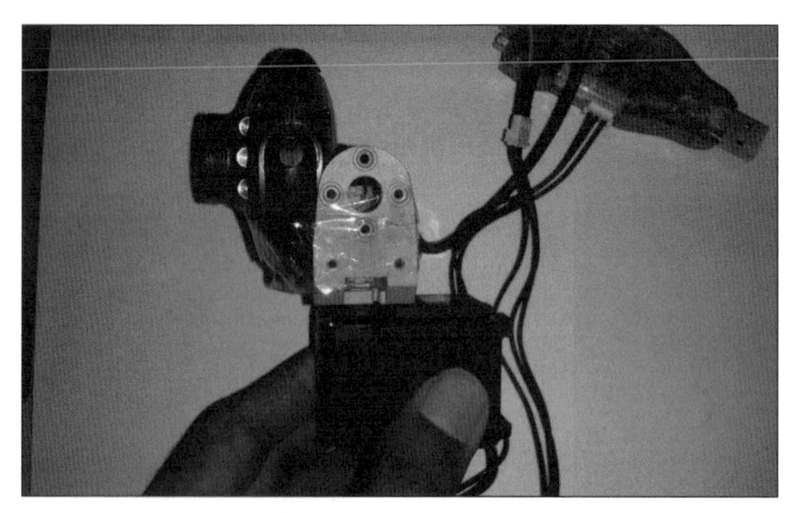

安裝攝影機與支架於 AX-12A

完成之後，就可以進入本專題的最後階段了。

最後階段

一路到此，我希望您已正確地完成所有步驟；請用以下指令來啟動此專題的所有節點，並用 Dynamixel 開始追蹤：

```
$ roslaunch face_tracker_pkg start_dynamixel_tracking.launch
```

會出現以下視窗，最好用一張有人臉的照片來測試連續追蹤的效果：

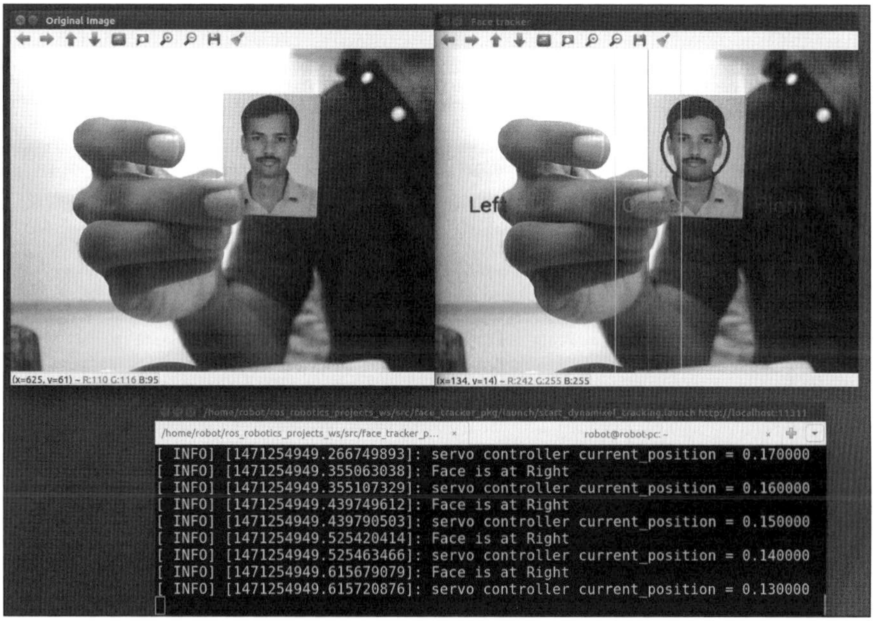

```
[ INFO] [1471254949.266749893]: servo controller current_position = 0.170000
[ INFO] [1471254949.355063038]: Face is at Right
[ INFO] [1471254949.355107329]: servo controller current_position = 0.160000
[ INFO] [1471254949.439749612]: Face is at Right
[ INFO] [1471254949.439790503]: servo controller current_position = 0.150000
[ INFO] [1471254949.525420414]: Face is at Right
[ INFO] [1471254949.525463466]: servo controller current_position = 0.140000
[ INFO] [1471254949.615679079]: Face is at Right
[ INFO] [1471254949.615720876]: servo controller current_position = 0.130000
```

最終的人臉追蹤效果

如上圖，終端機訊息表示在右側偵測到了人臉，控制器也會遞減位置值好讓伺服機轉動到中心位置。

總結

本章使用了網路攝影機與 Dynamixel 馬達來建置一套人臉追蹤器，用到的軟體為 ROS 與 OpenCV。本章首先介紹如何設定網路攝影機與 Dynamixel 馬達，並在設定完成後建置用於追蹤的兩個套件。一個套件是用於人臉偵測，而另一個套件負責把位置指令送出給 Dynamixel 伺服機來追蹤人臉的控制器。然後，我們討論了套件內所有檔案的用途，最後把它們都整合起來呈現系統的完整功能。

實戰 ROS 機器人作業系統與專案實作第二版

作　　者：Ramkumar Gandhinathan, Lentin Joseph
譯　　者：CAVEDU 教育團隊 曾吉弘
企劃編輯：莊吳行世
文字編輯：詹祐甯
設計裝幀：張寶莉
發 行 人：廖文良

發 行 所：碁峰資訊股份有限公司
地　　址：台北市南港區三重路 66 號 7 樓之 6
電　　話：(02)2788-2408
傳　　真：(02)8192-4433
網　　站：www.gotop.com.tw
書　　號：ACH023100
版　　次：2021 年 06 月二版
建議售價：NT$580

國家圖書館出版品預行編目資料

實戰 ROS 機器人作業系統與專案實作 / Ramkumar Gandhinathan, Lentin Joseph 原著；曾吉弘譯. -- 二版. -- 臺北市：碁峰資訊, 2021.06
面；　公分
譯自：ROS Robotics Projects
ISBN 978-986-502-858-9(平裝)
1.機器人　2.電腦程式設計
448.992029　　110008100

讀者服務

- 感謝您購買碁峰圖書，如果您對本書的內容或表達上有不清楚的地方或其他建議，請至碁峰網站：「聯絡我們」\「圖書問題」留下您所購買之書籍及問題。（請註明購買書籍之書號及書名，以及問題頁數，以便能儘快為您處理）
http://www.gotop.com.tw
- 售後服務僅限書籍本身內容，若是軟、硬體問題，請您直接與軟體廠商聯絡。
- 若於購買書籍後發現有破損、缺頁、裝訂錯誤之問題，請直接將書寄回更換，並註明您的姓名、連絡電話及地址，將有專人與您連絡補寄商品。